国家社会科学基金项目资助(17BZX043)

北欧及德语国家
科研诚信建设的制度与经验

王 飞 著

人民出版社

责任编辑:王艾鑫
文字编辑:汪成节
装帧设计:朱晓东

图书在版编目(CIP)数据

北欧及德语国家科研诚信建设的制度与经验/王飞 著.—北京:
  人民出版社,2020.8
ISBN 978-7-01-021510-5

Ⅰ.①北… Ⅱ.①王… Ⅲ.①科学研究-职业道德-研究-北欧
  ②德语-国家-科学研究-职业道德-研究 Ⅳ.①G316

中国版本图书馆 CIP 数据核字(2019)第 242298 号

北欧及德语国家科研诚信建设的制度与经验
BEIOU JI DEYU GUOJIA KEYAN CHENGXIN JIANSHE DE ZHIDU YU JINGYAN

王 飞 著

人 民 出 版 社 出版发行
(100706 北京市东城区隆福寺街 99 号)

北京中兴印刷有限公司印刷 新华书店经销

2020 年 8 月第 1 版 2020 年 8 月北京第 1 次印刷
开本:710 毫米×1000 毫米 1/16 印张:18.75
字数:277 千字

ISBN 978-7-01-021510-5 定价:60.00 元

邮购地址:100706 北京市东城区隆福寺街 99 号
人民东方图书销售中心 电话:(010)65250042 65289539

《马克思主义理论与中国道路》文库总序

　　马克思主义理论学科是对马克思主义进行整体性研究的学科，是马克思主义学科系统中的一个重要组成部分。马克思主义理论学科为加强国家主流意识形态的工作、推进党的思想理论建设和巩固马克思主义在高校教育教学中的指导地位提供了坚实的学科依据，为高校思想政治理论课教育教学提供了强有力的学科支撑，为高校思想政治理论课教师队伍提供了重要的学科平台。高校"要把马克思主义作为必修课，成为马克思主义学习、研究、宣传的重要阵地"，这是习近平总书记在全国宣传思想工作会议上对高校马克思主义理论学科建设提出的新要求、新任务，包含了高校马克思主义理论学科建设的新意蕴。2005 年国家设立马克思主义理论一级学科，截止目前全国共有马克思主义理论一级学科博士点 41 个，一级学科硕士点 178 个，一级学科下设六个二级学科：马克思主义基本原理、马克思主义中国化研究、马克思主义发展史、国外马克思主义研究、思想政治教育、中国近现代史基本问题研究。

　　作为中国共产党 1949 年 4 月亲手创办的第一所新型正规大学，大连理工大学与新中国在崇高理想、科学精神和价值理念上具有深度融合与共鸣，表现为担当兴校强国使命的历史自觉，坚定不移跟党走的政治自觉，为国为民的行动自觉，传承民族精神血脉的文化自觉，这是大连理工大学特有的红色基因。

　　大连理工大学 1950 年 7 月成立政治教研室，1979 年 6 月成立政治理论教学部，1984 年 7 月德育研究室与政治理论教学部合并成立社会科学系，1999 年 4 月成立人文社会科学学院，下设马克思主义理论课和思想品德课教学部。2009 年 4 月成立大连理工大学马克思主义学院。

大连理工大学在全国率先开设大学生德育课，是思想品德课的发源地。学院具有深厚的历史积淀和红色基因。1980 年 2 月我校首设必修课"共产主义思想品德课"（简称"德育课"），得到学生认可和国家教委的重视与肯定。时任国家教委副主任彭佩云专程到大连听取汇报，国家教委随后下发了《关于在高等学校开设共产主义思想品德课的若干意见》等系列文件，德育课、法律基础课、形势与政策课在全国高校推开。

大连理工大学是培养思想政治教育专家的摇篮。20 世纪 80 年代至 90 年代中期，我校开办了 7 期德育教师培训班，每期 3 个月；利用暑假举办了 8 期德育研讨班，培训来自全国各地 2000 余名学员，成为全国的德育研究与交流中心。由此，国家教委首选大连理工大学、清华大学等 7 所高校创办思想政治教育专业，开设双学位班，成为培养思想政治教育专家的摇篮。

大连理工大学是全国首批获得思想政治教育专业硕士学位授予权十所院校之一，目前也是辽宁省唯一具有马克思主义理论一级学科博士点的学校。1987 年作为全国首批十所院校之一获得思想政治教育专业硕士学位授予权，2005 年获批马克思主义理论和思想政治教育二级学科博士学位授予权。2009 年思想政治教育获评辽宁省重点建设学科。2011 年获批辽宁省唯一的马克思主义理论一级学科博士学位授予权。2012 年设立马克思主义理论一级学科博士后流动站。

大连理工大学在全国最早开创了思政课案例教学和"大班授课、小班研讨"教学模式，在马克思主义理论教育教学、研究宣传和人才培养方面具有示范引领作用。大连理工大学思想政治理论课教学起步早、有创造，始于 20 世纪 80 年代的思想政治理论课教学开全国高校之先河，经过多年发展建设，形成了以案例教学和"大班授课、小班研讨"为代表的教学模式，特色鲜明，优势明显，与学校办学"红色基因"相映成辉。

中央宣传部、教育部于 2015 年 7 月 27 日印发了《普通高校思想政治理论课建设体系创新计划》（教社科〔2015〕2 号）（以下简称《创新计划》），中央宣传部、教育部于 2015 年 9 月 10 日印发了《关于加强马克思主义学院建设的意见》（中宣发〔2015〕26 号），教育部于 2015 年 9 月 10 日印发了《高等学校思想政治理论课建设标准》（教社科〔2015〕3 号）（以下简称《建设标准》）。《创新计划》要求充分认识办好高校思想政治理论课的重要性和艰巨性，指出办好思想政治理论课，事关意识形态工作大局，事关中国特色社会主义事业后继有人，事关实现中华民族伟大复兴中国梦。2015 年 10 月 24 日，国务院发布《统筹推进世界一流大学和一流学科建设总体方案》，《总体方案》提出，"到 2020 年，若干所大学和一批学科进入世界一流行列，若干学科进入世界一流学科前列"，即"双一流"建设。大连理工大学自 2014 年底开始，经过一年多时间的论证，确定马克思主义理论学科作为重点学科建设。

2016 年 3 月 2 日中央宣传部办公厅、教育部办公厅下发文件，公布了第二批全国重点马克思主义学院名单，包括大连理工大学马克思主义学院在内的全国 12 所高校的马克思主义学院入选。这是继中宣部、教育部确定首批 9 所全国重点马克思主义学院以来，确定的第二批全国重点马克思主义学院，至此全国共有 21 所高校的马克思主义学院是全国重点马克思主义学院。

为贯彻落实全国高校思想政治工作会议精神，按照《中共中央　国务院关于加强和改进新形势下高校思想政治工作的意见》以及《创新计划》《建设标准》《关于建设全国重点马克思主义学院的实施方案》和《统筹推进世界一流大学和一流学科建设总体方案》的要求，加强大连理工大学马克思主义理论学科建设，按照提高站位、突出特色、创新机制、超越发展的思路和有特色、出精品、有声音的要求，本着沟通交流、成果共享、共同提高的原则，大连理工大学马克思主义学院推出《马克思主义理论与中国道路》文库。这套文库是全国重点马克思主义学院大连理工大学马克思主义学院建设实施方案中"学术精品支持奖励计划"的一部分，也是大连理工大学实施"双一流"建设项目的内在组成部分。文库作为大连理工大学加强马克思主义学院建设和马克思主义理论学科建设的有机组成部分，重点围绕"马克思主义文化理论与中国文化发展道路""中国政党与中国道路""中国梦与中国道路教育研究""中国近现代社会变迁与中国道路""执政党建设规律与全面从严治党"等方向，集中精力，联合攻关，培育"马克思主义理论与中国道路"这个品牌。文库中的著作或者是我们学院教师承担的国家级、省部级课题的成果，或者是来自名校的年轻博士到我校工作后，将博士论文经过修改扩充之后的成果。我们希望通过这套文库持续不断的出版和若干年的努力，不仅能够进一步加强马克思主义学科建设，展示大连理工大学马克思主义学院研究马克思主义理论的成果，形成学科特色，而且为繁荣和发展我国哲学社会科学贡献我们的绵薄之力。

洪晓楠

2017 年 3 月 18 日于大连

目 录

前　言

　　北欧五国与德国、瑞士、奥地利、卢森堡、比利时五个主要德语国家都属于世界发达国家的行列。在世界经济论坛公布的"全球竞争力报告中"中，近些年来，位居前十名的一直有 3 至 5 个国家，位居前 20 名的有 6 到 9 个国家，瑞士更是曾连续九年蝉联世界第一。这些国家具有强大的经济实力，其中科技创新能力对经济、社会发展贡献率极高。然而，科技创新能力的持续发展必须是以诚信为基石，这已是世界主要国家政府和学界的基本共识。北欧及德语国家均十分重视科研诚信建设，在长期的科研诚信建设实践中逐步形成了自己独特的风格。

　　北欧国家地理位置临近，它们都建立了国家层面统一的科研诚信办公室，通常被视作"北欧模式"；德语国家国土相接，语言相通，交往密切，在科研不端行为治理过程中也逐渐形成了共识，科研诚信专员制度已在德语国家中确立并不断完善。北欧及德语国家之间的科研诚信建设虽各具特色但又相互影响，在日益密切的交流与碰撞中趋向一致。

　　北欧国家，芬兰、丹麦在世界上率先建立了国家统一的科研诚信管理机构，负责对科研不端事件的直接调查、处理或二次调查与监督，科研诚信相关知识的宣传、教育，代表国家与国际及他国科研诚信组织进行联系与合作等任务。丹麦、芬兰的做法不仅影响了其他北欧国家如挪威和瑞典的科研诚信建设，而且对德语国家奥地利、德国也产生了或正在产生着重要作用。

　　德国是在几个德语国家中最早开展科研诚信制度化建设的，它采用科研机构主导的科研不端事件调查和处理模式，但德国的科研诚信专员制度不仅影响了德语国家奥地利和瑞士，而且影响了或正在影响着挪威、芬兰等北欧国家的科研诚信体制建设。当前瑞士、奥地利、挪威、芬兰、瑞典都采用了科研诚信专员制，丹麦也开始重视并提出要借鉴德国的科研诚信专员制度。

北欧及德语国家不仅重视国家层面的科研诚信建设，而且不管是建立了国家统一的科研诚信办公室的北欧国家，还是科研机构主导的德语国家，都重视大学和科研机构在科研不端行为预防和治理中的主体地位。这些国家的主要大学都把信誉和研究质量作为大学的使命，重视科研诚信建设，基本上形成了完备的科研诚信体系：颁布或声明采用某一科研诚信政策；制定处理涉嫌违反良好的科学实践的明确程序；设立科研诚信委员会；开展良好的科学实践教育和培训；设立科研诚信专员。

北欧及德语国家的科研诚信建设经过了几十年的探索，已经建立起较为完善的科研诚信体系，但是同美国、英国、澳大利亚等英语国家相比，对这些国家的介绍和研究还远远不够。我国当前十分重视科研诚信建设，必然要博采众长，建设适合中国国情的科研诚信体制，对北欧及德语国家的科研诚信建设状况进行梳理和研究，对于丰富国内科研诚信理论研究的内容和推进我国科研诚信建设实践都具有重要意义。

本书按照有无国家统一的科研诚信办公室和科研不端行为事件调查主导机构，把北欧及德语国家分为国家科研诚信办公室负责直接调查的国家、国家科研诚信办公室负责二次审查的国家、科研机构主导调查处理的国家三种模式。按照这样的分类方法，丹麦、奥地利、挪威和瑞典可以列入第一类，芬兰和比利时属于第二类，德国、瑞士列为第三类。虽然每个类别内部也存在微小差异，如丹麦、奥地利的国家科研诚信办公室既负责重大科研不端行为事件的调查也负责裁决，而挪威只负责对重大科研不端行为事件的调查，而裁决权属于高校与科研机构。本书没有按照通常的分类方法分为政府主导型与科研机构主导型两种模式，主要是考虑到，同为政府主导型的丹麦、奥地利、挪威、瑞典与芬兰比例时的国家科研诚信办公室的功能有重大区别，而细化分类更有利于深化研究。本书不以科研诚信体系的完善度为标准进行类型划分，主要是考虑到本书所关注的北欧及德语国家的科研诚信体系现今皆已基本完善，这样的分类标准对研究这些国家没有太大价值。

为全面准确地介绍和研究北欧及德语国家的科研诚信建设的政策措施及其实践经验，本书参阅了上述国家的科研管理和资助机构，以及大学和科研机构制定并公布的大量政策性文件、法规细则、报告资料等，涉及资料众多，且内容繁杂，个别之处行文或标注如有错漏，在此深表歉意，敬请读者批评指正。

国家社会科学基金项目（德语国家面向科研诚信的科研环境治理研究，项目编号17BZX043）的立项，增加了作者撰写本书的动力；与国内外同行专家、学者的交流，启发了作者对本书整体架构与部分章节写作的思路。我的几名研究生王鹏、马俊、韩敏、江静、于江华，为部分文献地搜集、翻译，调查问卷和数据的收集、统计，文字的排版、校对，给予了大力支持和帮助。在此对上述机构和人员的付出一并表示最诚挚的谢意！

王 飞

2019年3月2日

第一章 科研诚信建设的缘起与制度化进程

第一节 科研不端行为的凸显与科研诚信建设

一、科研不端行为的凸显

科学界的欺骗和偷盗行为虽然在近几十年才受到政府和学界的密切关注，但事实上它们在"学院科学"时代就早已存在，只是因为没有引起足够的关注，因而也没有精确地记载与研究。科学社会学的创始人默顿在谈到科学界的欺诈行为时，就列举了 19 世纪的几个著名的例子。文献学宗匠、珍贵书籍和手稿鉴定方面的最高权威托马斯·J. 怀斯伪造了 50 多本 19 世纪珍贵的小册子。莎士比亚的研究学者、伊丽莎白时代戏剧方面的天才翰·佩恩·科利尔以其渊博的学识和卓越的技艺伪造了数不清的文献。弗雷恩·路加斯在 8 年的时间里伪造了 27 000 多件手稿，这些手稿都及时地卖给了可能 19 世纪中叶最杰出的法国几何学家米歇尔·夏斯莱。还有奥地利生物学家保罗·卡默勒（Paul Kammerer），他制造了一种有斑点的蟾蜍，想从实验上证明拉马克的理论，并因此获得了莫斯科大学的一个席位。曾经被人们根据头盖骨和颌骨推论出辟尔唐人的存在，被证明是精心制造的骗局①。事实上，早在 1725 年德国乌茨堡（Würzburg）的古生物学家博林格（Johannes Bartholomäus Adam Beringer）就用石灰石仿做了古生物化石。而在 1768 年，德国的格登·施庞侯茨（Gideon Sponholz）伪造了一批斯拉夫人的神像。1820 年古董收藏家和古罗马行省考古学家的先驱厄巴赫-厄巴赫（Franz I Graf zu Erbach-Erbach）声称自己在乌茨堡发现了罗马时期的旗帜石，后来很快被证明是假的。莱茵河畔的施泰因（Stein am Rhein）的金匠巴特（L. Barth）更是在 1820 年至 1870 年期间成功地制造了大量假化石，最有代表性的是一件用鱼骨制造的鸟化石。辛斯海姆（Sinsheim）的鲁普（Emil Rupp）曾被视为 1926 年到 1935 年之间德国实验物理学的先驱，后被证明他的阳极射线实验和阳电子实验完全是假造的。② 阿尔弗雷德·迪克（Alfred Dieck）50 年多来，发表了各种关于胃和结肠调查、个人被纹身，被剥皮或被割礼的特殊文章，但迪克自己从未对遗体进行过调查。自 20 世纪 90 年代初以来，他的科学工作成果经过严格审查，发现在主要部分是错误的。③

　　虽然默顿一再强调科研欺诈行为和越轨行为在科学史上是比较少的，但今天发生的科研不端行为与历史上的科研不端行为相比，差别应该主要体现在数量上，而不是性质上。因此默顿关于科学欺诈行为产生原因的分析，在今天大部分还是适用的。这里有必要再梳理一下，以便展示他的贡献，同时找出他的不足。默顿认为，文化上强调独创性是引起科学欺诈行为的主要原因。他对引起科学欺诈行为的各个因素逐条进行了阐述，我们可以把它概括为七个方面：一，为了金钱和名誉，甚至原来口碑甚佳的人也会大量伪造文献；二，因要证明一种理论是真理或者要作出一种惊人发现而承受压力的人，偶尔也导致伪造科学证据的行为；三，过分关心科学工作的"成功"，有时会导致欺诈行为；四，在文化上大力强调对独创性

① 默顿：《科学社会学》，商务印书馆 2016 年版，第 419—421 页。
② Betrug und Fälschung in der Wissenschaft，http：//de. wikipedia. org/wiki/Betrug _ und _ F% C3% A4lschung _ in _ der _ Wissenschaft.
③ Alfred Dieck，https：//en. wikipedia. org/wiki/Alfred _ Dieck.

的承认，有可能逐渐地从这些稀少的彻头彻尾的欺诈行为，导致更经常的刚好超过可接受边缘的越轨行为；五，科学领域日益加剧的竞争有时会怂恿人们做出不正当行为；六，给予科学家的承认与他的事业或者甚至与他的工作成绩不相称；七，在一个一切人都有抱负的文化传统中，而又无法实现这些抱负，也会导致越轨行为和玩世不恭①。默顿关于引起科学欺诈行为原因的分析可以说是相当全面了，既包括对个人因素的分析，也包括对科学自身文化因素的探讨，还有对科学组织与社会文化因素的解释。这些因素无论是在 19 世纪还是在 20 世纪、21 世纪都在影响着科学家的行为。

问题是，为什么最近四十多年或者说自 20 世纪 70 年代之后科研不端行为"激增"？以至于引起了政府、学界和公众的广泛关注？

齐曼的"后学院科学"概念的提出，虽然主要用于分析知识生产模式的转变，但是对于解释自 20 世纪 70 年代之后科研不端行为的急剧增长也是很有启示意义的。如我国学者李真真在她主编的《如何开展负责任的研究》一书中认为，知识生产模式的变革是导致当今世界科研不端事件频发的最重要原因之一。"与此同时，一个更为值得关注的变化是，我们正处于新的知识生产模式下科学规范的变革时代"②。"学术科学与产业科学价值目标的不同也导致其规范体系存在明显差异。并存于现代科学系统中的两组规范，也可能会使负责任的研究实践面临某种冲突"③。

德国研究联合会在科研不端的成因问题上观点与之大致相同。德国研究联合会认为科学的职业化是导致科研不端行为增多的一个重要因素。在美国主要是由于联邦政府对科学的资助和干预，带来了一系列的变化：首先是，政府资助的稳步增长导致整个研究体系的迅速发展和研究型大学的发展；接下来是，资金的竞争，因为拨款的竞争需要依赖于相对客观的、易操作的标准，科学生产力成为取得成功的基本标准；然后，出版物获得

---

① 默顿：《科学社会学》，商务印书馆 2016 年版，第 419—437 页。
② 李真真主编：《如何开展负责任的研究》，科学出版社 2015 年版，第 8 页。
③ 李真真主编：《如何开展负责任的研究》，科学出版社 2015 年版，第 9 页。

了双重角色：超越了他们在科学话语和新知识文档的功能，成了达成目的的手段；此外还有，学术研究和工业应用、公共卫生、政治咨询等领域之间关系的增强，研究成果的经济效益和增长频率在成果评价体制中取得了越来越重要的地位[①]。当然，德国科学的职业化进程早在 19 世纪就开始并基本完成了，但是数量的增长也是一个不可忽视的要素。据统计，在德国的高等教育机构的教授职位的数量在 1950 年是 5400 个，到 1995 年增长到 34100 个，而"其他学术人员"的职位则从 13700 上升到了 55900。在 1996 年，整个德国总计有 42000 的教授和 72700 位的"其他高等教育机构的学术人员"，这还不包括通过赠款和合同资助的学术人员[②]。这些数字表明，科学研究在德国增长与在其他发达国家雷同，在不到一个世纪的时间里，从学术上进行个别或小型社区组织工作形式一跃成为典型的大型企业工作形式。

其次，竞争的加剧是一个重要的因素。当前在全球范围内，科学家个体研究者之间的竞争，机构之间的竞争，甚至还有国家之间的竞争都在日趋激烈。从科研资助到发表，每种形式的竞争都会增加竞争者的压力，从而增加有意识地违反规则的动机和行为。申请资助的压力可能会引发科学家个体直接打破科学诚信规则。美国一个被证明具有科研不端行为的重要人物萨默林（William Summerlin），表示无法忍受的压力是一种动因。"他一次又一次地要我公开实验数据，草拟报告向公共和私人机构申请科研经费。1973 年秋天，又一次当我没有做出新的惊人的发现时，古德博士蛮横地指责我，说我在出成果方面是个废物（古德博士否认这点）。这使我处于必须发表文章的巨大压力之下"[③]。除了赤裸裸的诱惑去促使打破科研诚信规则，竞争的压力也可能导致认识上混乱和缺乏忧患意识。为了确

①　Report of the Committee on Academic Responsibility. Massachusetts Institute of Technology (1992)，quoted from the reprint in：Responsible Science（note 39）Vol. 2，pp. 159—200.

②　Bundesministerium für Bildung，Wissenschaft，Forschung und Technologie（ed.）：Grund-und Strukturdaten 1996/97，Bonn：BMBF 1996.

③　Goodfield J. 1975. Cancer Under Siege. London：Hutchinson：232. 转引自中国科学院编：《科学与诚信：发人深省的科研不端行为案例》，科学出版社 2013 年版，第 45 页。

证科学研究结果的正确性，科学家需要不断质疑自己的发现成果，独立地、反复地进行重复实验。来自竞争的压力和轻率心理，引发了要比竞争对手更快的发表研究成果的期望，这极可能引发对实验数据的选择性记录、使用（操纵）甚至是伪造。

科学家个体因素是引发科研不端行为的最重要因素之一，但又是最难预测和把握的，它与科学家个体的价值观念、立场，个人的身份、个性及道德取向、意志力等因素相关。而这些因素又受到个人的教育背景、文化和种族等因素的影响。对于科研不端行为产生原因的分析，若仅仅停留在、甚至把主要精力放在个体因素的层面上，不会对良好的科研实践的形成与科研环境的改善有较大的价值。"实际上，对"越轨"（deviance）的元科学研究与其说似乎告诉我们一些人类动机，不如说告诉我们研究中未阐明的认识规范和知识的持续社会建构"①。对科研不端行为诱发因素的研究，必须从科研环境中去寻找。"把研究环境作为一个开放系统模式来看的话（这种模式常用于普通组织机构和行政理论方面），便有可能假定各种组成部分是如何影响科研道德建设的。经费及其他资源的投入既正面也会负面地影响科研行为。组织机构的结构和运作，作为机构使命和活动的代表，不是促进便是削弱负责的科研行为。一个组织机构独特的文化和氛围，既会促进某些行为，也会使某些行为一成不变地延续下去。最后，外部环境（不仅科研人员而且常常连科研机构也无法控制）也会影响行为方式，并且从好的或坏的方面来改变学术机构的道德建设"②。

科学的职业化与竞争的加剧、科研外部环境和内部环境的不断恶化加剧了科研不端行为。学者们和科研管理机构对科研不端行为产生及其激增原因的研究和探讨，为科研诚信的制度化建设提供了理论基础和思路框架。推进科研诚信制度化建设，预防和治理科研不端行为，维护良好的学

---

① 约翰·齐曼：《真科学，它是什么，它指什么》，曾国屏、匡辉、张成岗译，上海世纪出版集团 2005 年版，第 324—325 页。
② 美国医学科学院、美国科学三院国家科研委员会撰：《科研道德：倡导负责行为》，苗德岁译，北京大学出版社 2007 年版，第 7—8 页

术生态，成为世界各主要国家不约而同的共同选择。

二、科研诚信建设的制度化过程

早在近代科学形成和发展的同时，具有先见之明的学者们就意识到，必须有意识地避免科研活动中的不端行为。17 世纪中叶，《哲学学报》（皇家学会会刊）的第一任主编亨利·奥尔登伯格就有意识地充分利用了该刊物，既通过及时发表这一措施解除了玻意耳等人对"哲学抢劫者"剽窃其成果的担心，保护了科学家的知识产权。同时通过保存相互之间的有关信函，揭露了当时科学中各种高明的剽窃手段①。

但是直到 20 世纪中叶以前，尽管在世界范围内还是北欧与德语国家都有科学不端行为发生，但人们认为科研欺诈行为和越轨行为在科学史上是比较少的，科研不端行为没有引起人们的太大的注意，政府和学界并没有把科研不端行为问题作为一个重要的、甚至显性的问题来对待。

但是事情在 20 世纪 80 年代发生了显著的变化。20 世纪 80 年代初，美国的媒体广泛报道了几起主要发生在生物医学领域的科研不端行为案例，因为这些"恶性"案件当中有的涉及临床试验（人的生命），所以立即引起了公众的高度关注。这几起科研不端案件包括：波士顿大学癌症研究人员马克·施特劳斯（Marc J. Straus）指使其课题组人员及医院护士们在收集临床试验资料时弄虚作假；在美国数所医学院校做过研究工作的来自伊拉克的医学院学生伊莱亚斯·阿尔萨布提（Elias A. K. Alsabti），于 1977—1980 年间发表了纯系剽窃的论文近 60 篇；麻省总医院的病理研究人员约翰·朗（John Long），他声称其试验所用的"人体"细胞样品却是从猴子身上采的；耶鲁大学的生物医学研究人员维杰·索曼（Vi-jay Soman）在其发表的三篇文章的结果中弄虚作假，并在其他一些文章里故意抛弃与结果不符的原始资料，最终被迫撤销 12 篇已发表的文章。时隔

① 默顿：《科学社会学》，鲁旭东、林聚任译，商务印书馆 2003 年版，第 640 页。

不久，哈佛医学院的"明星"人物——心脏科研人员约翰·达西（John R. Darsee）被披露在实验室的实验过程中"做手脚"。这些事件的披露、调查过程直接推动了美国国会的介入进程。

1981 年，美国国会召开生物医学领域科研不端行为的听证会，随后，美国国会责成联邦政府机构和科研机构制定并推行一系列预防和处理科研不端行为的政策法规。1985 年联邦政府通过了《健康研究附加法案》要求，申请联邦资助的科研机构建立一套调查科研不端行为的程序、及时调查和处理科研不端行为事件、并向联邦政府提交报告。1986 年美国公共卫生署制定了"处理科研不端行为的政策和程序"，1987 年美国国家科学基金会制定了《关于科学和研究中的不端行为》的政策（联邦法规）。2000 年 10 月 6 日，科学和技术政策办公室通过了修订后的治理科研不端行为联邦政策，并要求所有被资助的联邦机构或部门在一年内贯彻实施该政策或自行制定政策或法规。2005 年 6 月 16 日，公共卫生署颁布了《公共卫生署关于治理科研不端行为的政策》。

专门调查科研不端行为事件的办公室也陆续建立。1989 年 3 月美国国立卫生研究院设立了科学诚信办公室（Office of Scientific Integrity）与科学诚信审查办公室（Office of Scientific Integrity Review）。由于巴尔的摩案的影响，1992 年上述两个机构合并为科研诚信办公室（Office of Research Integrity）。该诚信办公室不但监督审核科研机构对科研不端行为案件地调查和处理，改进、宣传科研诚信政策和科研不端行为调查处理程序，建立关于科研不端、科研诚信的知识库；而且对申请经费和获得经费的机构、内部研究项目进行审核、监控和评价，为被指控和举报者提供健康与人类服务部政策和处理程序的相关信息，等等。

在欧洲，面对不断披露的科研不端事件，各国学界、政府和公众也逐渐认识到，必须出台应对科研不端行为的法规、政策或指南，明确科研不端调查和治理的主体机构，进行科研诚信的教育和宣传等等科研诚信的制度化建设。

芬兰是在美国之后最先开启科研诚信的制度化建设进程的国家。早在

1991年，它就已经成立了全国统一的科研诚信管理机构——芬兰国家科研诚信顾问委员会，该委员会由芬兰教育与文化部任命，旨在推进负责任的研究、预防科研不端、推进科研诚信在芬兰的讨论与信息传播。不过，芬兰国家诚信顾问委员会并不直接负责对违反良好的科研实践行为的调查与处理，而是主要负责二次审查与监督，即当涉嫌科研不端行为的当事人对所在科研机构的调查处理不满而上诉时，才予之受理并调查。具体促进负责任的研究以及处理违规行为的指控主要是由高校与科研机构负责。该委员会于1994年公布了芬兰首个科研不端处理指南，并于1998、2002年先后进行了2次修订，2002年修订后的题目为《良好科学行为及科研不端与欺诈行为处理程序》。此外，该委员会还负有推进芬兰科研伦理审查的任务。不过，在这方面，它的主要任务是促进各国家伦理委员会的合作，而不负责具体的伦理审查工作。

丹麦也是倡导科研诚信的先行者之一，丹麦还是世界范围内第一个建立全国统一的科研不端调查机构的国家。1992年丹麦医学研究理事会设立了科研不端委员会，最初只是负责调查生物医学领域的科研不端行为，后来，其调查范围扩展到了所有学科领域。丹麦科研不端委员会负责制定调查和处理科研不端案件的具体执行细则，并对全国范围的重大科研不端事件进行调查和处理。1997年丹麦颁布了《研究咨询系统法案》，2003年该法案做了重大修订，修订后的法案首次明确了科研不端委员会的构成和管理权限；赋予科研不端委员会监督和调查科研活动中涉及的科学欺骗、科学道德等问题的职责。依据该法案，高等教育与科学部颁布了《关于丹麦科研不端委员会行政令》（1998发布第一版，后多次修订，最新版是2017年发布的）和《科研不端委员会执行准则》（1998发布第一版，2006年修订），明确了丹麦科研不端委员会的组成、科研不端行为的定义、调查程序及处罚措施等。丹麦科研不端委员会成立至今已连续发布了几套《丹麦科研不端委员会良好科学行为准则》（最新一版于2009年发布）。2014年11月，丹麦高等教育与科学部发布《丹麦科研诚信行为准则》（替代《丹麦科研不端委员会良好的科学行为准则》），该准则提出了对科研不端行为的处理原则，明确了科研机构、科研负责人和导师的责任，即必须对其工作人员进行科研诚信教育、训练和监督。此外，丹麦的高校与科研机构也很重视本单位的科研诚信建设，一些科研不端案件和原则上所有的科研不当案件都是由高校与科研机构自己来调查和处理的；还有，科研诚信的教育和咨询等科研不端预防措施也都是由高校与科研机构来承担的。

法国在倡导科研诚信方面，既没有在国家层面制定专门的法律法规，也没有在科研机构层面制定统一的指导科研管理的政策，但以法国国家科学研究中心、健康和医学研究院为代表的主要科研机构制定了一些有关科研诚信的规章制度。法国国家科学研究中心被认为是法国最早的倡导科研诚信的科研单位。1994 年，法国国家科学研究中心成立了科学伦理委员会（COMETS），作为有关科研诚信和科研伦理问题的独立咨询机构，挂靠国家科学研究中心行政理事会。科学伦理委员会主要负责为科研活动、个体行为、集体态度和机构的运作提出伦理原则，并向国家科学研究中心提出有关科研伦理问题的建议，对调解工作予以支持。该委员会已制定了关于科研伦理的定义和实施条例，设立了专门网站，还定期出版《通讯》和不定期专项报告。健康和医学研究院也是法国科研诚信建设中的一个重要力量。1999 年，健康和医学研究院学习美国与欧洲一些国家的经验，创建了科研诚信委员会（DIS），受理涉及健康和医学研究院及其下属机构的科研人员的关于科研不端问题的举报，并研究预防科研不端行为的方法措施，制定调查和处理科研不端事件的程序规章。[1]

德国的科学家一贯以严谨自律著称，在上述国家相继揭发科研不端行为并制定治理措施时，起初并没有引起他们的重视。然而赫尔曼（Friedhelm Hermann）、布拉赫（Marion Brach）事件的发生，令他们感到是时候严肃对待科研不端行为了。肿瘤专家赫尔曼、布拉赫曾被认为是 90 年代

---

[1]　主要国家科研诚信制度与管理比较研究课题组：《国外科研诚信制度与管理》，科学技术文献出版社 2014 年版，第 130 页。

德国顶级的科学家，经乌尔姆大学、德尔布吕克分子医学中心、美因茨大学和弗莱堡大学的临时委员会、联合委员会，以及由德意志研究联合会和该国最大的癌症慈善机构联合资助的一个专门小组的审查，二人合写的170多篇论文中有58篇被认为具有重大的造假嫌疑；他们的同事默特尔斯曼（Roland Mertelsmann）没有与上面两位学者合著的论文也有几篇被认为存在造假行为；此外，还有默特尔斯曼的另外两名同事也因此而被取消博士资格①。由于赫尔曼曾是德意志研究联合会特殊领域研究评审委员会成员，同时又是基因疗法工作组组长，所以这一丑闻对德意志研究联合会的冲击较大。加之，案件涉及的科研机构之多、人员之众、过程之曲折可谓惊人。为此，德意志研究联合会成立了包括三名国外知名学者在内12人的职业自律国际委员会，从科研体制上研究产生不端行为的原因，调查科学界自律的作用，为解决科研不端行为提供建议。1997年国际委员会提交了《确保良好的科学实践建议》，提出了关于良好的科学实践的主要原则，以及调查和处理科研不端事件程序的建议。在该文件的框架下，马普学会的评议会通过了《质疑科研不端行为的诉讼程序》（1997）；高校校长联席会也在德国研究联合会的建议下以《确保良好的科学实践建议》为样本，出台了《应对科研不端的程序模型》。许多高校和科研机构根据德国研究联合会与大学校长联席会的建议，制定了自己的纲要；个别高校和科研机构还设立了科研诚信办事处（专员）。2011年高级政客的博士论文事件后，德国迎来了新一轮的科研诚信建设高潮。德国科学委员会于当年（2011）修订了《确保博士论文质量的要求》并出台了《评价和控制科研成果的建议》；并于2015年颁布了《科研诚信建议》。德国研究联合会也陆续修订了《确保良好的科学实践备忘录》（2013）、《应对科研不端行为的程序》（2011、2016）。高校校长联席会下属组织"具有博士授予资格的高校校长联盟"于2012年通过新的建议：《博士学位授予程序中

---

①　Fröhlich G. Betrug und Täuschung in den Sozial-und Kulturwissenschaften. Wie kommt die Wissenschaft zu ihrem Wissen? Band 4: Einführung in die Wissenschaftstheorie und Wissenschaftsforschung. Hohengehren: Schneider-Verlag, 2001. 261—276.

的质量保证》。各大学和科研机构也纷纷出台或修订各自的应对科研不端的文件，增设或完善科研诚信办事处（专员）。

英国科技办公室于 2004 年公布了首个国家科研诚信准则——《科学家通用伦理准则》（A Universal Ethical Code for Scientists），强调了严格、尊重和负责任的行为准则，鼓励科学家进行合乎职业道德的研究，并对他们工作的结论及其影响进行积极地反思，支持科学家与公众就复杂的、引起争论的问题进行沟通。两年后，英国大学联合会成立了英国卫生与生物医学领域科研诚信小组，促进该领域良好的科学实践，预防大学可能发生的科研不端行为。2012 年，为了在国家层面提供一个关于良好的科学实践及其科研不端行为治理的综合性框架，使政府、公众和国际社会确信英国的科学研究始终坚持诚信的最高标准，英国北爱尔兰就业与学习部、各地区高等教育拨款委员会、国家卫生研究院、研究理事会、维康基金会等科研管理和资助机构共同签署了《维护科研诚信协约》（The Concordat to Support Research Integrity）。该协议为资助机构、大学和科研人员坚持科研领域的诚信原则提出了五项基本要求。

面对国内外频繁的科研不端事件，奥地利大学校长联席会（奥地利大学联席会）借鉴德国大学校长联席会的做法，通过了一个旨在应对科研不端行为、确保良好的科学实践的指导方针，即《奥地利大学校长联席会关于确保良好的科学实践方针》。然而奥地利大学校长联席会本身不是一个行政机构、也不是一个执法组织；"指导方针"也不具有法律效力。因斯布鲁克医科大学的泌尿医师事件的发生，暴露了已有的治理体系的混乱现状，它迫切要求一个统一的、有权威的机构，专门负责对科研不端事件进行客观公正的调查裁定。因斯布鲁克医科大学的泌尿医师斯特拉瑟（Hannes Strasser）事件起于医学伦理问题，但在事件调查中发现，研究存在着违反研究规定、证据造假、论文署名几项重大科研不端问题。在事件调查过程中，斯特拉瑟所在的系主任、相关论文的荣誉作者巴车（Georg Bartsch），表示对这项不端事件一无所知，拒绝承担任何责任。因斯布鲁克医科大学开始时对这次事件态度含糊，工作拖拖拉拉。在此期间，奥地利科学院试图就此事进行调查，最终因为因斯布鲁克大学开启了召回程序而终止调查。整个事件过程震惊了奥地利的科学界及其管理层，长期处在酝酿状态的奥地利科研诚信办公室（Österreichische Agentur für wissenschaftliche Integrität）正是在这样的背景下正式成立的。2008 年，在奥地利科技基金会与科研部的提议下，奥地利科研诚信办公室正式成立。它的主要任务是用专业的方式调查奥地利的科研不端行为指控，对重大的违规事件做出评判，并提出建议性的措施。奥地利科研诚信办公室成立后，先后出台了《奥地利科研诚信办公室调查涉嫌科研不端行为工作程序》（2012）与《奥地利良好的科学实践纲要》（2015）分别对科研不端事件调查程序和良好的科学实践准则做出了明确的规定。奥地利科研诚信办公室是一个协会性质的组织，但其调查结论和做出的制裁对协会成员具有强制性，其工作在奥地利得到了越来越多的机构地接纳。成立之初，其成员包括 12 所奥地利大学，科学院以及维也纳科学-、研究-与技术基金，奥地利科学技术研究所及科学基金的奥地利科技基金会。经过几年的发展，今天其成员几乎包括了所有的公立大学、高等专科学校以及大学之外的科研机构与促进机构。

在欧美国家之外，澳大利亚是科研诚信制度体系建设具有代表性的国家之一。澳大利亚于 2007 年通过了全国范围内最重要的科研诚信法规，2011 年成立了全国性的科研诚信委员会。澳大利亚国家卫生和医学研究理事会（NHMRC）在澳大利亚科研伦理和科研诚信建设过程中始终发挥着引领作用。早在 1990 年，澳大利亚国家卫生和医学研究理事会公布了《澳大利亚国家卫生和医学研究理事会关于科学实践的声明》和《负责科研不端行为问题的内部指南》，明确了科研行为的基本准则，以及调查和处理科研不端事件的具体程序。1997 年，澳大利亚国家卫生和医学研究理事会联合澳大利亚大学联盟（AVCC）共同制定并公布了《澳大利亚国家卫生和医学研究理事会、澳大利亚大学联盟关于科研实践联合声明与规范》，为倡导良好的科学实践，遏制科研不端行为提出了最低可接受性标准的制度框架，为相关单位制定自己的学术行为规范和科研不端行为处理程序提供了参照标准和意见。2001 年，新南威尔士大学发生的"霍尔（Bruce Hall）事件"促使澳大利亚政府和科学界认识到，必须建立一种全国统一的、及时预防和查处科研不端行为的规章制度。同年，澳大利亚研究理事会（ARC）颁布了《2001 年澳大利亚研究理事会法案》，以法律的形式确定了科研机构在调查和处理科研不端行为中的主体责任。为了适应新的形式并响应《2001 年澳大利亚研究理事会法案》的规定，澳大利亚国家卫生和医学研究理事会、澳大利亚大学联盟、澳大利亚研究理事会联合对《澳大利亚国家卫生和医学研究理事会、澳大利亚大学联盟关于科研实践联合声明与规范》进行多次修改和完善，并于 2007 年发布，最终命名为《澳大利亚负责任研究行为准则》。本准则是目前为止澳大利亚各大学和科研机构制定各自科研行为规范和处理科研不端行为办法的基本依据，所有接受联邦政府教育和科研资助的机构均须遵守本准则。为了确保《澳大利亚负责任研究行为准则》和其他相关科研诚信制度规章的有效实施，倡导良好的科学实践行为，2009 年，上述三大机构又与澳大利亚联邦创新、工业、科学与研究部（DIISR）、国家第三教育联邦共同提出了《关于成立澳大利亚科研诚信委员会的建议草案》，根据该草案，澳大利亚科研诚信委员会（Australian Research Integrity Committee，ARIC）于 2010 年 4 月正式成立。科研诚信委员会的主席和成员由澳大利亚国家卫生和医学研究理事会、澳大利亚研究理事会任命，同时接受它的管理。次年 2 月，联邦政府公布了《澳大利亚科研诚信委员会章程》，为澳大利亚科研诚信委员会提供了组织与行动依据。根据该章程规定，该委员会隶属于澳大利亚联邦创新、工业、科学与研究部，作为专门的科研诚信管理机构，主要负责审查大学和科研机构调查和处理科研不端事件的内部程序，并对具体事件的调查过程进行监督和指导。该委员会只受理个人或机构对科研机构的调查程序和结果的正当性起诉，不受理对具体的科研不端事件的举报，具体的科研不端事件的调查和处理由相关的科研机构组织实施。

在亚洲国家中，日本是科研诚信建设起步最早、也是迄今为止体系最完善的国家。日本早在 20 世纪 80 年代就出台了《科技工作者行为规范》，但似乎没有什么成效，被披露的科研不端行为不减反增，日本政府和学界不得不严肃以待。日本综合科学技术会议（CSTP）和文部科学省（MEXT）在推动日本科研诚信建设、预防科研不端行为方面发挥了指导性作用。2005 年 12 月，日本综合科学技术会议（CSTP）出台的《关于科学技术基本政策的意见》是一份旨在加强科研诚信建设和防止科研不端行为的专门文件。2006 年 2 月，该部门又专门发布了《关于切实应对科研不端行为的意见》，指出了科研不端行为的危害，对从事科学研究的个人和组织机构，如政府部门、大学和研究机构、科技工作者团体在预防科研不端行为、加强科研诚信建设方面应承担的责任、采取的措施提出了具体意见和明确要求。同年，文部科学省在其科学技术与学术审议会议中增设了"科研不端行为特别委员会"，负责对日本的科研不端行为产生的背景、消除的途径进行调查研究。文部科学省以委员会提交的《关于研究活动科研不端行为的处理指针报告书》为基础，制定并发布了《关于处理科研不端行为的处理指导方针》（2006）。该文件成为其下属的资助机构、科研机构、大学等开展科研诚信建设和处理科研不端行为的指导性文件。12 月，其下属资助机构——日本学术振兴会发布了适用于应对其资助项目的科研不端行为指南，并成立了调查和处理科研不端行为的办公室。上述规章制度的出台和相应部门的设立，标志着日本在政府层面已初步形成了一套较为完整的科研诚信建设制度体系。

第二节　科研不端行为与科研诚信的界定

频繁发生的科研不端事件迫使政府和学界采取行动治理科研不端行为。先是在美国，然后在芬兰、丹麦、英国、挪威和波兰等国都相继成立治理科研不端行为的机构、制定应对科研不端行为的法规、政策和指南。一贯视科研不端行为为美国特有现象的德国，在赫尔曼、布拉赫事件之后也被迫行动起来，奥地利、瑞士的行动则更晚些。

对北欧及德语国家的科研不端治理与诚信建设之路进行回顾，在逻辑上首先要求，明确科研不端行为与科研诚信各自的含义，及两者的关系。

一、科研不端行为的定义

虽然科研不端行为早在近代科学产生之初，就在科学界内部不断地被发现、关注、并有意识地预防和应对，但第一次对"科学活动中的越轨行为"进行系统归纳、分类并探讨其成因的是科学社会学之父 R. K. 默顿。1957 年在就他任美国社会学协会主席所发表的演讲——《科学发现的优先权》中，默顿将科学中的越轨行为分为两大类：一是极端情况，伪造、"修剪"或"烹饪"等欺骗行为，二是最常见的形式，偶尔的中伤与诽谤某人有剽窃行为[①]。在这之后，学者们对科学不端行为的关注和研究逐渐增多。

最先正式给出科研不端行为官方定义的国家是美国。1986 年，美国国立卫生研究院（NIH）在《国立卫生研究院项目资助和合同指南》中颁布了科研不端行为的临时定义。该定义在 1988 年被重新修订，修订后的定义为，"在建议、实施或报告研究时发生的捏造、篡改、剽窃、欺骗行为及严重背离科学共同体公认规则的其他行为，或者违反与研究行为相关的其他规定的行为"[②]。1989 年美国国立卫生研究院增设了"科学诚信办公室"（OSI）与科学诚信审查办公室（OSIR），两个机构于 1992 年合并后改称"科研诚信办公室"（ORI）。国家科学基金会则重申监察总长办公室在处理科研不端行为方面的作用。美国国立卫生研究院与国家科学基金会都在 1989 年首次发布了对科研不端行为的定义。美国公共卫生署规定："不端行为"或"科研不端行为"是指伪造、篡改、剽窃或在研究的申请、执行或报告过程中严重偏离科学界公认的科研行为准则的行为，但不包括

---

① 默顿：《科学社会学》，鲁旭东、林聚任译，商务印书馆 2003 年版，第 419—430 页。

② Price A. R. 1994. Definitions and boundaries of research misconduct. The Journal of Higher Education，(5)：286—297.

无意的错误和在数据判断与解读中出现的正常差异①。美国国家科学基金会与美国公共卫生署的定义几乎完全相同。美国的一些学术团体、大学和研究机构对科研不端行为的定义，通常引用了上述两个机构的定义，或将它们作为蓝本。

在欧洲最早形成科研不端国家治理体制的国家是丹麦。1992 年由丹麦医学研究委员会（DMRC）发起，设立了一个工作组专门研究科研不端行为的成因、现象与后果，该工作组在对上述问题调查和研究的基础上提出了若干建议，根据该建议成立了丹麦科研不端委员会（DCSD）。2016 年丹麦议会通过了一项关于科研不端行为的新法律——《关于丹麦科研不端委员会行政令》，该法律对科研不端行为定义进行重新界定、并确定了丹麦科研机构在处理科研不端行为和有问题的研究行为方面的地位和作用。该法律于 2017 年 7 月 1 日生效。根据该法律规定，违反良好的科学实践的行为包括两类：科研不端行为（Research Misconduct）与有问题的研究行为（Questionabel Research Practice）。"科学不端行为"是指："'伪造，篡改，剽窃'或其他严重违反良好的科学实践的行为，对研究成果的规划，完成或报告结果时存在随意或严重疏忽。其中包括：①秘密进行数据伪造和篡改，或用虚构数据替代。②秘密选择性或隐瞒性地丢弃自己不想要的结果。③秘密使用与众不同的、容易使人误解的统计方法。④未公开自己的结果和结论存在偏见或扭曲的解释。⑤剽窃他人的结果或出版物。⑥向作者或发起人提供虚假信息，对头衔或工作场所的虚假陈述。⑦提交关于科研资格的错误信息"②。有问题的研究行为是指"违反负责任的研究标准，包括丹麦行为守则和其他适用的机构，国家和国际实践和科

---

① 《联邦公报》，54：32446－32451，1989 年 8 月 8 日，转引自：Francis L. Macrina：《科研诚信：负责任的科研行为教程与案例》，何鸣鸿、陈越译，高等教育出版社 2011 年版，第 10 页。

② Aarhus University's code of practice to ensure scientific integrity and responsible conduct of research at Aarhus University（2015-03-25）．http：//www. au. dk/fileadmin/www. au. dk/forskning/Ansvarlig _ forskningspraksis/Aarhus _ University _ s _ code _ of _ practice _ _ 25 _ marts _ 2015 _ english. pdf.

研诚信指南"①。

与丹麦几乎同时，芬兰根据总统以及教育和科学部长 1991 年 11 月 15 日签署的 1991 年 1347 号令，成立了国家伦理委员会（后更名为国家研究伦理顾问委员会 TENK），该委员会于 1992 年公布了芬兰首个科研不端行为处理指南《良好的科学行为及科研不端与欺诈行为处理程序》，该指南分别于 1998、2002、2012 年进行了 3 次大的修订，最后一次修订后的指南题目为《芬兰负责任的研究行为与科研不端行为指控处理程序》（Responsible Conduct of Research and Procedures for Handling Allegations of Misconduct in Finland）。2012 年修订的指南中把违反负责任的研究行为分为两大类：科研不端行为与不负责任的研究行为（研究不当行为）。科研不端行为指的是在科学或学术会议上发表演讲，在拟发表的手稿中，在研究材料中或在申请资助中，向研究界提供虚假数据或结果，或在出版物中传播虚假数据或结果，误导研究群体、误导决策者的行为。此外，科研不端行为还表现为盗用他人的研究成果，将他人的研究成果视为自己的研究成果。科研不端行为分为四种形式：伪造、篡改、剽窃和盗用。伪造是指在研究报告中呈现虚构的结果、而不是用研究报告中陈述的方法得出的结果。篡改是指通过故意修改和有选择地呈现原始观察结果从而歪曲基于这些观察结果的结果。剽窃是指在没有适当参考的情况下，将他人的材料当作自己的材料来使用，包括直接剽窃和改编剽窃。盗用是指非法地将他人的成果、想法、计划、观察或数据作为自己的研究来呈现。②。

英国与丹麦类似，最早也是由医学研究委员会（MRC）开始界定研究中的出版规则与正确行为，并制定了处理科研不端诉讼的规则。英国医学研究委员会的指导和政策对欧洲医学研究理事会的宣言有决定性的影响。英国医学研究理事会在其《关于科研不端行为指控调查的政策和程

---

① The Danish Committee on Research Misconduct，https://ufm. dk/en/research-and-innovation/councils-and-commissions/The-Danish-Committee-on-Research-Misconduct.

② Responsible conduct of research and procedures for handling allegations of misconduct in Finland，2012，www. tenk. fi.

序》中，将科研不端行为定义为在计划、实施和报告科研成果时的伪造、篡改和剽窃行为，以及在研究中蓄意或不计后果地违反科学界公认准则的行为，包括未遵守已有的规范而导致的给人类主体、其他动物及环境带来损害的行为，以及参与他人的该类行为[①]。

在挪威，由教育和研究部研究制定并发布的《研究伦理和诚信法》（2006 年 6 月 30 日颁布）是挪威第一部关于研究中的道德和诚信的法律。该法案着眼于研究伦理工作的两个方面：第一个也是最重要的是促进良好的研究伦理，另一方面是预防和处理研究中的不端行为。该法律界定了科研不端行为，明确规定了科研机构的责任。该法律规定，科研不端行为是指在研究的规划、实施或报告中有意或严重疏忽导致的伪造、篡改、剽窃和其他严重违反公认的研究伦理规范的行为[②]。

瑞典研究理事会使用的科研不端行为的定义是由佛斯曼（Birgitta Forsman）2007 年制定的。它指出科研不端行为意味着研究行为或遗漏——有意地或疏忽——导致伪造或操纵的结果，或者提供关于某人对研究贡献的误导性信息。也就是说，瑞典研究理事会采用的狭义的科研不端行为概念，它不包括性骚扰、破坏他人的研究、诽谤同事等不道德行为[③]。

比较北欧国家丹麦、芬兰、挪威、瑞典对科研不端行为的定义，可以看出在上述几个国家对科研不端行为的定义比较接近，基本上都区分了科研不端行为与科研不当行为（有问题的研究行为）。科研不端行为的内容与美国对科研不端行为的定义基本一致，与英国的定义相比则窄得多，即

---

① MRC. 2011. Policy and Procedures for Inquiring into Allegations of Scientific Misconduct. http：//www. Mrc. Ac. Uk（2011-09-25）.

② The first Act on ethics and integrity in research，https：//www. etikkom. no/en/library/practical-information/legal-statutes-and-guidelines/act-on-ethics-and-integrity-in-research/？ _ t _ id ＝1B2M2Y8AsgTpgAmY7PhCfg％3d％3d＆ _ t _ q＝＋investigate＋research＋integrity＆ _ t _ tags＝language％3aen％2csiteid％3aa8caa3c9-2223-4137-b8d2-d8cbdc26b909＆ _ t _ ip＝119. 109. 20. 246＆ _ t _ hit. id＝Etikkom _ Core _ Models _ PageTypes _ FBIBarticlePage/ _ d98a15f0-46e1-479a-8e65-980cfc65e1d0 _ en＆ _ t _ hit. pos＝4.

③ GOOD RESEARCH PRACTICE，https：//www. vr. se/english/analysis-and-assignments/we-analyse-and-evaluate/all-publications/publications/2017-08-31-good-research-practice. html.

国际认可的科研不端行为的核心内容，"伪造、篡改和剽窃"。当然各国之间也存在着差异，丹麦对科研不端行为的定义，还包括了"作者署名"的内容，即其在定义中所谓的"不严重的修饰"；而挪威的定义是一个开放性的定义，其定义中附加了"其他严重违反公认的研究伦理规范的行为"。

在德语国家最早开启科研不端行为治理体制建设并给科研不端行为下定义的国家是德国。而德国在建设科研不端行为治理体制与给科研不端下定义时，主要吸取了美国、丹麦和英国三个国家的经验，并根据本国科学传统及其存在的问题，给出了适合自己国情的科研不端行为定义[①]。在德国最早给出科研不端行为明确定义的是马普学会。1997年马普学会按照德国研究联合会的建议，对科研不端行为进行研究，并于本年11月14日通过了《质疑科研不端行为的诉讼程序》。它就良好科研行为的原则、科研不端行为的认定、不端行为的处理程序、可能的制裁措施等方面做了详细的规定。马普学会对科研不端行为的界定至今在德国仍是最权威的[②]，其对科研不端行为的定义也主要包括两个层面：一是个体责任层面的科研不端行为，二是共同责任层面的科研不端行为，详细解释如下："基本的科研不端行为：

1）重要的科学联系被有意的或由于疏忽大意导致的错误陈述，他人的知识产权被侵害，或科研能力受到伤害，事件属于哪一种不端行为视具体情况而定。

a）虚假陈述

---

① Deutsche Forschungsgemeinschaft. Vorschläge zur Sicherung guter wissenschaftlicher Praxis，WILEY-VCH Verlag GmbH，D-69469 Weinheim（Federal Republic of Germany），1998.

② 根据德国科学委员会2015年对德国高校和科研机构应对科研不端的纲要与程序模型的知晓与应用情况的调查结果，从知晓度来看，最高的是德国高校校长联席会2013年通过的《高校良好的科学实践》的达到了64.4%，但实际的应用程度不高，只有17.0%；排在第二位的是，德国研究联合会2013年修订的《确保良好的科学实践备忘录》。从实际的应用来看，德国研究联合会2013年修订的《确保良好的科学实践备忘录》应用程度最高，达到40.2%；排在第二位的是《应对科研不端的程序》（德国研究联合会，2011），达到32%。而德国研究联合会2013年修订的《确保良好的科学实践备忘录》与2011年修订的《应对科研不端的程序》，以及德国高校校长联席会2013年通过的《高校良好的科学实践》，对科研不端行为的定义均与此处的定义相同。

伪造数据导致的；篡改数据导致的；通过选择或放弃不期望得到的结果，或不公开这些结果导致的；对陈述或图表进行操纵导致的；在撰写申请时或申请基金时进行不正确的陈述导致的（包括向出版机构、印刷部门虚假的陈述）；

b）知识产权的侵害

涉及他人创造的、产权受法律保护的作品、或他人发现的科学认识、假说、理论或研究方法内容：

剽窃；剥削研究的部分内容或思想，特别是鉴定人；僭越或无根据的接受科学著作权或合作权；伪造内容；未经授权向第三者公开或接触未被发表的作品、认识、假说、理论、或研究方法；

c）未经同意把著作权、合作权据为己有；

d）阴谋破坏研究活动（包括破坏、毁坏或操弄研究程序、器械、附件、硬件、软件、化学药品或其他别人做实验必要的物品）；

e）清除原始数据，这点违反了法律规定或科学工作的学科公认的基本原则；

2）科研不端的共同责任如下：

积极地参与他人的科研不端行为；通过他人知道伪造事实；公开发表的伪造刊物的合作者，监管时的疏忽大意，最后一条视具体情况而定"①。

对比德国与美国、丹麦、英国对科研不端行为的定义，可以看出德国科学界对科研不端行为的界定还是有自己的独特性的。

在上述几个国家中美国与英国对科研不端行为的定义比较接近，科研不端行为的内容主要包括：国际认可的科研不端行为的核心内容，即"伪造、篡改和剽窃"；以及科研伦理的部分内容，即对人、其他动物及环境带来损害的行为。而德国与丹麦对科研不端行为的界定比较接近，它不仅

---

① Zum Umgang mit wissenschaftlichem Fehlverhalten in den Hochschulen，Empfehlung des 185. Plenums vom 6. Juli 1998；Verfahrensordnung bei Verdacht auf wissenschaftliches Fehlverhalten-beschlossen vom Senat der Max-Planck-Gesellschaft，am 14. November 1997，geändert am 24. November 2000.

包括科研不端行为的核心要求，禁止"伪造、篡改和剽窃"，还包括了"发表与署名""同行评议""师生关系"以及"合作研究"的内容；但不包括保护"人、其他动物及环境"的科研伦理内容；比美国的定义要宽，但比英国的定义要窄。

奥地利和瑞士对科研不端行为的界定则都参照了德国研究联合会对科研不端行为的定义[①]。奥地利科研诚信办公室在《为了良好的科研实践：奥地利科研诚信办公室纲要》中对科研不端行为的定义是奥地利高校和科研机构界定科研不端行为的摹本。它对科研不端行为的定义是比较规范的，既有总体的概括，又有详细解释；除了对个体的科研不端行为进行了界定，也对参与性科研不端行为进行了界定。定义的具体内容如下：

（一）科研不端行为

（1）科研不端行为是指故意地、有意地或严重疏忽地违反良好科学实践标准。当科研人员科研活动时可能违反良好科学实践标准并且容忍这种违规，那么被视为"故意地"。如果科研人员认为违反良好科学实践标准不仅仅是可能的，而且是确定的，那么被认为是"有意地"。如果科研人员在给定的科研背景下公然无视尽职调查，并且因此未能认识到他（她）在很大程度上违反了良好科学实践标准，则违反行为被认为是"严重疏忽地"；例如，即使最简单、最明显的想法未被考虑，以及研究人员无视任何人应该考虑的；每个科研人员都必须清楚的情况也没有注意到。在科学/学术界（"诚实的意见分歧"）的讨论中，批评性陈述或因诚意出的错误（"诚实错误"）不被视为科研不端行为的形式。

（2）以下行为应被视为科研不端行为：

a）数据的伪造，例如研究结果（测量、观察、统计）的伪造。

---

① RICHTLINIEN DER ÖSTERREICHISCHEN REKTORENKONFERENZ ZUR SICHERUNG EINER GUTEN WISSENSCHAFTLICHEN PRAXIS（2014-03-25）http：//www. uni-klu. ac. at/main/downloads/Richtlinien _ Sicherung _ wiss. Praxis _ ORK. pdf.

b）数据的篡改，例如通过操纵科研过程，改变或选择性地省略与科研命题相矛盾的数据或者为了获得期望的结果而对数据进行误导性解释。

c）剽窃，被定义为对其他人的文本、思想或想法的不法挪用。特别是，它包括直接以释义形式或以翻译形式挪用和使用文本段落、理论、假设、见解或数据，而没有标注和援引来源和原创者。这还包括使用（包括出版）他人的科研想法或计划，这些科研想法或计划在保密的情况下（例如在同行评议或其他审查程序的过程中）引起科研人员的注意。

d）不合理地拒绝提供基本和原始数据，包括关于如何获取这些数据的信息，或在适用保留期限之前处理此类数据。

e）阻碍其他科学家（科研人员）的科研活动以及其他不公正地损害另一位科学家（科研人员）的科学（学术声誉）的企图；特别是，这包括对违反良好科学实践标准的匿名、不具体和不合理地指控。

f）破坏科研活动，特别是破坏或损坏实验、设备、文件、硬件、软件、化学药品或其他科学家（科研人员）进行他或她的科研所需要的其他材料。

g）在申请资助时提供不准确的信息，这可能会伤害与之竞争的科研人员。

h）对可能的科研不端行为的举报人，特别是年轻的科研人员的职业发展造成不利影响。

（二）参与科研不端行为

（1）科研不端行为也可包括参与其他人违反良好科学实践标准的行为。积极参与他人的不端行为；基于伪造数据或以其他方式通过违反良好科学实践标准生成的出版物的共同著作权；或忽视监督义务。在没有采取必要的监督措施的情况下，监督义务被忽视，要适当注意科研者的个人责任和信任原则。

（2）同意被命名为出版物的共同作者，对出版物遵守良好的科学实践标准负有共同责任；如果个别科学家或科研人员在未经他们同意的情况下被命名为出版物的共同作者，并且在他们不同意的情况下被命名为出版物的共同作者，如果这已经成为事实，人们期望他们向主要负责出版人的共同作者，以及相关杂志的编辑部或出版者，提出明确的反对，并努力确保出版物不出现在他们的名字下[①]。

比较德国与奥地利对科研不端行为的定义可以看出，两者形式上有所差异，但内容实质上基本相似，最大的差别在于，奥地利对科研不端行为的定义包含了对举报人的打击报复行为，而在德国的定义中没有体现这一点。

瑞士国内科学界对科研不端行为的界定基本相同，以瑞士科学院的定义最具代表性，在瑞士科学基金会的科研诚信栏目里发布的文件里，注明对科研不端行为的定义参看瑞士科学院的《科学诚信：瑞士科学院章程》。2008年2月28日瑞士科学院全体代表大会通过的《科学诚信：瑞士科学院章程》（以下简称《章程》），《章程》中对科研不端的界定，是多角度的，同时又是谨慎和留有余地的。它不仅从内涵、外延方面对之进行了界定，而且做了描述性的解释与补充说明。在内涵方面，它声明，科研不端在于有意或疏忽导致的对科学团体与社会的欺骗。当一个行为伤害了熟知的一般的或专业的审慎义务时属于疏忽。煽动、容忍、隐瞒错误都属于不端行为。在外延方面，它明确表明，这里所说的科研不端行为仅限于科研项目的设计、实施与评价中的科研不端行为。侵犯有关的法律条文的科研不端行为，如刑法、民法、著作权法、专利法、医疗法、移植法、环保法、基因技术法或动物保护法，因为这些违法行为可以得到法律的制裁，不适用于它制定的科研不端行为的规则。具体来讲，科研不端行为主要是指：

（1）违背科学利益的科研行为：伪造研究结果；故意地篡改数据、错

① Österreichischen Agentur für wissenschaftliche Integrität，Richtlinien der Österreichischen Agentur für wissenschaftliche Integrität. zur Guten Wissenschaftlichen Praxis. Mariahilfer Straße 123/3. Stock，1060 Wien；www. oeawi. at.

误的陈述，故意迷惑性地处理研究结果，随意地加权平均数据；没有申明、没有事实依据剔除数据、认识结果（篡改、操纵）；不注明数据来源；在规定的保留期限内清除数据、原始资料；拒绝提供数据供资助方合理地审阅；

（2）违背个人利益的科研行为：在研究项目的设计与实施中，未经项目负责人的同意、不以项目为目的拷贝数据（数据盗窃），伤害或阻碍他人的、自己研究团队内或外的研究活动，损害慎重的义务，疏忽了监管的义务；在研究结果出版中：剽窃，复制或盗窃知识产权的其他形式，没有真正做出贡献的却具有著作权，对项目有真正贡献的合作者没有署名、署名的是没有做出真正贡献的合作者，没有说明其他作者的真正贡献，故意地错误引用，不正确地说明自己作品的出版状况（如盖章）；在鉴定与评估中：真正地掩盖利益冲突，伤害审慎的义务（保密的义务），疏忽大意地或有意地误判项目、规划或签名，为了获得自己或第三方利益没有根据地做出判断。（对违背个人利益的补充说明：有效措施可能在类型与程度上很不一样）①。

对德国、奥地利、瑞士三个德语国家对科研不端行为的定义进行比较，奥地利和德国的定义无论从分类方法，还是从内容上而言，都比较接近。瑞士与其他两国的定义，较之于这两国的差别要稍大一些。首先从定义具体解释的分类上来说，瑞士对科研不端行为的定义不包含"参与责任"。瑞士的定义对鉴定人的行为规范有更明确、更严格的要求，即不能为了自己或第三方利益而疏忽大意地或有意地误判项目或规划，而在德国、奥地利的定义中对鉴定人的要求只提到了不准利用职务之便剽窃他人成果。

对比北欧国家与德语国家对科研不端行为的定义，可以看出在上述几个国家中丹麦、芬兰、挪威、瑞典几个北欧国家与美国对科研不端行为的

①　Reglement der Akademien der Wissenschaften Schweiz zur wissenschaftlichen Integrität. http：//www. akademien-schweiz. ch/index/Schwerpunktthemen/Wissenschaftliche-Integrität. html.

定义比较接近，科研不端行为的内容主要包括：国际认可的科研不端行为的核心内容，即"伪造、篡改和剽窃"。但是丹麦、芬兰对违反良好的科学实践的定义中，区分了严重违反良好的科学实践的行为与轻微地违反良好的科学实践的行为，即科研不端行为与科研不当行为（不负责任的研究行为或有问题的研究行为）。并且各国对科研不端行为的称谓基本形成共识，用英文表达大多为"Research Misconduct"，少数表达为"Scientific Misconduct"；但关于轻微地违反良好的科学实践的行为，却还没有一个统一的称谓，芬兰称之为"不负责任的研究行为（Irresponsible Practice）"，丹麦表述为"有问题的研究行为（Questionabel Research Practice）"。

而德国、奥地利、瑞士几个德语国家对科研不端行为的界定比较接近，它不仅包括科研不端行为的核心要求，禁止"伪造、篡改和剽窃"，还包括了"发表与署名""同行评议""师生关系""破坏他人研究"以及"合作研究"的内容，即在北欧国家中通常被视为"有问题的研究行为"或"不负责任的研究行为"的内容。

最后，把北欧德语国家与美国、英国、澳大利亚对科研不端行为的定义进行比较，可以发现北欧德语国家对科研不端行为定义的内在一致性。

澳大利亚政府对科研诚信问题也非常重视，1992年颁布的《国家卫生与医学理事会法案》为澳大利亚国家卫生与医学理事会（NHMRC）负责制定并提出有关科研行为的规范提供了法律依据。2003年澳大利亚国家卫生与医学理事会任命的工作组讨论并形成了《澳大利亚负责任的科研行为规范》（Australian Code for the Responsible Conduct of Research，2007）。该规范是迄今为止澳大利亚联邦政府颁布的最重要的科研诚信法律规范，所有接受联邦政府教育及科研资助的机构均须遵守。该规范中给出的科研不端的定义是："在申报课题、开展研究或汇报研究结果时捏造、伪造、剽窃或欺骗，不能说明或处理的严重利益冲突；研究道德委员会认可的可避免的未完成研究计划，尤其是未完成可能导致给人类、动物或环境带来不合理的风险和危害；其他故意隐瞒或助长科研不端行为"①。

把北欧德语国家与英国、澳大利亚对科研不端行为的定义进行比较，可以发现北欧德语国家对科研不端行为定义的共同点：即对科研不端行为的定义，除了包括国际公认的科研不端行为的核心内容"伪造、篡改和剽窃"，有的还包括了"发表与署名""同行评议""师生关系"以及"合作研究"的内容；但均不包括保护"人、其他动物及环境"的科研伦理内容。事实上北欧德语国家在应对科研不端行为的道路上，都经历了一个从科技伦理到科研伦理再到科研不端行为的聚焦过程②。因此，北欧德语国家对科研不端与不当行为的定义，主要限定在科研工作中的诚实、信任等的基本道德规范内，不包括科研工作中的伦理关怀，如涉及人体研究和动物实验的伦理关照等内容。

综观我国主要机构对科研不端行为的认定，与德语国家的定义比与美英等国的定义更为接近。如教育部最新颁布的《高等学校预防与处理学术不端行为办法》（2016）所认定构成学术不端行为如下：

"（一）剽窃、抄袭、侵占他人学术成果；

（二）篡改他人研究成果；

（三）伪造科研数据、资料、文献、注释，或者捏造事实、编造虚假研究成果；

（四）未参加研究或创作而在研究成果、学术论文上署名，未经他人许可而不当使用他人署名，虚构合作者共同署名，或者多人共同完成研究而在成果中未注明他人工作、贡献；

（五）在申报课题、成果、奖励和职务评审评定、申请学位等过程中提供虚假学术信息；

---

① 主要国家科研诚信制度与管理比较研究课题组：《国外科研诚信制度与管理》，科学技术文献出版社 2014 年版，第 236 页。

② Magdalena Poeschl. Von der Forschungsethik zum Forschungsrecht. in：Ulrich H. J. Koertner, Christian Kopetzki, Christiane Druml（Hrsg）：Ethik und Recht in der Humanforschung. Springer Wien New York. 2010.

（六）买卖论文、由他人代写或者为他人代写论文；

（七）其他根据高等学校或者有关学术组织、相关科研管理机构制定的规则，属于学术不端的行为。"①

中国科学院颁布的《中国科学院关于加强科研行为规范建设的意见》（2007）、中国科学技术协会发布的《科技工作者科学道德规范（试行）》，其认定为科研不端行为的内容与教育部的内容基本相同。当然也有例外，比如说中国科学技术部颁布的《国家科学计划实施中的科研不端行为处理办法（试行）》（2006）所认定的科研不端行为就包含了"在涉及人体的研究中，违反知情同意、保护隐私等规定"以及"违反实验动物保护规范"的内容。

二、科研诚信的界定

尽管人们开始时关注的主要是科研中的欺骗、造假和剽窃等丑闻，将之称为科研不端行为（Misconduct）、学术越轨行为、学术欺诈、学术不当行为等。但人们后来逐渐认识到被披露和被查处的科研不端行为属少数行为，而不负责任的、有问题的研究行为（Questionable Research Practice，QRP）却相当普遍，而且其危害性也相当严重，而这些问题可以纳入科研诚信（integrity）的范畴。此外，科研诚信的研究人员与科研诚信办公室的工作人员发现，在研究与治理科研不端行为的实践过程中，因为科研不端行为的否定、批评意味很强，用科研不端行为来与科研人员进行交流时，科研人员们往往采取一种逃避讨论的姿态。但是，科研诚信则给人一种强烈的'良好的科学研究'的感觉。美国科研诚信办公室在成立之初，也是着重强调基于举报的独立调查；到后来逐渐清楚地意识到，想要阻止不端行为的发生，根本在于防范，形成良好科学研究局面的关键在于建立

---

① 中华人民共和国教育部：《高等学校预防与处理学术不端行为办法》，教育部网站，www.gov.cn，2016-07-19。

与科学界的协作和相互信赖关系①。之后，许多国家在完善调查处理科研不端行为举报的同时，也从正面宣传"科研诚信"，倡导负责任的科研行为（Responsible Conduct of Research，RCR）或者良好的科学实践（Good Scientific Practice），并探讨如何从科研伦理道德、行为规范、体制机制、政策法规、文化氛围等诸方面来确保科研诚信。

Integrity 一词来源于拉丁单词"Integrita"，原义为整体或全部，描述个人的行为时，是指个人完全遵守道德准则、诚实、真诚。美国科研诚信办公室（2009）将"科研诚信行为"定义为：在申报、开展或评审科研项目过程中应用诚实、可验证的方法，提交的科研成果报告遵守相关的规章、条例、准则和公认的职业道德规范或标准的行为。根据马克瑞娜（Francis L. Macrina）的阐释，科研诚信包括四个方面："首先是与数据有关的问题：收集、管理、储存、共享和所有权。科研机构和资助机构常常为这些问题制定政策和指南。其次是发表与署名，人们制定了各种指南，用于规范发表和署名中的适当行为，如科研机构关于行为规范的指南，专业协会关于道德守则的指南以及出版社的作者须知。同行评议也与此有关，包括对期刊稿件和项目申请的评审。这类指南越来越多的是以出版社和资助机构书面政策的形式出现。第三是师生关系，这种关系不仅贯穿于科学生涯的培训阶段，而且以各种形式持续在研究人员的整个职业生涯中。科研机构的指南主要从行为规范和责任两个方面来规范师生关系。第四是合作研究，主要是规范合作双方的义务与责任。由于跨学科方法越来越多地用于科学研究，在过去数十年间合作研究爆炸式增长。数据共享、共同署名和关注知识产权仅其中产生的一些问题，上文中提到的许多机构已制定了相关的指南"②。

但美国使用的"负责任的科研行为"概念通常比"科研诚信"概念的外延大得多。"负责任的科研行为"包括四个方面的内容：受试者保护、

---

① Longman Dictionary of the English Language，Harlow：Loneman House，1984.

② Francis L. Macrina：《科研诚信：负责任的科研行为教程与案例》，何鸣鸿、陈越译，高等教育出版社 2011 年版，第 9—10 页。

科研诚信、环境与安全问题和财务责信。研究受试者指的是，当在研究中使用人类和其他动物时，这些实验对象都受到联邦法律的约束，必须向科研机构委员会提出申请并获得批准。科研诚信包括四个方面：数据的共存共享和所有权、发表与署名、师生关系、合作研究。环境与安全问题要求在研究中使用某种材料、步骤和过程，必须符合相关政府的法规或机构的规定。财务责信主要包括两个方面：一是恰当和负责任地使用研究经费，二是科研人员必须能够认识到并能解决可能对研究工作造成任何损害的经济利益冲突。[①] 对美国"负责任的科研行为"概念进行分析可以看出，美国的"负责任的科研行为"不仅包括了科研诚信的内容，还包括了除此之外的受试者保护、环境与安全问题和财务责信。

最早建立起统一的国家科研诚信办公室的国家——丹麦，其官方语言是在同一意义上使用"科研诚信"与"良好的科学实践"的。在 2014 年 11 月以前，丹麦科研不端委员会使用"良好的科学实践"（Good Scientific Practice）一词。2014 年 11 月，丹麦高等教育与科学部在官方文件中采用了"科研诚信"（research integrity）的概念，并从 6 个方面确定了科研诚信行为准则：科研计划与行为、数据管理、出版与通讯、写作活动、合作研究、利益冲突。

芬兰国家科研诚信顾问委员会在不断地拓展其管辖的范围。从其颁布的文件来看，自 1994 年公布了芬兰首个学术不端处理指南以后，1998 年、2002 年、2012 年修订后的题目囊括的内容在逐步扩展：从《防止、处理和调查科研不端和欺诈行为的准则》（*Guidelines for the Prevention*，*Handling and Investigation of Misconduct and Fraud in Scientific Research*）到《良好科学实践及科研不端与欺诈行为处理程序》（*Good Scientific Pratice and Procedures for Handling Misconduct and Fraud in Science*，2002）再到《负责任的研究行为与科研不端行为指控处理程序》（*Respon-*

①　Francis L. Macrina：《科研诚信：负责任的科研行为教程与案例》，何鸣鸿、陈越译，高等教育出版社 2011 年版，第 9—10 页。

sible Conduct of Research and Procedures for Handling Allegations of Misconduct in Finland，2012）。在 2012 年修订的文件中对"负责任的研究（Responsible Conduct of Research）"与"科研诚信（Research Integrity）"这两个概念做了区分。"负责任的研究行为"涵盖了与科学和研究有关的所有伦理观点和伦理评价，包括研究伦理（Research Ethics）、科研诚信和财务责信的内容，但不包括环境与安全问题。具体来讲，负责任研究行为涉及：遵循研究界认可的研究原则，即在进行研究、记录、展示和评价研究成果时诚实、细致、准确；数据收集以及研究和评价的方法符合科学标准；尊重他人的工作和成果，适当引用；在研究的各个阶段获得数据时，均遵守已有的标准；当项目需要时，进行必要的初步伦理审查；研究各方就研究人员的权利、责任和义务、作者原则以及有关数据存档和访问的问题达成一致；公布与研究有关的资金来源、利益冲突或其他承诺；当有理由怀疑存在利益冲突时，研究人员避免所有与研究相关的评估和决策；科研机构恪守良好的人事及财务管理守则以及数据保护法。然而，"科研诚信"指的是在研究中遵循一种道德上负责任和适当的行动方针，以及在所有研究中查明和防止欺诈和不诚实行为；强调所有研究人员在其研究活动中必须是诚实和值得信任的。[①] 可见，在这里"科研诚信"概念的范围比较窄，"负责任的研究行为"概念的范围则要宽的多。

　　挪威教育和研究部于 2006 年颁布的挪威第一部关于研究伦理和诚信的法律——《研究伦理和诚信法》，是挪威科研诚信领域的最权威文件。但该法中并没有明确说明诚信的内涵，甚至没有明确区分伦理与诚信。在挪威国家研究伦理委员会的网站"伦理图书馆"中，单列了"诚信与合议制"这一主题。在该主题之下，也没有对科研诚信做任何解释性说明，但对之涵盖的内容进行了明确分类，并具体说明了欺诈和剽窃、指导和合议制、公共利益披露、学术引文实践中的灰色地带四方面的内容。[②]

---

① Responsible conduct of research and procedures for handling allegations of misconduct in Finland，2012，https：//www. tenk. fi/sites/tenk. fi/files/HTK _ ohje _ 2012. pdf.

② The Research Ethics Library，https：//www. etikkom. no/en/library/.

瑞典自 2001 年以来有一组伦理专家讨论研究伦理问题，这一年瑞典研究理事会制定了《良好的研究实践》（*Good Research Practice*），针对研究工作中可能出现的问题背景，阐述了相关立法和伦理要求及建议。该书于 2017 年进行了修订，修订后的版本强调，良好的研究取决于强大的、有根据的信任。良好的研究要求实践研究人员应该：说出研究真相；有意识地审查并报告研究的基本前提；公开说明研究的方法和结果；公开说明研究的商业利益和与其他协会的利益关系；不得擅自使用他人的研究结果；将研究组织起来，如通过记录和存档；不要对人，动物或环境造成伤害；对别人的研究予以公平地判断。① 瑞典研究理事会使用的"良好的研究实践"不仅涉及了科研诚信的内容：成果的发表、利益冲突、引用、记录和存档，以及同行评议的内容；还涉及了对人、动物和环境的伦理关怀，但是不涉及财务责信的内容，整体来看是一个中等范围的概念。

在德国，德国研究联合会在 20 世纪 90 年代已明确认识到，诚信在科研活动中的重要性，但是并没有对科研诚信下一个确切的定义。在《良好的科学实践建议》 （*Vorschlage zur Sicherung guter wissenschaftlicher Praxis*，1998）中就指出，诚信是良好的科学实践的一项重要原则，科学只有以诚信为前提才能从根本上富有成效地推动科学的发展，推动新的知识的产生。而缺乏诚信会对科学研究产生威胁，不仅毁掉研究者本人的自信，也会毁掉公众对科学的信任。因此，在调查赫尔曼、布拉赫事件的同时，德国研究联合会同时委托科研诚信调查委员会，为科研工作者制定应遵循的良好科学实践规则。该文件指出，那些必须被防治的与良好的科学实践相悖的行为是不诚实的科研行为，即科研不端行为。为了防治科研不端行为，该文件倡议"良好的科学实践"，并提出良好的科学实践规则几个普遍原则：遵守专业标准；记录结果；一贯地质疑自己的发现；对待合作伙伴、竞争对手和前辈的贡献要奉行严谨诚实的态度；工作团队的合作

----

① Swedish Research Council，Good Research Practice，https：//www. vr. se/english/analysis-and-assignments/we-analyse-and-evaluate/all-publications/publications/2017-08-31-good-research-practice. html.

与领导的责任；教导年轻的科学家和学者；保护和储存原始数据；科学出版物的作者对其内容要负全责①。2015 年，德国科学委员会在《科研诚信建议》（*Empfehlungen zu wissenschaftlicher Integrität*，2015）中明确表明了本文件所讨论的科研诚信的内涵。科研诚信应当理解为在科学中诚实和对质量负责的一种文化意义上伦理意识。科学诚信不包含研究题目和研究对象的伦理问题，如军备研究与动物实验；同时也不涉及腐败、商业委托研究以及歧视。它强调科研诚信贯穿于学习、科学训练与科学生涯所有阶段的整个研究过程。它还指出，良好的科学实践的首要规范可以理解为日常科学活动中的知识及其应用实践，它导向科研诚信的能力及品行。为了加强科研诚信文化，这种品行在高校与科研机构中必须得到训练。也就是说，德国科学委员会认为，良好的科学实践即科研诚信行为②。

奥地利科研诚信办公室在 2015 年发布了《奥地利科研诚信办公室良好的科学实践纲要》（*Richtlinien der ÖAWI zur Guten Wissenschaftlichen Praxis*，2015），该文件指出了科研诚信适用的范围、各责任主体的职责与认定原则。具体包括以下五点内容：（1）所有参与科研的人都有义务遵守科研和学术的诚信原则。特别是，当与科研人员之间、科研人员和委托他们项目的人之间透明和真诚地沟通时的诚信；科研合作工作执行中高度可靠性；公正的判断和内部独立性；愿意接受专业的批评，并以合理的论证来回应这种批评；特别是对年轻科研人员负责任和公平待遇。此外，科研诚信还包括与公众的真诚，可理解和透明地沟通，以适当地反映科学研究的复杂性。（2）参与科研的所有人员均应遵守适用于其各自领域的良好科学实践标准，调查和解决对适用标准的任何疑问，以避免科研不端行为，并立即纠正发现的任何不端行为。（3）进行科学和学术科研的组织以及进行科研的单位，应确保科学实践"良好标准"一贯地传达，特别注意

---

①   Deutsche Forschungsgemeinschaft. Vorschlage zur Sicherung guter wissenschaftlicher Praxis. Kennedyallee 40. 53175 Bonn.

②   Wissenschaftsrat. Empfehlungen zu wissenschaftlicher Integrität（2015-06-05）http：//www.wissenschaftsrat.de/download/archiv/4609-15.pdf.

科研不端行为的风险。（4）指导科研项目，特别是与文凭/硕士论文或博士科研有关的项目的人员，应传授科研人员良好的科学实践标准；有必要确保一个科研环境，特别是使年轻科研人员遵守良好的科学实践标准。（5）如果没有迹象表明科研人员的行为违反了良好的科学实践标准，科研项目的负责人可以相信科研项目正在按照良好的标准进行科学实践（信任原则）。在该文件中，还具体解释了良好科学实践标准，具体包括七个方面的内容：原始数据精确记录和保存、资助申请、出版、署名、利益冲突、科研项目资助的透明度①。奥地利大学校长联席会（Österreichische Rektorenkonferenz，曾用名奥地利大学联席会）通过的《奥地利大学校长联席会关于确保良好的科学实践指导方针》　（*Richtlinien der Österreichischen Rektorenkonferenz zur Sicherung einer Guten Wissenschaftlichen Praxis*，2014）② 也对良好的科学实践做了具体的说明，不过其内容与德国研究联合会 1998 年颁布的《良好的科学实践建议》的界定相同，此处不再重复。

在瑞士，瑞士科学院最先颁布了科研诚信制度建设文件，并最早给出科研不端定义，瑞士国家科研基金委则直接采用的瑞士科学院的文件③，也就说二者的文件是相同的。在瑞士科学院 2008 年颁布的《科研诚信基本原则与程序规则》中（Wissenschaftliche Integrität -Grundsätze und Verfahrensregeln，2008），文件明确指出，在瑞士将科研诚信行为视为研究者对遵循良好的科学实践的基本规则的承诺。它对科研诚信的界定如下：

---

① Österreichische Agentur für wissenschaftliche Integrität. Richtlinien der Österreichischen Agentur für wissenschaftliche Integrität zur Guten Wissenschaftlichen Praxis. Wien 2017 奥地利和瑞士对科研诚信和良好的科学实践的界定主要借鉴了德国的内容，因此奥地利、瑞士所使用的良好的科学实践概念也等同于科研诚信一词。

② Österreichische Rektorenkonferenz. Richtlinien der Österreichischen Rektorenkonferenz zur Sicherung einer Guten Wissenschaftlichen Praxis（2014-03-25）http：//www. uni-klu. ac. at/main/downloads/Richtlinien _ Sicherung _ wiss. Praxis _ ORK. pdf.

③ Wissenschaftliche　　Integrität. http：//www. snf. ch/de/derSnf/forschungspolitische _ positionen/wissenschaftliche _ Integrität/Seiten/default. aspx.

"诚实、真诚、自律、自省是诚信行为中不可或缺的。"①关于科研诚信涉及的领域，主要包括：研究目标的确定；研究计划中的数据的记录与保存、研究资助（利益冲突）、专利；研究实施中的使用数据材料的记录与保存、信息的披露、出版。

概而言之，北欧及德语国家基本在同一意义上使用"科研诚信"与"良好的科学实践"这两个概念；但"负责任的研究行为"这一概念其外延要比上面两个概念大得多。在北欧及德语国家目前只有芬兰通常使用"负责任的研究行为"这一概念，其他北欧及德语国家通常使用"良好的科学实践"或"科研诚信"这两个概念。把北欧及德语国家对"科研诚信（或良好的科学实践）"界定进行比较，可以看出上述几个国家对科研诚信的界定有共同的最基本的内容：数据的记录与保存、成果的发表和署名、合作研究。次级共性内容包括：利益冲突及师生关系；如芬兰、挪威、瑞典、奥地利、瑞士突出了的披露利益冲突，而挪威、德国都强调师生关系。最后差异性最突出的是财务责信、人体和动物实验的内容；芬兰、奥地利、瑞士的科研诚信涉及财务责信，芬兰、瑞典的科研诚信涉及人体和动物实验的内容，丹麦的科研诚信只涉及个人数据的处理。

把北欧及德语国家对科研诚信的界定与美国的科研诚信概念进行比较，可以看出它们之间还是存在着很大的共性，大都涉及：数据记录与保存、发表与署名、师生关系、合作研究。但是美国提出的"负责任的科研行为"比"科研诚信（良好的科学实践）"所涉及的内容范围大得多。

但是国内在使用这"负责任的科研行为"与"科研诚信"这两个概念时，多数情况下并不做明确地区分。我国关于科研诚信的界定，似乎是借鉴了美国"负责任的科研行为"的含义，因此我国关于科研诚信的界定，其内涵大多是广义的。

我国官方对科研诚信的定义，最具代表性的应属 2009 年科学技术部、

①　Wissenschaftliche Integrität -Grundsätze und Verfahrensregeln. http：//www. akademien-schweiz. ch/index/Schwerpunktthemen/Wissenschaftliche-Integrität. html.

教育部、财政部、人力资源和社会保障部、卫生部、解放军总装备部、中国科学院、中国工程院、国家自然科学基金委员会共同出台的《中国科学技术协会关于加强我国科研诚信建设的意见》中的定义，内容如下："科研诚信主要指科技人员在科技活动中弘扬以追求真理、实事求是、崇尚创新、开放协作为核心的科学精神，遵守相关法律法规，恪守科学道德准则，遵循科学共同体公认的行为规范。"但是该意见缺乏对科研诚信内容的具体解释，实践操作性不强。同年，科学技术部科研诚信建设办公室组织编写了《科研诚信知识读本》，该书对科研诚信的定义及其阐释采用了国际上比较常见的用法。关于科研诚信概念的界定采用的是国际学术诚信中心（International Center for Academic Integrity）的定义，内容如下："科研诚信，也可称为科学诚信或学术诚信，指科研工作者要实事求是、不欺骗、不弄虚作假，还要恪守科学价值准则、科学精神以及科学活动的行为规范①，而对它的解释采用的是第一届科研诚信国际大会廷德曼的报告中的定义，内容如下：一般说来，科研诚信主要涉及如下四个层面的问题：一是防治科研不端行为（FFP），同时重视和治理科研中的不当行为（QRP）；二是制订和落实一般科研活动的行为规范准则以及与生命伦理学研究相关的规章制度和行为指南；三是规避和控制科研中由于商业化引起的利益冲突，同时注意来自政治、经济发展等方面压力对科研的影响；四是强调与科研人员道德品质和伦理责任相关的个人自律，同时关注科研机构的自律、制度建设和科技体制改革问题②。该解释事实上混同了"科研诚信"与"科研伦理"两个概念③。不过欧洲科学基金会（ESF）和全欧科学院（ALIEA）通过的《欧洲科研诚信行为准则》对科研诚信的理解也

①　科学技术部科研诚信建设办公室组织编写：《科研诚信知识读本》，科学技术文献出版社2009年版，第7页。

②　Tindemans Report，An action-oriented Summary of the First International Conference on Research Integrity，Lisbon16-19 September 2007，http：//www. Euroscience. Org/ethics-in-scienic-workgroup. html.

③　科学技术部科研诚信建设办公室组织编写：《科研诚信知识读本》，科学技术文献出版社2009年版，第8页。

将"科研诚信"与"科研伦理"等同了。其关于科研诚信的原则说明如下:"在介绍目标及意图、报告方法及程序以及进行阐释时要诚实。研究必须真实可信,有关交流必须合理而充分。客观性要求所有事实要能被证明,在理数据时要透明。科研人员应当独立而无偏见,与其他科研人员和公众的沟通应当开放而诚实。所有科研人员都有对人类、动物、环境或研究对象关爱的责任。他们在提供引用文献和介绍他人研究的贡献时必须表现出公平;指导年轻科学家和学者时,必须表现出对后代的责任感"①。具体的内容涉及以下五个层面:数据的保存与使用;研究的设计实施、资助的申请和资源利用;对人类、动物或无生命体的关爱;对发表内容负责;编辑责任。

把我国对科研不端行为与科研诚信的界定进行比较就会发现,二者的外延差异很大。科研诚信包括了远远大于科研不端行为的内容。我国对科研诚信的界定事实上是采用了欧洲科学基金会和全欧科学院对科研诚信的界定,但也可以说是在很大程度上是混淆了美国关于"科研诚信"与"负责任的科研行为"界定,模糊了"科研诚信"与"科研伦理"两个概念。有趣的是,我国科学技术部科研诚信建设办公室认识到,"科研诚信"与"科研伦理"两个概念存在着不同,但同时又认为两者的不同仅仅体现在研究的视角上:"虽然科研道德与科研伦理所关注和讨论的问题相同,但两者又有重要区别。如果说科研道德或科研诚信是以专业规范(职业准则)的视角来讨论科研行为,科研伦理则是从伦理原则的视角来讨论科研行为"②。

对北欧及德语国家,以及对美国(狭义的)和我国的科研诚信概念进行比较,发现各国对科研诚信的定义有一定的共性,但又有巨大的差异,很难总结出一个统一的概念。但是上述几个国家对科研诚信的界定有共同

---

① 转引自中国科学院编:《科学与诚信:发人深省的科研不端行为案例》,科学出版社 2013 年版,第 209 页。

② 科学技术部科研诚信建设办公室组织编写:《科研诚信知识读本》,科学技术文献出版社 2009 年版,第 8 页。

的最基本的内容：数据的记录与保存、成果的发表和署名、合作研究。次级共性内容包括：利益冲突及师生关系；如挪威、瑞典、奥地利、瑞士突出了的披露利益冲突，而美国、荷兰、挪威、德国都强调师生关系。最后，差异性最突出的是财务责信、人体和动物实验的内容；中国、芬兰、奥地利、瑞士的科研诚信涉及财务责信，中国、芬兰、瑞典的科研诚信涉及人体和动物实验的内容，丹麦的科研诚信只涉及个人数据的处理。

因为，多数北欧及德语国家与美国的"科研诚信"的概念不包括军备研究、动物实验等科研伦理的内容，所以"科研不端"行为涉及的领域恰好是"科研诚信"行为涉及的领域，只是二者的性质恰好相反。这样就使科研不端的定义范围更小、内容更确定，更容易被科研人员接受和防范。故而，笔者在后文所采用的"科研诚信"这一概念，通常不包括人类和动物保护的伦理内容，也不包括财务责信的内容，也就是说，采用美国和多数北欧德语国家定义的科研诚信和良好的科学实践，而不采用美国、芬兰的"负责任的研究行为"、欧洲科学基金会和全欧科学院的科研诚信定义，即采用狭义的"科研诚信"概念。期望以此能够避免因概念过于泛化而不利于实践操作的难题。在个别情况下，因为所研究的国家或单位本身对"科研诚信"的界定包含了人体研究和动物保护的科研伦理的内容，所以在分析和讨论该国家或单位的科研诚信建设时，也包含了科研伦理建设的内容，如对瑞典、维也纳医科大学的研究就属于这种情况。

第三节 北欧德语国家科研诚信建设的主要模式

关于世界主要国家科研诚信体系或科研不端治理体系模式的分类，国内主要有两种观点：

一是，胡剑、史玉民发表的论文《欧美科研不端行为的治理模式及特点》以及胡剑的博士论文《欧美科研不端行为治理体系研究》中，将欧美主要国家科研不端行为治理体系建设模式，归纳为"政府主导型和科研机构主导型两种较为典型的治理模式"。并指出不同的治理模式与各国的学术传统和政治背景等方面存在着较为明显的差异有关，不同的治理模式又对科研不端行为的定义、调查和处理等产生了明显的影响。美国、丹麦、挪威和芬兰等国被列为政府主导下的科研不端行为治理模式，英国、德国、爱尔兰、加拿大、瑞士等国的科研不端行为治理实践被列入科研机构主导模式。[①]

　　二是，程如烟和文玲艺合写的论文《主要国家加强科研诚信建设的做法及对我国的启示》以及主要国家科研诚信制度与管理比较研究课题组编著的《国外科研诚信制度与管理》一书对世界上主要国家的科研诚信建设的主要模式分为四类："一是建立了完善的科研诚信体系的国家，如美国和日本；二是以英国为代表的政府性资助机构出台了科研诚信政策的国家；三是以北欧国家为代表建立了独立机构处理科研诚信问题的国家；四是尚没有出台专门的科研诚信政策的国家"[②]。

　　对于第一种分类方法，笔者认为，将欧美主要国家科研不端行为治理体系建设模式分为两类有简单明了的优势，但也容易忽视它们的内在差别。例如，同属于政府主导模式的丹麦、挪威和芬兰三个国家，虽然都设有全国统一的科研诚信委员会，但是不同国家的国家科研诚信委员会的主要任务和职责并不相同，不同国家的关于科研诚信的政策也不是都在法律层面规定的，调查和处理科研不端行为的具体程序也不一定是全国统一的。具体来讲，丹麦、挪威的国家科研诚信委员会负责全国科研不端行为事件的调查，但芬兰（还有比利时、瑞典）的国家科研诚信委员会只负责对科研不端行为事件的二次审查和监督，科研不端行为事件的初次调查和制裁均由科研机构实施。所以笔者认为，把政府主导型模式细分为两类更

　　① 胡剑、史玉民：《欧美科研不端行为的治理模式及特点》，《科学学研究》2014 年第 31 期，第 4 页；胡剑：《欧美科研不端行为治理体系研究》，《中国科学技术大学》2012 年。

　　② 程如烟、文玲艺：《主要国家加强科研诚信建设的做法及对我国的启示》，《世界科技研究与成展》2013 年第 35 期 1，第 153—156 页；主要国家科研诚信制度与管理比较研究组课题编著：《国外科研诚信制度与管理》，科学技术文献出版社 2014 年版。

为恰当，因为这样的分类方法不但可以把研究推向深入，而且更主要是，有益于我国科研诚信从中汲取经验，构建适合中国国情的科研不端治理模式。我国地域辽阔，以大学为主的科研机构众多，情况复杂，把全国科研机构揭发的涉嫌科研不端行为事件全部归国家科研诚信机构来调查，未免数量过多，人力物力财力成本过高[①]。

对第二种分类方式，笔者认为这种分类方法是以出台科研诚信政策的部门性质为主导的划分方法。之所以这样说，是因为不管是美国、日本，还是英国、德国，又或是丹麦、芬兰，几乎所有科研诚信体制建设比较成熟的国家，都具有包含了上层的指导政策和指导机构、中层的学术团体推动、下层的科研执行机构三个层面有机结合的制度体系。如果按照诚信体系的完善度划分的话，按照国际共识丹麦、英国应位列其中，而日本是否在列却是一个值得探讨的问题。把美国和日本划为一类，无非是两个国家都由国家政府部门制定了专门的科研诚信政策，如美国联邦政府出台了专门的科研诚信政策，日本则是日本综合科学技术会议和文科省发布了处理科研不端行为的意见方针。第二类和第四类的陈述也表明了这种分类方法侧重的是是否出台了科研诚信政策，以及由谁出台了科研诚信政策。关于第三类，因为本书的研究对象是世界范围内的主要国家，所以将北欧国家视为一类也无可厚非。但是深入研究每个北欧国家的科研诚信建设体系可以发现，各个国家的科研诚信建设体制仍然存在着不小的差别。再把几个德语国家列入其中，其中的差异就更加显现。

在国家框架内调查和制裁科研不端行为，还可以按照是否有专门的法律为依据分为两种基本模式：基于立法的模式和科学界的自我管理模式。当调查和制裁科研不端行为依赖于国家立法时，严重的科研不端行为在这种情况下也是一种犯罪。但在科学界的自律框架内并非如此，科学界本身将根据学术实践纠正这种情况，并因此将使用共同商定的规则进行调查并

---

① 胡剑、史玉民：《欧美科研不端行为的治理模式及特点》，《科学学研究》2014（31）4，第481—485页；胡剑：《欧美科研不端行为治理体系研究》，中国科学技术大学，2012年。

实施制裁。在北欧及德语国家中丹麦和挪威属于前者；其他国家属于后者。丹麦在 1997 年就颁布了丹麦第一部专门的治理科研不端行为的法案——《研究咨询系统法案》（2003 年修订），首次明确了科研不端委员会的构成和管理权限，赋予科研不端委员会监督和检查科研活动中涉及的科学欺骗、科学道德等问题的职责。2017 年 4 月 26 日，丹麦议会通过了新的科研不端行为治理法案——《科研不端行为等法案》。该法案用法律的形式确定了科研不端行为与有问题的科研实践（Questionable Research Practices）的定义，科研不端委员会的构成和管理权限、调查与处理科研不端行为事件的程序、制裁措施、科研机构与高等教育和科学部长在调查与处理科研不端行为事件方面的职责。① 挪威于 2006 年 6 月 30 日颁布发布的《研究伦理和诚信法》（2017 年新修订的法案生效）是挪威第一部关于研究中的伦理和诚信的法律。该法案确立了国家科研不端行为调查委员会以及国家专业研究伦理委员会、医疗和健康研究伦理区域委员会的职责和任务，界定了科研不端行为的内涵，明确规定了科研机构的责任。② 其他北欧及德语国家，芬兰、瑞典、德国、奥地利、瑞士、比利时都采取科学界的自我管理模式。由政府任命或科学界自己组建以科学家（科研人员）为主体的科研诚信委员会，制定科研诚信准则、科研不端调查和处理程序等政策规章，开展对科研不端事件的调查，组织科研诚信教育等。本书不采用这种分类方法，主要是考虑到在世界范围内基于立法模式治理科研不端行为的国家数量很少，对我国科研不端行为的预防和治理的意义也不大，我国采取科学界的自我管理模式框架已定。

---

① Act on Research Misconduct etc., https: //ufm. dk/en/legislation/prevailing-laws-and-regulations/research-and-innovation/Videnskabeliguredelighedeng. pdf.

② The first Act on ethics and integrity in research，https: //www. etikkom. no/en/library/practical-information/legal-statutes-and-guidelines/act-on-ethics-and-integrity-in-research/? ＿ t ＿ id ＝ 1B2M2Y8AsgTpgAmY7PhCfg％3d％3d&＿ t ＿ q ＝＋ investigate ＋ research ＋ integrity&＿ t ＿ tags ＝ language％3aen％2csiteid％3aa8caa3c9-2223-4137-b8d2-d8cbdc26b909&＿ t ＿ ip ＝ 119. 109. 20. 246&＿ t ＿ hit. id ＝ Etikkom ＿ Core ＿ Models ＿ PageTypes ＿ FBIBarticlePage/＿ d98a15f0-46e1-479a-8e65-980cfc65e1d0 ＿ en&＿ t ＿ hit. pos ＝ 4.

本书按照有无国家统一的科研诚信办公室和科研不端行为事件调查主导机构的不同，分为国家科研诚信办公室负责直接调查的国家、国家科研诚信办公室负责二次审查的国家、科研机构主导调查和处理的国家三种模式。按照这样的分类方法，丹麦、奥地利和挪威可以列入第一类，虽然这三个国家之间也存在微小差异，如丹麦、奥地利的国家科研诚信办公室既负责重大科研不端行为事件的调查也负责制裁，而挪威只负责对重大科研不端行为事件的调查，制裁权属于高校与科研机构。芬兰、瑞典、和比利时属于第二类，在这三个国家之中芬兰的科研诚信建设是最早最完善的，比利时的统一的科研诚信办公室是部分意义上的，因为它只服务于法兰德斯地区。德国、瑞士列为第三类，这两个国家对科研不端行为事件的调查和处理都是以科研机构为主导。当然，德国和瑞士也存在细微差别，德国的国家科研资助机构即德国研究联合会在科研诚信建设中的引领和指导作用比瑞士科学基金会的作用更显著。

当然在具有国家统一的科研诚信办公室的北欧及德语国家中，国家科研诚信办公室的性质也是不同的，因此也可以按照国家科研诚信办公室的性质分为：协会性质的与行政性质的国家科研诚信办公室两类。如奥地利、比利时的国家科研诚信办公室都是协会性质的，不具有行政属性，因此它们发布的声明和给出的建议不具有行政命令的特征，它们与被监督、被服务的机构之间是通过自愿签署协议的形式实现的；丹麦、挪威、芬兰、瑞典的国家科研诚信办公室都是政府设立的，其成员也是政府任命的（通常由教育部、科技部任命），机构具有行政属性，其发布的声明具有行政强制性。但是这类分类方法重视了国家科研诚信办公室的性质，而忽视了其功能的差别，所以本书不采用这种分类方法。

除此之外，北欧及德语国家中也还有尚未系统化开展科研诚信建设的国家，如冰岛、卢森堡和列支敦士登，这几个国家无论在政府层面还是科研机构层面，系统的专门的科研诚信建设几乎谈不上，所以书中不予讨论。

第二章 国家科研诚信办直接负责调查的国家

第一节 丹麦

丹麦是世界范围内第一个建立全国统一的科研不端调查机构的国家，其科研诚信体系化建设经历了从科研伦理到科研诚信的发展历程。1992年丹麦医学研究理事会设立了科研不端委员会，最初只是负责调查生物医学领域的科研不端行为，后来，其调查范围扩展到了所有学科领域。丹麦科研不端委员会负责制定调查和处理科研不端案件的具体执行细则，并对全国范围的重大科研不端事件进行调查和处理。丹麦科研诚信建设的另一个特点是法制化。科研不端委员会的构成、管理权限、对科研不端案件的调查处理都依据具有法律效力的政府条例进行。此外，丹麦大学和科研机构也很重视本单位的科研诚信建设，一些科研不端案件和原则上所有的科研不当案件都是由科研执行机构自己来调查和处理的；还有更重要的是，科研诚信的教育和咨询等科研不端行为预防措施也都是由科研执行机构来承担的。随着科研不端行为的治理从事后处理走向事前预防，大学和科研组织在科研诚信建设中的位置变得越来越重要。

一、国家层面科研不端治理体制

(一) 治理机构和法律法规

丹麦科研不端委员会（the Danish Committee on Research Misconduct，简称 DCRM）是丹麦调查和处理科研不端行为（包括违反科研伦理的行为）的最高国家机构，主要负责对重大科研不端案件的调查和裁决，并制定调查和处理科研不端案件的具体执行细则。其秘书处设在丹麦高等教育与科学部（the Ministry of Higher Education and Science，MHES），原丹麦科学、技术与创新部（the Ministry of Science，Technology and Innovation，MSTI），更早些时候则称丹麦研究局（the Danish Research Agency）。它起源于 1992 年丹麦医学研究理事会设立的丹麦科研不诚实委员会（The Danish Committees on Scientific Dishonesty，简称 DCSD）最初只是负责调查生物医学领域的科研不端行为。1998 年，丹麦研究理事会成立了 3 个子委员会，即卫生和医学委员会，自然、技术和生产科学委员会，文化和社会科学委员会，每个子委员会由 4 名委员构成；丹麦不端委员会调查范围也因此扩展到了所有学科领域。1999 年，丹麦不端委员会正式获得了科学、技术和创新大臣的批准建立。2005 年 6 月，每个子委员会扩展为 6 名委员及 6 名替补委员，他们都是来自各研究领域的著名科学家，须经过丹麦独立研究理事会提名后再由高等教育与科学大臣任命。委员和替补委员的任期均为四年，如果需要，最多可再延长两年，但需要重新任命。如果一位委员在任期内辞职，接替其职位的替补委员任期可以少于四年①。三个委员会的主席由一名来自丹麦高级法院的法官担任，由高等教育与科

① 潘晴燕：《论科研不端行为及其防范路径探究》，复旦大学，2008 年，第 5—6 页。

学大臣任命，任期四年，最多可延长两年①。

丹麦是一个法律体系非常健全的国家，有关科研的法律法规对科研诚信有明确规定。2003 年修订《研究咨询系统法案》（1997 年第一版），首次明确了科研不端委员会的构成和管理权限；赋予科研不端委员会监督和检查科研活动中涉及的科学欺骗、科学道德等问题的职责，具体包括：对涉及研究人员弄虚作假的投诉进行调查；建议终止涉嫌欺骗的科研项目；向相关领域的主管部门通报情况；对涉嫌犯罪的，负责向警方提供报告；根据有关机构的特殊要求，对科研诚信问题提供评估报告。

依据该法案，高等教育与科学部颁布了《关于丹麦科研不端委员会行政令》（最新版于 2017 年发布，1998 发布第一版，之后多次修订）和《科研不端委员会执行准则》（2006 年修订，1998 年发布第一版），明确了丹麦科研不端委员会的组成、科研不端行为的定义、调查程序及处罚措施等。

丹麦科研不端委员会已连续发布了几套"丹麦科研不端委员会良好科学行为准则"（最新一版于 2009 年发布）。2014 年 11 月，丹麦高等教育与科学部发布《丹麦科研诚信行为准则》（替代《丹麦科研不端委员会良好科学行为准则》），新准则明确了全部科研过程要遵循诚实、透明、责任这三条原则，科研诚信涉及科研计划与行为、数据管理、出版与通讯、写作活动、合作研究、利益冲突等 6 个方面。该准则提出了对科研不端行为的处理原则，明确了科研机构、科研负责人、导师必须对其工作人员进行科研诚信教育、训练和监督②。

2017 年 4 月 26 日，丹麦议会通过了新的科研不端行为治理法案——《科研不端行为等法案》。该法案用法律的形式确定了科研不端行为（Re-

---

① 主要国家科研诚信制度与管理比较研究课题组：《国外科研诚信制度与管理》，科学技术文献出版社 2014 年版，第 136 页。

② Ministry of Higher Education and Science. The Danish code of conduct for research integrity. 2015-06-02，http：//ufm. dk/en/publications/2014/the-danish-code-of-conduct-for-research-integrity.

search Misconduct）与有问题的科研实践（Questionable Research Practices）的定义，丹麦科研不端委员会的构成、职责和权限，调查与处理科研不端行为事件的程序、制裁措施，科研机构与高等教育和科学部长在调查与处理科研不端事件方面的职责和权限。[①]

（二）丹麦科研不端委员会的调查和处理程序

高等教育与科学部颁布了《关于丹麦科研不端委员会行政令》与丹麦议会通过的《科研不端行为等法案》都要求，由丹麦科研不端委员会对严重的科研不端行为进行调查和处理，由科研机构调查和处理有问题的科研实践。

1. 定义

丹麦科研不端委员会制定的，经科学、技术和创新部批准的"行政令"中对科研不端定义在丹麦具有权威性。丹麦的大学和科研机构基本上都采用这一定义，有的大学或科研机构甚至不再制定自己的科研诚信行为准则，而是直接表明态度：遵守科研不端委员会的科研诚信行为准则。

根据《关于丹麦科研不端委员会行政令》，科研不端行为是指在科研计划、实施及成果报告过程中蓄意或因疏忽而出现的伪造、篡改、剽窃和其他严重违反科学道德的行为。"科学不端"是指："'伪造，篡改，剽窃'或其他严重违反良好的科学实践的行为，对研究成果的规划、完成或报告结果时存在随意或严重疏忽。"[②] 对该定义的详细阐述见第一章第二节第一目。

《科研不端行为等法案》（2017）中对科研不端的定义更精炼，也与国

---

① Act on Research Misconduct etc. , https：//ufm. dk/en/legislation/prevailing-laws-and-regula-tions/research-and-innovation/Videnskabeliguredelighedeng. pdf.

② Executive Order on the Danish Committees on Scientific Dishonesty，UVVU Bekendtgørelse UK. doc. https：//ufm. dk/en/research-and-innovation/councils-and-commissions/The-Danish-Committee-on-Research-Misconduct/executive-order-for-the-dcsd. pdf.

际上大部分国家对科研不端行为定义的"核心"部分更接近，应该会成为丹麦今后的权威定义。该法案规定"1）科研不端行为是指：在计划、执行或报告研究时故意或严重疏忽的伪造、篡改和剽窃。2）伪造是指：秘密进行数据构造或用虚构数据替代。3）篡改是指：操纵研究材料、设备或过程以及更改或省略数据或结果，从而使研究产生误导。4）剽窃是指：在没有给予应有的信誉的情况下挪用他人的想法、过程、结果、文本或具体概念。"① 该法案也界定了有问题的研究实践，"有问题的研究实践是指：违反普遍接受的负责任研究实践标准，包括《丹麦科研诚信行为准则》中的标准以及其他适用的机构、国家和国际科研诚信实践和指南。"②

2. 调查处理程序

科研不端案件被丹麦科研不端委员会受理后，丹麦科研不端委员会主席根据案件所涉专业领域，将案件分配给其中一个委员会调查处理，涉及多专业的案件，可能由两个或三个委员会共同处理；还可以根据案件情况，聘请一名或多名外部专家协助，不过外部专家在最终决定案件结果时没有投票权。受命的调查委员会把举报材料转给被举报人，后者需要在规定时间内递交书面答辩材料；然后，受命的调查委员会将被举报人的答辩材料转给举报人，要求其在规定时间内书面答复。此过程可能反复几次。受命的调查委员会针对举报材料、答辩材料，尽可能全面的搜集、整理与案件相关的各种实验记录、原始实验材料甚至是所用实验设备等进行调查核实；并对案件相关的关键人物和相关作者进行面对面的、书面的或电话邮件访谈。之后，受命的调查委员会主席召集委员开会讨论案件并达成初步处理结果，然后告知被举报人，被举报人在规定期限内对初步处理结果回复意见；特殊情况下被举报人可以要求延长回复时间。最后，受命的调

---

①　Act on Research Misconduct etc. ，https：//ufm. dk/en/legislation/prevailing-laws-and-regulations/research-and-innovation/Videnskabeliguredelighedeng. pdf.

②　Act on Research Misconduct etc. ，https：//ufm. dk/en/legislation/prevailing-laws-and-regulations/research-and-innovation/Videnskabeliguredelighedeng. pdf.

查委员会再次召开会议，对案件做出最终决议，并通知有关当事人和机构，对外公布案件结果。受命的调查委员会就案件做出裁决时，委员们通常会争取达成全体一致意见，否则，按照少数服从多数的原则投票决定，公布案件结果时也会注明委员的反对意见。

3. 处罚措施

如果丹麦科研不端委员会认定被投诉人有科研不端行为，它可以视情节对当事人采取以下处罚措施：通报其雇主或所在的机构；规劝其退出涉及欺骗的科研项目；向相关领域的主管部门通报情况并提醒加强监督；根据有关部门的要求拟定处罚声明；对触犯刑法的，移交警方处理。

丹麦科研不端委员会每年出版一份年度报告，主要内容包括：当年处理的案件情况、丹麦国内科研诚信的现状和重要发展趋势等。不论是公布单个案件结果还是出版年度报告，委员会只公布案件编号及有关情况，对当事人采取匿名方式，即不透露涉案人员和机构的名称①。

二、奥胡斯大学的科研诚信建设

尽管丹麦成立了全国统一的科研不端委员会，丹麦因此也成为世界范围内科研诚信建设的典型模式之一，即在国家层面设立独立机构受理科研不端举报的典型模式。并且丹麦科研不端委员会建立后制定了一系列法律法规，预防和惩处科研不端行为，对科研不端的定义、调查程序、制裁措施等都做了明确的规定，为调查和惩处科研不端提供了明确的依据，也为科研人员认识和践行科研诚信行为提供了较为清晰的概念和图景。但是，高等教育与科学部颁布的《关于丹麦科研不端委员会行政令》与丹麦议会通过的《科研不端行为等法案》都要求科研机构调查和处理有问题的科研

① 陈德春：《丹麦科研诚信建设及经验分析》，《全球科技瞭望》2016 年第 11 期，第 24—27 页。

实践。并且丹麦的《大学法》也对丹麦大学制定科研诚信和负责任的研究行为政策规章，颁布科研不端调查程序，设立科研不端调查委员会，开展科研诚信教育提供了法律依据。毕竟，科研能力是大学与科研机构的核心竞争力，然而只有在诚信的环境中科研能力方可持续发展。奥胡斯大学和哥本哈根大学都具有代表性。

奥胡斯大学（Aarhus University）是丹麦历史悠久、规模最大的综合性大学。在读学生总数约 44，000 人，教职员 8，000 人；此外，奥胡斯大学拥有国际化的学习氛围，近 10％的学生是国际学生，来自世界 100 多个国家，是全球百大名校之一。奥胡斯大学非常重视科研诚信建设，把信誉和研究质量作为大学的使命，尊重研究自由，以及活泼、开放和批判的学术研究气氛，并为此制定了负责任的研究行为政策，签署了《丹麦科研诚信行为准则》。至今，奥胡斯大学已形成了较为完备的科研诚信建设体制，具有了："①全校范围的科研诚信政策；②负责任研究行为的清晰精确的学科标准；③各个水平的负责任研究行为的培训；④处理涉嫌违反负责任研究行为的明确程序；⑤每个学院的科研诚信专业顾问，为工作人员和学生提供负责任研究行为和研究伦理基本原则，包括涉嫌违反负责任研究行为的相关问题的专业意见"①。

（一）颁布科研诚信政策

科研诚信政策是奥胡斯大学为全校教职员工和学生制订的科研诚信行为的一般指导性原则。《奥胡斯大学负责任研究行为政策》（*Policy for Responsible Conduct of Research at Aarhus University*，2015，以下简称《政策》）② 是根据丹麦科学、技术和创新部（MSTI）2009 年 4 月 24 日第

① Responsible conduct of research. 2017-10-03. http：//www. au. dk/en/research/responsible-conduct-of-research/.

② Policy for responsible conduct of research at Aarhus University. 2015-03-25. http：//www. au. dk/fileadmin/www. au. dk/forskning/Ansvarlig _ forskningspraksis/Responsible _ research _ practice _ at _ Aarhus _ Universitet _ 25 _ marts _ 2015 _ - _ english. pdf.

306 号"部长令"制订的。文件包括五个方面的内容：基本原则，负责任研究行为的标准，科研诚信教育、培训和监督，关于负责任行为研究的指导，对涉嫌违反负责任研究行为和科研不端行为的处理。其中，第二部分即"负责任研究行为的标准"是重点，本书重点梳理和分析这一部分。"负责任研究行为的标准"主要包括六个方面的内容：①研究规划与行为，②数据管理，③出版和传播，④著作权，⑤合作研究，⑥利益冲突。

1. 研究规划和行为

《政策》认为，负责任的研究规划和行为有助于所有领域的透明和可信的研究。它要求奥胡斯大学的研究人员或研究小组有义务对照现有的有纪律问题的实践，在研究策略、计划或方案中考虑到计划研究的设计和执行情况。

2. 数据管理

《政策》认为，负责任的处理和存储研究数据有助于在所有调查领域进行透明和可信的研究。它对在奥胡斯大学进行的研究得出的所有主要材料和数据的存放地、存放时间、数据的删除和使用（主管领导书面同意）都做了明确的规定，要求研究得出的所有主要材料和数据的存放在大学，存放期限为项目结束后 5 年，数据的删除和使用须经主管领导书面同意。

3. 出版和传播

出版和其他形式的沟通是使研究结果得到审查、评估和讨论的先决条件。沟通必须遵守诚实、透明和准确的原则。奥胡斯大学的成员，必须履行"丹麦科研诚信行为准则"的职责，通过介绍和讨论数据、研究方法、过程以及研究成果，公开、诚实地传达研究与研究成果。

4. 著作权

作者身份的正确归属是负责任研究行为的核心要素。在奥胡斯大学，作者或共同作者必须同时满足以下标准：①对工作的概念或设计、数据的获取、分析或解释做出重大贡献；②参与起草工作或对重要的知识内容批评修订；③批准最终版本发表；④同意对工作的各个方面负责，确保与任何部分工作的诚信相关的问题得到适当调查和解决。

5．合作研究

由于各学科、部门和国界之间的研究传统不同，因此在协作研究项目中应尽早建立对负责任的研究原则的共同理解，对研究的原则、程序、职责和责任有一个共同的认识。国际合作研究项目可以遵照经合组织的指导方针，与外部合作伙伴就处理数据的权利的合作协议和合同得到技术转让办公室（TTO）的批准。

6．利益冲突

参与研究活动的所有各方，无论是作为研究人员还是作为其他研究的评估者，都应该披露"丹麦科研诚信行为准则"中界定的任何可能的利益冲突①。

（二）制定违反负责任的研究行为案件的审议程序

为了促进对奥胡斯大学负责任的研究工作，并为处理涉嫌违反负责任的研究行为提供依据，奥胡斯大学早在 2000 年就通过了《奥胡斯大学确保在奥胡斯大学的科学诚信和负责任的研究行为的实践准则》（*Aarhus University's Code of Practice to Ensure Scientific Integrity and Responsible*

---

① Policy for responsible conduct of research at Aarhus University. 2015-03-25. http：//www. au. dk/fileadmin/www. au. dk/forskning/Ansvarlig _ forskningspraksis/Responsible _ research _ practice _ at _ Aarhus _ Universitet _ 25 _ marts _ _ 2015 _ - _ english. pdf.

Conduct of Research at Aarhus University）①，并在 2015 年做了修订。修订后的准则主要明确了科研不端的定义、负责任的研究行为咨询小组和委员会的构成、任务、性质，以及违反负责任的研究行为案件的审议程序。

1. 科研不端的定义

修订后的准则采用了丹麦科学、技术和创新部（MSTI）2009 年 4 月 24 日第 306 号 "部长令" 制订的科研不端的定义。此外，修订后的准则还列举了违反负责任的研究行为，但不属于科研不端的行为，或称为科研不当行为："①故意不如实解释研究结果或故意提供关于自己或另一个人在研究中的作用的误导性信息，尽管非法的程度和后果本身是不严重的。②不符合《丹麦科研诚信行为准则》的行为（例如：适用的实验规范，IT，存档，著作权，私人资助等）。③在参与的科学或学术工作中，个人或经济利益在工作和结果中可能成为导致合理怀疑的人的公正性问题的原因"②。

丹麦科学、技术和创新部与奥胡斯大学采用的科研不端定义都是狭义的，即主要是'伪造，篡改，剽窃'和其他严重违反良好的科学实践标准的行为，不包括数据保存、作者署名、财务责信等内容。其定义与美国科研诚信办公室的定义极为接近。但是修订后的准则又明确规定科研不端和科研不当行为在奥胡斯大学都是被禁止的，一旦出现，都要受到大学内部的负责任的研究行为委员会或丹麦科研不端委员会的审查。

---

① Aarhus University's code of practice to ensure scientific integrity and responsible conduct of research at Aarhus University. 2015-03-25. http：//www. au. dk/fileadmin/www. au. dk/forskning/Ansvarlig ＿ forskningspraksis/Aarhus ＿ University ＿ s ＿ code ＿ of ＿ practice ＿ ＿ 25 ＿ marts ＿ 2015 ＿ english. pdf.

② Aarhus University's code of practice to ensure scientific integrity and responsible conduct of research at Aarhus University. 2015-03-25. http：//www. au. dk/fileadmin/www. au. dk/forskning/Ansvarlig ＿ forskningspraksis/Aarhus ＿ University ＿ s ＿ code ＿ of ＿ practice ＿ ＿ 25 ＿ marts ＿ 2015 ＿ english. pdf.

2. 审议和制裁

诉讼。该准则规定，可以通过以下方式向委员会提出诉讼：①指定的自然人或法人可以提出书面投诉；②校长可以向委员会提交案件；③委员会主动开展具有特殊意义的案件；④希望被清除流传的谣言或指控的人可以要求委员会开庭。此外，委员会只有在特殊情况下才可以在投诉人提出或有必要提出此类投诉的必要条件的时间之后的合理时间内审议尚未向委员会提出的投诉。

审议。修订后的准则规定，当案件转交给研究责任行为委员会时，委员会将决定是否审议，拒绝或暂停。下列两种情况可以拒绝审理：①如果投诉明显没有根据，或者案件与委员会的目的无关，委员会可以拒绝。②如果案件已经按照"部长令"第12条提交给丹麦科研不端委员会，根据2009年4月24日第306号决议，委员会可拒绝或暂停审议该等案件，待丹麦科研不端委员会决定。

审查。修订后的准则规定，委员会应按照《丹麦公共行政法》的规定，并按照大学政策第5条所述的原则审查案件。委员会应确保在案件中收集、提交足够的证据，并征求专家的意见；委员会可以临时获得校内或校外研究人员的帮助，该人员应是能为案件涉及领域提供专业见解的人；委员会还可设立特设专家委员会，协助审议案件。审理结束，委员会就审理情况编写书面报告，并就拟实施的制裁提出建议。

制裁。修订后的准则规定，如果委员会认定被举报人犯有与负责任的研究有冲突的行为，委员会可以考虑到案件的严重性和结论性，向校长和主管院长提出以下制裁：①谴责/警告；②主管院长考虑案件是否应对被告人的受聘产生影响；③取消有关的科学或学术工作；④告知所有受害方；⑤通知所有私人或公共合作伙伴；⑥通知外地其他相关公共机构；⑦

如果认定犯有刑事犯罪，则应通知警方①。

（三）设立负责任的研究行为咨询小组和委员会

为方便大学成员得到关于负责任的研究行为的专业咨询和调查，奥胡斯大学在学院层面设立了负责任的研究行为咨询小组和负责任研究行为委员会，并在准则中明确规定了它们的构成、性质和任务。

负责任的研究行为咨询小组的主要任务是为负责任的研究行为提供教育和咨询。大学主要有四个学院，艺术学院、管理和社会科学学院、健康学院、科学技术学院，每个学院都设有负责任的研究行为咨询小组，每个小组一名常设咨询人员，同时还有配一名替补咨询人员，任期3年，可以连任。该小组属于独立于学院以及大学行政管理机构的平行机构，其任务是：①向任何隶属于奥胡斯大学的人员和研究小组就有关负责任研究的适用准则提供独立保密的建议；②随时了解国际国内有关科研诚信和负责任研究的适用标准和指导原则；③进行科研诚信和负责任的研究的教育和宣传工作；④每年向负责任的研究委员会提交一次年度报告②。如管理和社会科学学院负责任的研究行为咨询小组的常设咨询人员是法律系的一名教授，替补人员是心理与行为科学系的教授，他们都同时开通了电话与电子邮箱方便学院成员就相关问题予以咨询。在该小组积极推动下，该学院教师管理团队于2016年批准了一组对管理和社会科学学院负责任的科学行为的补充标准，并制定发行了负责任科学行为的一般原则的迷你版③。此

---

① Aarhus University's code of practice to ensure scientific integrity and responsible conduct of research at Aarhus University. 2015-03-25. http：//www. au. dk/fileadmin/www. au. dk/forskning/Ansvarlig＿forskningspraksis/Aarhus＿University＿s＿code＿of＿practice＿＿25＿marts＿2015＿english. pdf.

② Aarhus University's code of practice to ensure scientific integrity and responsible conduct of research at Aarhus University. 2015-03-25. http：//www. au. dk/fileadmin/www. au. dk/forskning/Ansvarlig＿forskningspraksis/Aarhus＿University＿s＿code＿of＿practice＿＿25＿marts＿2015＿english. pdf.

③ Principles on responsible scientific conduct at Aarhus BSS. 2017-10-03. http：//medarbejdere. au. dk/en/faculties/business-and-social-sciences/ Principles-on-responsible-scientific-conduct/.

外，教师管理团队还批准了一套关于适用于该学科的关于共同作者的补充标准①。负责任的研究行为委员会主要任务是负责审查涉嫌科研不端行为和违反负责任的研究行为。修订后的准则规定，委员会成员由学术委员会的推荐，校长任命，每个学院一名成员、一名候补成员。但在实际操作中，每个学院都设有一个负责任的研究行为委员会，由2—3名成员和2名候补成员组成②。委员必须是有长期的研究经验和科研诚信的人，委员会主席还必须是一名律师，由校长任命。任期3年，可以连任。委员会的具体任务主要有：①审议涉嫌科学不诚实等违反负责任行为研究的具体案件；②根据其严重程度和结论，提供对这一案件实行制裁的建议；③协助解释奥胡斯大学负责任的研究方针；④确保与咨询小组合作，就奥胡斯大学负责任的研究政策进行持续的对话；⑤每年向校长提交年度报告，总结委员会审议的案件。另外，经校长请求或委员会自己主动进行，委员会可以就有关负责任的研究行为规则和方针提议。

（四）开展多种形式的科研诚信教育

丹麦科研不端委员会意识到，开展科研诚信教育是培养科研诚信文化的关键因素。为此，它特别强调具体讲授科研诚信、持续的培训和监管负责任的研究行为的重要性，明确表明开展科研诚信教育是科研机构应承担的责任③。

奥胡斯大学作为丹麦最著名的科研机构也意识到开展科研诚信教育的重要性，严格执行丹麦科研不端委员会的规定，在其颁发的《奥胡斯大学负责任研究行为政策》中明确要求在奥胡斯大学开展科研诚信教育。《政

---

① Responsible scientific conduct at Aarhus BSS. http：//medarbejdere. au. dk/en/faculties/business-and-social-sciences/responsible-scientific-conduct/.

② The Committee. 2017-10-03. http：//www. au. dk/en/research/responsible-conduct-of-research/the-committee/.

③ The Danish Code of Conduct for Research Integrity. 2014-4-11. https：//ufm. dk/en/publications/2014/the-danish-code-of-conduct-for-research-integrity/.

策》的第三条对开展科研诚信教育的意义、目的与内容做了明确说明①。在实践层面，奥胡斯大学积极行动，开发了多种形式的科研诚信教育形式。除了传统的针对不同学生和科研人员层次的讲座、讨论课、学生演讲和小组工作及其混合形式的课堂授课方式；还引进了网络教学平台。该网络学习平台是由英国系统开发商的国际专家开发的，它可以帮助学生和工作人员：了解所有研究的基本原则、价值观；在日益复杂的全球研究界学习当前负责任的研究标准；就个人如何处理复杂情况、指导方针和标准方面的不确定性提供实用建议。该平台有五种版本，适用于特定领域：生物医学、自然科学、工程、社会科学和人文学科。所有版本包含五个模块，涵盖的主题广泛，包括：涉及人类或动物的研究，抄袭，利益冲突，作者署名，同行评审，研究合作指南和数据收集②。

三、哥本哈根大学的科研诚信建设

哥本哈根大学（the University of Copenhagen），是丹麦规模最大、最有名望的综合性大学，也是北欧历史最悠久的大学之一，大学排名常年位居北欧第一。大学于 1479 年由克里斯钦一世国王创建，现在有六个学院，它们分别是：人文科学学院、法学院、社会科学学院、科学学院、神学院、健康与医学学院。在校学生人数近四万人，教职员工九千多人。

在科研诚信建设方面，哥本哈根大学重视规章条例、组织和教育的力量。从 2005 年起该大学发布了一系列规章制度。根据《哥本哈根大学的良好科学实践规则》，该大学设立了良好的科学实践委员会，主要负责涉嫌科研违规事件的调查处理和宣传工作。该大学重视科研诚信教育，要求

① Policy for responsible conduct of research at Aarhus University. 2015-03-25. http：// www. au. dk/fileadmin/www. au. dk/forskning/Ansvarlig _ forskningspraksis/Responsible _ research _ practice _ at _ Aarhus _ Universitet _ 25 _ marts _ _ 2015 _ - _ english. pdf.

② Program will make responsible conduct of research concrete. 2013-11-12. http：//medarbejde-re. au. dk/en/departments/show/artikel/nyt-e-program-goer-ansvarlig-forskningspraksis-konkret/.

所有博士生修习科研诚信相关课程。

（一）制定相关规则规章

该大学关于良好科学实践的第一套规则《哥本哈根大学良好的科学实践规则》是从 2005 年 4 月 11 日起开始制定，并于 2007 年 9 月 1 日开始实施的。截至 2013 年 9 月 1 日，一套新的规则生效。这些规则的目的是促进哥本哈根大学良好的科学实践，并为良好的科学实践委员会的活动提供基础。2013 年的文件包括四大部分：总则、良好的科学实践委员会、案件工作以及生效日期。总则部分阐明了本规则出台的目的、出台的基本依据，良好的科学实践的基本原则。在"良好的科学实践委员会"部分，规定了委员会组建的规则、委员会的权限和主要任务。"案件工作"部分对违背科研诚信案件的举报受理范围、审理时限、特设委员会的设立、审理结果的报告、上诉等都给出了明确说明。此外，从文件可以看出哥本哈根大学，没有制定自己的关于良好的科学实践的细则，而是声明"根据适用的法律和其他公共部门条例、研究理事会或其他资助机构和基金会的裁决，以及由国家或国际科学协会或其他专业团体制定的道德准则，如温哥华规则的'统一要求'，'欧洲科学基金会'和'新加坡诚信研究声明'"①。

当今科学的发展越来越依赖于外部资助机构的支持，为了规范校内工作人员与外部机构的科学合作行为，2016 年该大学发布了《哥本哈根大学与外部合作者合作的良好的科学实践准则》。该文件对文件颁布的背景、适用范围、目的、研究人员和大学机构应遵守的原则做了规定。研究人员和机构准则是文件的重点。研究人员准则包括 5 个部分，分别是：①一般原则，即研究人员不得做出涉及违反良好科学实践行为的举动；②诚信原

---

① The University of Copenhagen's rules for good scientific practice，https：//praksisudvalget. ku. dk/english/rules _ guide/University _ of _ Copenhagen _ s _ rules _ for _ good _ scientific _ practice. pdf.

则，即要求研究方法的选择、成果的展示、原始数据获取和持有、受资助对象权限应遵守诚信原则；③透明原则，即公开利益冲突的原则；④成果的发表或出版，即成果公开发表原则和合作伙伴同意原则；⑤保守机密信息和商业秘密的原则，即要求科研人员履行保密义务、遵守保密期限、签订保密协议。机构准则包括诚信和透明两条规则①。

哥本哈根大学认为作者的公平性是维护负责任的研究实践的核心条件。2017年，该大学以《丹麦科研诚信行为准则》第4条为依据，发布了《哥本哈根大学署名准则》，其内容包括哥本哈根大学关于作者身份归属的标准、研究人员的责任、不符合作者身份的情况，并陈述了如何处理有关作者身份争议的问题。其中作者身份与非作者身份的划分是该文件的重点，这里予以介绍。该文件规定，所有符合以下四条标准的人都应具有作者身份："a. 对作品的基本思想、设计，或数据的获得、分析或解释有重要贡献；b. 在明确表达或批判性修改作品时，对知识内容有重要贡献；c. 最终批准将发布的版本；d. 通过确保任何部分工作的精确性或完整性有关的问题得到满意的调查和解决，同意对完成工作的所有方面负责。"而下述三种情况如若被授予作者资格则是违规行为："i. 作者的归属仅由于对获得资金、收集数据或对研究小组的一般监督。ii. 由于个人的非科学贡献赋予作者资格（客座作者身份，例如，仅以提供研究设施为依据的作者资格）。iii. 例如出于隐瞒财务利益的需求，遗漏做出实质性贡献的个人（影子作者）"②。

哥本哈根大学还出台了有关公共服务部门的行为准则。2009年出台了第一个准则——《哥本哈根大学公共部门服务研究的白皮书》，将质量和诚信、开放、言论自由和学术自由列为公共服务部门的基本原则，并阐

① The University of Copenhagen's code of good scientific practice in research collaborations with external partners，https：//praksisudvalget. ku. dk/english/rules _ guide/UCPH _ code _ of _ good _ scientific _ practice _ in _ research _ collaborations _ with _ external _ partners. pdf.

② The University of Copenhagen's code for authorship，https：//praksisudvalget. ku. dk/english/rules _ guide/Kodeks _ for _ forfatterskab _ ENG _ final. pdf.

明了大学的具体立场。2016 年进行了补充修订，修订后的版本成为《哥本哈根大学公共部门服务准则》，获得了校理事会与校长的批准，并由中央联络委员会通过。修订后的准则强调了研究的公平原则及其咨询报告的发布规则①。

（二）建立良好的科学实践委员会

良好的科学实践委员会的活动依据是《哥本哈根大学良好的科学实践规则》。良好的实践委员会的成员由校长任命，任期 3 年。但委员会的工作，包括对具体案件的评议，都是独立于校长权限的，不受校长的管辖。现任的实践委员会由 8 名来自各个院系的教授组成，其中健康学院和科学学院 2 名，人文学院、法学院、社会科学学院和神学院各 1 名，每位成员都有 1 名候补人员。委员会从成员中选举主席 1 人、副主席 1 人。

委员会的主要任务是根据大学制定的规则处理违反良好的科学实践标准的问题，即调查并裁决涉嫌违反良好科学实践的案件。如果发现案件严重到足以构成科研不端行为，则应将案件提交给丹麦科研不端委员会。如果仅仅是科研不当行为，则由该委员会调查和处理。自然人或法人提交的书面申诉、院长转交的案件、委员会认为具有"特殊意义"的案件，以及希望澄清谣言或指控的人提交的书面申诉，只要在规定的期限内提交的，委员会都会按照程序进行调查和处理。

此外，委员会还有责任帮助澄清现有的良好科学实践规范，并采取步骤确保讨论良好的科学实践规范。为此委员会举办有关良好实践的各种主题的会议。会议按性质可大致分为三类，一是常规会议；二是扩展会议；三是参与的会议。①关于常规会议。委员会自 2006 年起，通常每年召开一次年度会议，讨论与良好的科学实践问题相关的各种问题。委员会自己选择会议主题并邀请不同的发言人。如 2018 年会议的主题是关于良好的

---

①　The University of Copenhagen's code for public sector services，https：//praksisudvalget. ku. dk/english/rules _ guide/Kodeks _ for _ myndighedsbetjening _ engelsk. pdf.

科学实践教学。会议阐明和讨论了本科和硕士的良好的科学实践和良好的学习实践的教学，讨论了学生关于良好的实践的知识和理解，以及在负责任的研究实践中开展有针对性的教学和为本科生提供良好的学习实践培训。2017 年会议的主题是关于新的失信体制。会议阐明和讨论关于失信的新法律"科学医疗事故法"等（该法于 2017 年 7 月 1 日生效）；会议的两个分主题是："规范/实质性规则"和"国家和机构层面——分工和程序"。2016 年会议的主题是关于科研诚信专员的计划。会议讨论了院系的名人对促进哥本哈根大学良好科学实践的贡献，以及评估科研诚信专员的计划。②关于扩展会议。在遇到重大科研不端案件时，委员会还会组织扩展会议。如在彭科娃科研不端案件调查结束后，委员会于 2012 年 12 月召开了以"文化变革、研究数据，以及举报人和被举报人"为主题的良好的科学实践会议。③关于参与的会议。如 2014 年的"UBVA 关于研究、道德和法律的研讨会"和历届世界科研诚信大会。2014 年 UBVA 会议讨论了"什么是好的研究？""何时是共同作者？""研究人员对他们的共同作者有什么责任来坚持良好的科学实践？"等主题①。委员会还出版了一份关于良好科学实践的实用建议的宣传单，用于宣传良好的科学实践行为。该宣传单言简意赅，虽然只有 2 页纸，但包含的内容却极为丰富，包括：良好的科学实践标准、16 条避免科研违规行为的建议、哥本哈根科学实践委员会成立的依据和主要任务、丹麦科研不端委员会简介，还有若干参考网站，以及科研诚信规则和指南②。

（三）开设良好的科学实践课程

哥本哈根大学规定所有博士生都必须参加并完成道德和良好的科学实

---

① Konferencer，https：//praksisudvalget. ku. dk/konferencer/.

② Practical advice regarding good scientific practice——Committee on Good Scientific Practice（the Practice Committee）https：//praksisudvalget. ku. dk/english/.

践课程①。课程的内容和形式因学院而异。

健康和医学院规定所有博士生都必须参加研究生院提供的负责任的研究行为课程。课程每月举行一次，所有的博士生必须在博士课程的前 12 个月内参加课程。博士生都必须进行注册，为了获得课程认证必须在课程结束两周后提交书面作业，书面作业的内容是提交研究和工作经验中与负责任研究行为讲座中讲授的课程相关的案例或有关问题及其分析。

自然科学学院要求不仅所有的博士生都必须通过良好的科学实践课程，而且所有新的和经验丰富的博士生导师都要完成负责任研究行为（RCR）的必修课程。博士生导师的课程是由科学与健康科学院合作开发的。该课程是一个时常三小时的研讨会，在这里学员们将了解负责任研究行为的概念、丹麦负责任研究行为的规定、科研诚信专员的作用，以及与数据管理相关的问题等②。法学院、社会科学学院均为新博士生提供为期两天的科研诚信必修入门课程。该课程在每学期开始时举行，所有新入学的博士生和往届因故未能参加的博士生都必须参加。

四、案例：丹麦"精英"彭科娃案

彭科娃（Milena Penkowa，1973）是丹麦一位"备受瞩目"的神经科学家，于 2009 年获得丹麦科学部授予的精英研究奖，得到过丹麦政府和私人的多次大金额资助。2009 年至 2010 年期间担任哥本哈根大学 Panum 研究所的教授。2010 年，她的研究生指控她具有科研不端行为，因为无法复制她以前的结论。彭科娃被暂停了她的教授职位和研究文章，她撰写的文章从几家期刊上撤回。在调查过程中，她还被指控滥用一项 560 万克朗的研究资助，哥本哈根大学为此向资助者偿还了 200 万克朗。2010 年

---

① General rules and guidelines for the PhD programme at the University of Copenhagen，Adopted 3 November 2014，Courses，https：//phd. ku. dk/english/process/courses/.

② Responsible Conduct of Research for PhD Supervisors，https：//www. science. ku. dk/english/research/phd/student/supervision/rcrsupervisors/.

12 月 22 日，58 名丹麦研究人员签署了一封公开信，要求对彭科娃的研究进行公开审查，理由是怀疑数据伪造可以追溯到她 2002 年的博士论文。彭科娃本人否认有任何不端行为，但在 2010 年 12 月辞去了教授职位①。2011 年 5 月她的精英研究奖被撤销，哥本哈根大学向科学部退还了 20 万克朗的个人奖励②。2017 年 9 月，哥本哈根大学基于国际调查小组的调查结论和丹麦科研不端委员会的评议，剥夺了彭科娃的博士学位。哥本哈根市法院裁决，她 2003 年发表的论文存在数据伪造，并在调查过程中"系统地提供虚假信息"，因此判处"九个月缓刑"。

（一）调查小组组建和调查依据的确立

经与科学、技术和创新部（MSTI）同意，并根据丹麦独立研究委员会（DFF）的具体建议，哥本哈根大学任命了一个由在相关研究领域的 5 名国际公认专家组成的小组进行调查。这五名专家分别来自奥地利维也纳医科大学神经免疫学科脑研究中心、瑞典林雪平大学细胞生物学系临床和实验医学系、荷兰阿姆斯特丹自由大学医学中心分子细胞生物学和免疫学系、英国牛津大学临床神经病学系、德国慕尼黑普朗克神经生物学研究所。调查小组的工作得到了秘书处的支持，该秘书处由瑞典卡罗林斯卡学院和哥本哈根秘书处负责人组成。此外，2 名法律专家在调查期间向哥本哈根大学提供了法律援助，他们分别是丹麦最高法院前任主席梅尔吉奥（Torben Melchior）、丹麦西部高等法院法官，前任学术官员、议会监察员塞森（Michael Thuesen）。在进行开始调查之前，哥本哈根大学就已确保了任命的调查小组成员、秘书处和法律专家与彭科娃博士或哥本哈根大学不存在有关的任何利益冲突。

本次调查的对象完全集中在彭科娃教授本人的学术成果上。因此，彭

① Fraud investigation rocks Danish university，Nature. 7 January 2011. https：//www. nature. com/news/2011/110107/full/news. 2011. 703. html? s＝news_rss.

② Penkowa's EliteForsk Award revoked，May 19，2011. https：//ufm. dk/en/newsroom/press-releases/archive/2011/penkowa-s-eliteforsk-award-revoked.

科娃发表的文章的合著者并不是调查的对象。

依据科学、技术和创新部 1998 年第一次颁布、2009 年修订的 306 号政府条例，哥本哈根大学调查小组使用了与丹麦科研不端委员会（当时称 The Danish Committees on Scientific Dishonesty，简称 DCSD；现已更名为 the Danish Committee on Research Misconduct，简称 DCRM）相同的科研不端行为定义。

（二）调查过程和方法

2011 年 7 月 5 日，哥本哈根大学分别致信彭科娃博士及其合著者发起调查。

调查过程中涉及对彭科娃博士本人及其共同作者的调查访谈、专家小组对科学论文的审查、彭科娃博士学术论文背景文件的搜索以及专家小组会议。

在 2011 年 7 月 12 日至 8 月 1 日的调查期间，向彭科娃博士共同撰写且已发表学术论文的 165 位共同作者（包括彭科娃博士）共分发了 530 份问卷。每位作者都收到了本人与彭科娃博士共同撰写论文的问卷调查表。调查问卷要求提供有关彭科娃的信息，以及共同作者对论文的学术贡献。回复问卷的最后截止日期是 2011 年 8 月 31 日。

调查小组举行了两次小组会议。

第一次小组会议于 2011 年 10 月 10 日至 10 月 11 日在哥本哈根举行，目的是了解具体任务，并对调查工作进行详细规划。会议开始，哥本哈根大学介绍了调查小组的职权范围，其中包括调查背景以及调查小组与哥本哈根大学就小组任务的各个方面进行讨论的信息。

此外，调查小组还进行了内部小组会议。会上秘书处概述了所调查的学术论文，以及与彭科娃博士的合著者。秘书处还向合著者介绍了调查的结果。在会议最后一个阶段，专家小组讨论了相关任务及调查程序，并核准了完成调查的进程计划。会上决定，调查小组对彭科娃的 102 篇论文进行审核，除 6 篇证据确凿直接提交给了警方（2 篇）和丹麦科研不端委员会（4 篇）外，包括与他人共同撰写并在调查开始前发表的所有论文。会议认为，其中 23 篇涉及书的部分章节、评论、摘要、会议记录和撤回公告，与进一步调查无关，所以不予进一步调查。

会后，专家小组成员分别详细评价了调查所包含的 79 篇发表的学术论文，以及 2011 年 7 月至 8 月通过调查问卷获得的调查表答复（和附文）。为了全面了解彭科娃发表的学术文章，专家小组还研究了向警方和丹麦科研不端委员会报告的 6 篇论文。对于所评议的 79 份论文中的每一篇，专家组填写了相应的评议表，表明该论文是否有涉嫌造假，或者是否有必要进一步调查，以最终确定该论文的真实性。小组还在表格中指出，是否需要获得相应的材料（例如初级样本，实验方案，插图等）来记录论文中所述的学术研究。2012 年 1 月 31 日，小组完成了所涉论文的详细审核，完善了调查问卷中的相关信息，在此基础上得出了完整的评议结果。调查小组确定了 26 份作品需要做进一步的审查。

在小组对上述文件的调查和对共同作者进行问卷的同时，秘书处努力获取各种书面材料。这些材料包括论文中描述的动物实验档案，实验规则和良好科学实践的所有程序，以及彭科娃博士的组织安排信息，包括她在哥本哈根大学就业期间的责任等等。

第二次小组会议于 2012 年 4 月 11 日至 4 月 13 日在卫生科学院的 Panum 研究所举行，开展了以下工作：①对获得的主要材料进行显微镜分析，并通过对所获得的书面文件和照片的研究进行补充。②访问了彭科娃的档案。这包括检查"动物实验密钥"文件夹和秘书处预先确定为与某些选定文件"可能相关"的冻结样本。最后，专家小组检查了一台-80 型冷冻机。③与选定的关键人员会面并采访，以获取补充信息。关键人物包括彭科娃本人，她选定的合作者和共同作者，卫生科学院的院长以及彭科娃受雇的部门负责人。④根据所获得的文件和资料，讨论了小组的意见、评议和一般性结论。

此次会议之后，小组完成了对在会议前不久发现的"-80 冰箱"内容的跟进。此外，根据 4 月 12 日会议期间提供的资料，并在进一步研究了彭科娃的整个档案目录之后，秘书处于 4 月 20 日再次前往文件储存室，以获得进一步的文件，包括程序协议、抗体数据表和购买实验动物的收据。

最后，秘书处从卫生科学院获得了关于两个备用服务器的资料，彭科娃在此次会议上向专家小组通报了这方面的情况。第一台服务器已出现故障，被第二台服务器取代。第二台服务器上的文件则在外部硬盘中，其中包含来自彭科娃博士实验室和办公室的所有计算机文件和硬盘，秘书处在 2 月 8 日至 9 日对这些文件进行了检查。

小组在分析了补充材料之后撰写了调查报告。报告草稿于 2012 年 6 月 8 日邮寄给彭科娃，供她在 7 月 9 日之前发表评论。后根据彭科娃博士律师的请求，小组同意将这一最后期限推迟到 7 月 11 日。2012 年 7 月 2 日小组将其最后报告邮寄给哥本哈根大学以及彭科娃博士。

调查结论认为，彭科娃的 15 篇文章有证据证明存在故意的科学不端行为，其他 64 篇没有科研不端行为的证据①。15 篇发现了"潜在故意不端行为"证据的论文，性质分为三大类。2 篇论文报道的动物实验与彭科娃使用的动物设施的记录不符。5 篇论文依赖于测量不同组织表达的称为细胞因子的蛋白质水平的实验，这些实验需要严格的控制，这在彭科娃的实验室档案中是找不到的。11 篇来自此类实验的定量数据，这些数据与档案中的显微镜幻灯片不对应②。

存在科研不端行为的 15 篇文章将确定她的学位是否应被宣布无效。对于调查小组的结论，她表示反对。她回应说："没有人是完美的，甚至我也不是，毫无疑问，自从我在 1993 年开始在实验室工作以来，无法预

---

① Investigation into the research of Milena Penkowa, 23 July 2012. http: //a. bimg. dk/node-files/394/5/5394156-rapport-om-milena-penkowas-forskning. pdf.

② Ewen Callaway, Danish neuroscientist challenges fraud findings-A committee investigating Milena Penkowa suspects misconduct in 15 papers, 08 August 2012, https: //www. nature. com/news/danish-neuroscientist-challenges-fraud-findings-1. 11146.

料到错误，我为此道歉。故意的渎职行为是另一回事，我从未做过。因此，我不认为像新闻媒体这些日子那样推断我的研究具有欺诈性是合理的"①。哥本哈根大学向丹麦科研不端委员会提交了这15篇文章，并通过了评议，由此确定彭科娃的博士学位无效。2017年9月，哥本哈根大学剥夺了彭科娃的博士学位②。

来自哥本哈根市法院的裁决基于彭科娃2003年发表的论文，法院认定存在数据伪造，她根本没有做过论文中描述的实验。根据法院的通知，法院对她予以重判，不仅仅是因为研究中的欺诈，而主要是因为她"系统地提供虚假信息"以避免被抓获。根据隶属于哥本哈根大学的一家报纸"大学海报"报道，彭科娃被判"九个月缓刑"③。

（三）经验总结

彭科娃科研不端案是人类科学史上因科研不端行为引发判刑的极少数案例之一。本研究在狭义上使用"科研不端"这一概念。侵吞科研经费通常不被视为是科研不端行为，而是"学术腐败"的范畴。在该案件中国际专家小组的调查也没有把侵吞科研经费纳入调查的范围。当然判刑的决定也不是国际专家小组和哥本哈根大学做出的裁决，而是由地方法院依法判决的。

排除对学术腐败的调查，彭科娃科研不端案的调查还是颇有特点的，值得我们思考并总结经验。

一是哥本哈根大学、丹麦科研不端委员会和哥本哈根法院三个调查机构的共同调查。彭科娃的科研不端案主要涉及伪造数据、实验不规范和篡

---

① Peter Stanners，Controversial neuroscientist faces fresh fraud allegations，Copenhagen Post，7 August 2012.

② Copenhagen Revokes Degree Controversial Neuroscientist Milena Penkowa，http：//retraction-watch. com/2017/09/12/copenhagen-revokes-degree-controversial-neuroscientist-milena-penkowa/.

③ Danish neuroscientist sentenced by court for lying about faked experiments，https：//retrac-tionwatch. com/2015/10/01/danish-neuroscientist-sentenced-by-court-for-lying-about-faked-experiments/.

改数据三类科研不端行为。因其中被举报的 6 篇文章证据确凿直接被提交给警方和丹麦科研不端委员会，其中提交给警方的 2 篇文章涉及伪造数据，提交给丹麦科研不端委员会的主要涉及实验不规范和篡改数据。而哥本哈根大学组织的国际专家组调查开启时对即将调查的文章是否存在科研不端行为并不确定。被调查的三方各自根据自己的职权范围独立开展调查，为不同性质的科研不端行为得到不同性质的处罚奠定了基础。国际专家组在调查过程中亦严格按照程序开展工作，搜集当时可以搜集到的所有相关资料、并多次与案件关键人物包括彭科娃本人沟通。处理决定则是在调查结果上报丹麦科研不端委员会后，由后者根据《丹麦科研诚信行为准则》（*The Danish Code of Conduct for Research Integrity*）做出的。此外，调查小组在成立之初，就得到了 2 名高级法官的帮助。因此尽管彭科娃博士指出"小组没有遵守"举证责任"的一般法律原则"，对彭科娃的所有相关材料的审查结果足以支撑调查的结论和处理意见。彭科娃博士学位最终被撤销就是对这一调查结论和处理意见的回应。权责明确、程序正当是本案件调查和处理成功的经验之一。

二是对她学术生涯中的全部论文和全部研究资料的调查。对彭科娃的科研不端行为的举报最初涉及 6 篇论文，因为这六篇论文造假证据确凿，加之后来的举报中质疑她的造假行为肇始于博士论文，哥本哈根大学对她的调查扩展到被举报前的所有论文。专门为此案件临时组建的国际专家调查小组，在学校的授权和秘书处的协助下，对彭科娃的所有学术论文以及相关实验资料和重要实验设备进行了审查比对。仅是在经过调查小组初筛后，仍有 79 篇文章需要逐一审查，涉及的动物实验材料、研究日志、显微照片等更是数目巨大，且有残缺，调查小组的工作数量之巨，难度之大可想而知，在这种情况下，国际专家们在秘书处的协助下，根据自己的专长分工合作，顺利完成任务，绘制了关于彭科娃学术研究和不端行为经历的轮廓图。

三是对她的不端行为产生原因的全面考量。调查小组在调查过程中充分注意到环境因素对彭科娃的科研行为的不利影响。在调查结论中，小组指出，彭科娃在哥本哈根大学进行学习和工作期间，该大学没有良好的科学实践规则，青年科学家缺乏相应的监督和指导；此外该大学的研究评价系统过于依赖于定量评价，而不是学术成果的实际质量。对此，小组提供了改进建议："我们提出一些措施，这些措施将来可能会阻止这种情况：①虽然科学实践的规则并不是给予的补救办法，特别是在他们的早期职业阶段，能有助于指导青年科学家。这些科学实践规则可以在维也纳医科大学的主页、卡罗林斯卡学院网站以及牛津大学网站上看到。②此外，我们发现应该找到方法为年轻科学家提供支持性监督，同时允许科学家发展成为一名独立的研究人员。③总体而言，哥本哈根大学的研究评价系统可能过于依赖于定量的结果衡量，而不是实际的质量。统计已发表的论文和影响因子并不是衡量科学生产力的完美标准，更重要的是要对相关研究的论文质量进行判断。可以重视国际上有同行评议的机构提供的资助，作为一种额外的质量控制手段。此外，在职业发展的关键步骤上对其进行国际评价也是有益的"①。

第二节 奥地利

奥地利是首先建立起解决科研不端问题的协调系统的少数国家之一。② 奥地利科研不端治理体系经历了从科研伦理到科研规范、从分散应对到集中治理、从内部管理到外部强化的发展，形成了一个以点带面、有法可依、有组织有秩序地综合治理体系。其中有些做法和经验值得我们学习和借鉴。

———————————

① Investigation into the research of Milena Penkowa，23 July 2012. http：//a. bimg. dk/node-files/394/5/5394156-rapport-om-milena-penkowas-forskning. pdf.

② Harvey Marcovitch. Research misconduct：can Australia learn from the UK's stuttering system? Medical Journal of Australia，2006，185（11）：616-618；Richard Smith. Time to Face up to Research Misconduct. British Medical Journal，1996，312（7034）：789-790.

一、国家层面的科研不端治理体系的形成和发展

（一）从科研伦理到科研规范：原有治理体系的发展历程

1978 年奥地利就建立了维也纳医科大学科研伦理委员会，并在接下来的几年里致力于探求科研伦理委员会活动的法律基础。自 1988 年，伦理委员会活动依循的法律纷纷出台，它们是医疗机构法、医药法、医用产品法与大学法。科研伦理委员会的首要目的是保护参与临床实践的人的权利、保障他们的安全。尽管最近几年来委员会的任务不断扩展，包括了对（临床）意义、新价值，以及科学的内容、研究计划的准确性、研究的完善情况进行评估。但科研伦理委员会的任务仍旧是主要对研究的对象与方法进行规范；面对科学研究活动自身的问题，如可能的伪造数据、抄袭、剽窃、破坏他人科研活动、侵犯他人知识产权等科研不端行为科研伦理委员会显然缺乏相应地治理措施[①]。

面对国内外频繁发生的科研不端事件，奥地利已有的科研不端治理体系显得效率低下[②]。借鉴德国大学校长联席会的做法，奥地利大学校长联席会（奥地利大学联席会）紧随其后通过了一个旨在应对科研不端行为、确保良好的科学实践的指导方针，即《奥地利大学校长联席会关于确保良好的科学实践指导方针》（以下简称《指导方针》）。《指导方针》对良好的科学实践遵循的规则，工作团队的领导及个人在应对科研不端问题上的基本要求，在调查、授予学位、提供资助、雇佣、引用、方法说明时遵循的基本原则，原始数据的保留，合作人及荣誉作者问题，预防的重要性，

---

① Christiane Druml. 30 Jahre Ethikkommission der Medizinischen Universität. Wien：Garant für integre und transparente Forschung. Wien Klin Wochenschr，2008，120：645－646.

② Alexander Lerchl，Adalbert F. X. Wilhelm. Critical comments on DNA breakage by mobile-phone electromagnetic fields ［Diem et al. ，Mutat. Res. 583（2005）178－183］. Mutation Research，2010，697：60－65.

调查可疑的科研不端事件依据的程序、执行机构进行了简明扼要的说明①。然而奥地利大学校长联席会本身不是一个行政机构、也不是一个执法组织；《指导方针》也不具有法律效力。尽管如此，《指导方针》还是具有一定的指导、规范的意义。正如《指导方针》中所提议的，指导方针颁布后不久，以 2002 年大学修正法为法律依据，奥地利各主要大学陆续出台了自己的确保良好的科学实践的规定，成立了自己的调查委员会。如2002 年因斯布鲁克医科大学出台了《确保良好的科学实践决议》；2003年克拉根福大学成立了"确保良好的科学实践办事处"；2004 年格拉茨大学出台了《确保良好的科学实践、避免科研不端行为的基本原则》；2006年萨尔茨堡大学成立了确保良好的科学实践委员会，并通过了《确保良好的科学实践指导方针》；同年因斯布鲁克医科大学出台了《确保良好的科学实践指导方针》；2007 年林茨大学发布了《林茨大学确保良好的科学实践指导方针》等。

（二）从分散应对到集中治理：新治理平台的形成

1. 奥地利科研诚信办公室

《指导方针》本身对于各个大学的意义是不一样的，有的大学把它定为大学应遵守的章程、法令；而有的大学只是把它作为一条校长指示登在学校的布告栏上或网页上。各大学根据指导方针的精神制定的确保良好的科学实践的条例，更是各个不同。虽然总体上来讲大同小异，但面对具体问题时可能会得出不同的、甚至相反的结论。这显然不能使科学界与公众满意，在与国际科研诚信组织打交道时就更是陷入被动状态。世纪之初的因斯布鲁克医科大学的泌尿医师事件的发生，暴露了已有的治理体系的混

---

① RICHTLINIEN DER ÖSTERREICHISCHEN REKTORENKONFERENZ ZUR SICHERUNG EINER GUTEN WISSENSCHAFTLICHEN PRAXIS（2014-03-25）http：//www. uni-klu. ac. at/main/downloads/Richtlinien _ Sicherung _ wiss. Praxis _ ORK. pdf.

乱现状，它迫切要求一个统一的、有权威的机构，专门负责对科研不端事件进行客观公正的调查裁定。长期处在酝酿状态的奥地利科研诚信办公室正是在这样的背景下正式成立。

因斯布鲁克医科大学的泌尿医师事件震惊了整个奥地利的科学界及其管理层。它起于医学伦理问题，但在事件调查中发现，研究存在着违反研究规定、证据造假、论文署名几项重大科研不端问题。因斯布鲁克医科大学泌尿医师施特拉斯（Hannes Strasser）被揭发，在未告知病人的情况下从小便失禁病人身上提取肌肉与韧带组织细胞和骨胶原。为了提取研究所用的肌肉与韧带组织、骨胶原细胞，63 名妇女的尿道管与压缩肌被损害，其中 42 名被提取了肌肉与韧带组织细胞，其余 21 人被提取了骨胶原①。

令人惊奇的是，施特劳斯第三个阶段的研究没有得到伦理委员会的批准。施特劳斯则争辩说他向伦理委员会的医药委员会提出了申请，并在 2002 年得到了驻维也纳部的批准。伦理委员会与医药委员会反驳说，他们没有收到申请书。奥地利健康、家庭与青年部委托奥地利健康办公室对此事展开调查。2008 年 2 月 1 日奥地利健康办公室公布调查结果：没有收到施特劳斯第三个阶段的申请书；施特劳斯没有按规定进行研究，并且证据造假。他的研究是非法的，应立即撤销他发表的论文。

在确定问题论文共同作者的责任时，荣誉作者巴车（Georg Bartsch）——施特劳斯所在系的主任，拒绝承担任何责任，理由是他对这项不端事件毫不知情。巴车此举奥地利科学界大为惊讶。因为事实如果真的如他所述，则巴车明显违反了作者署名原则；否则，他就是在推卸责任。

施特劳斯就职的大学起初对这次科研不端事件也态度不明朗，迟迟不展开调查，后来当奥地利科学院表示要对这次事件进行调查的时候，因斯布鲁克大学才宣布开启调查程序。大学校长索格（Clemens Sorg）最后同意解雇施特劳斯、巴车，召回将要发表的和已发表的网上论文，包括巴车

---

① Jens Lubbadeh. Universität Innsbruck：Medizin-Skandal kostet Uni-Rektor den Job（2008-08-22/2014-03-25 ） http：//www. spiegel. de/wissenschaft/mensch/universitaet-innsbruck-medizin-skandal-kostet-uni-rektor-den-job-a-573796. html.

署名的论文。不久，大学评议会通过决议，撤销索格的大学校长职位，现由是：渎职。

施特劳斯科研不端事件暴露了大学及其科研人员对科研不端问题的认识不足，缺乏应有的应对机制。在奥地利科技基金会与科研部的共同提议下，奥地利科研诚信办公室于 2008 年底正式成立。科研诚信办公室既不是一个决策部门也不是一个法律组织，而是一个协会性质的组织。成立之初，其成员包括 12 所奥地利大学，科学院以及维也纳科学-、研究-与技术基金，奥地利科学技术研究所及奥地利科技基金会。经过几年的发展，今天其成员几乎包括了所有的公立大学、高等专科学校以及大学之外的科研机构与促进机构。

奥地利科研诚信办公室的主要任务是用专业的方式调查奥地利的科研不端指控，对重大的违规事件做出评判，并提出建议性的措施。这个任务计划由科研诚信委员会承担。委员会自己可以决定是否对科研不端指控进一步展开调查，委员会的调查结果具有规范力。

科研诚信办公室的第二项重要任务是预防科研不端行为、进行思想教育。协会为人们避免与辨认科研不端行为提供咨询与建议，并为成员机构建议"良好的科研实践"研究课题。办公室积极采取以下预防措施：咨询、培训、制定政策文件、建立和参与工作组和网络建设。

此外，办公室属于国际科研诚信办公室欧洲部的成员，担负着与国际组织进行联系的任务。

办公室在成立之时同时出台了具有协会法规性质的《协会章程》。章程明确规定了：协会的名称、地点、工作范围；目标；实现目标的途径；实现目标的资金来源；成员的类型；成员资格的获得；成员资格的终止；成员的权利与义务；协会的组织机构；全体大会；全体大会的任务；协会的领导机构；领导机构的任务；协会的主席；业务领导；对外工作；科研诚信委员会；审计员；裁判委员会；协会的解散细则。

2. 学生诚信办公室和奥地利高等教育（学生）诚信专员非正式网络平台

　　除了成立负责科研人员和教师科研诚信的全国统一的科研诚信办公室，奥地利还成立了全国统一的负责学生科研诚信的学生诚信办公室和诚信专员非正式网络平台：奥地利高等教育（学生）诚信专员非正式网络平台。

　　奥地利高等教育（学生）诚信专员非正式网络平台成立于 2016 年。2016 年 6 月 2 日，在克拉根福召开了奥地利大学的"诚信办公室的冲突管理和质量保证（学生和保持良好的科学实践）会议：经验报告和未来展望"，会议通过了《克拉根福宣言》，为奥地利高等教育和研究领域的诚信专员办公室和类似机构设立了一个联合举措平台：奥地利高等教育（学生）诚信专员非正式网络平台。根据联邦教育、科学和研究部的《高质量保证法》（2011）第 31 条，这个平台隶属于学生诚信办公室，主要负责监察、信息和服务活动中的协调工作；同时通过各种活动，传递相似的和完全不同的日常经验，以进一步发展自己的工作方法和机制。该平台与类似的机构——包括高等教育机构和奥地利高等教育和研究领域的科研机构——的活动内容涉及咨询、申诉、多样性、信息、冲突、危机、质量和改进管理①。

　　诚信专员非正式网络平台的成立有法律和实体机构为支撑。在实体机构方面，早在 2002 年，维也纳技术大学物理系就已选出了一名服务于学生的科研诚信问题的、独立的诚信专员。2003 年，格拉茨科技大学为学生创立了一个诚信办公室。2007 年，维也纳商会的维也纳高等专科学校成为第一个设立诚信专员的高等专科学校机构。不久，维也纳大学已经建立了自己的投诉和改进管理员（诚信专员），以解决学生的问题。

　　在法律层面，早在 1997 年联邦部长艾讷姆（Caspar Einem）博士首次提出，2001 年教育部长歌赫尔（Elisabeth Gehrer）再次倡议，但这两次都是非正式的提议。2004 年，在林茨的大学法传统研讨会上，首次对未来

---

　　①　Ombudsstellen und Ählicher Einrichtungen im Österreichischen Hochschulen und Forschungsraum，https://oeawi.at/wp-content/uploads/2018/09/Ombudsstellen-in-%　C3%　96sterreich-Brosch%C3%BCre-Auflage-September-Final.pdf.

设置学生律师办公室进行了公开分析，并确定了该办公室性质和任务，即作为一个独立的、无行政指令的机构来合法地调解学生对大学生活的抱怨和问题。2008 年春季，联邦部长哈恩（Johannes Hahn）博士发出了法律方面的信号。最终 2010 年秋季由联邦部长卡尔（Beatrix Karl）"初创"，在质量保证框架法案的框架内，由联邦部长托赫特勒（Karlheinz Töchterle）博士于 2011 年夏天通过。学生律师办公室经过了超过 15 年的非正式历史（1997—2001 年作为部长级指令，2001—2012 年作为部长报告），于 2012 年 3 月 1 日开始了一个新的时代，即法律授权的"学生诚信办公室"。

2012 年 3 月 1 日学生诚信办公室取代了学生律师办公室开始工作。该办公室的首届领导人是莱顿弗罗斯特（Josef Leidenfrost），成立的目的首先是作为学生的联络点，为学生提供有关科研诚信问题的建议，并帮助他们解决问题；同时担负着保证学生生活质量的任务。它免费为高校学生提供服务，也供未来的大学生和申请人使用，同时也为高等教育机构和地方负责机构提供涉及科研不端行为的建议①。

（三）从内部管理到外部强化：新治理体系的完善

为了对举报人与被举报人及其相关涉案人员的保护，科研诚信委员会对举报人、被举报人及相关涉案人员，以及案件的其他细节均采取保密原则，只在科学界内部处理。但是有一项案件例外，这就是在 2009 年被指控的维也纳医科大学论文数据造假事件。因为论文的内容研究的是新技术（手机）与公众健康的关系问题，已被公众与媒体广泛讨论，科研诚信委员会才破例公布了调查结果。

这一案件的举报人是不来梅大学生物学系的教授亚历山大·莱歇尔。他在 2009 年 12 月的会议中指出，吕迪格（H. W. Rüdiger）带领的研究团

---

① Informationen für Hochschul-Ombudsdienste，http：//www.hochschulombudsmann.at/wp-content/uploads/2014/06/IHO-Mai-2012.pdf.

队发表的、并带有他的署名的两篇文章存在数据造假嫌疑，文章《矾酸盐诱使在相关的职业暴露下培养人纤维组织细胞 DNA 链断裂》（2002）[1]、《微核子实验与彗星分析：在正常被试者中的比较结果》（1999）[2] 的实验过程与结果自相矛盾并且不可重复。在进入正式调查程序的前期审查时，委员会进一步发现吕迪格教授参与了欧盟发起的"反作用计划"，并且之后发表的两篇文章也存在数据造假的嫌疑——《手机辐射致人纤维细胞和大鼠颗粒层细胞 DNA 链断裂的体外实验》（2005）[3]、《射频电磁场诱使基因毒性影响人纤维细胞而不是淋巴球》（2008）[4]。调查委员会发现不同的研究团队对这个实验有不同结论：教授施派特（Herrn Prof. Speit）在 2006 年进行了实验，认为 2005 年的实验是可以重复的；而维也纳研究小组的结论是 2005 年的实验不可重复。最后委员会认为，莱歇尔对亚历山大·莱歇尔的指控既不能证实也不能驳倒，当前的技术手段不足以支持这样的实验，只能期待以后的科学发展来做出判决[5]。

2013 年 10 月奥地利大学联席会又通过了一个对治理科研不端具有促进作用的文件：《应对大学中可能的腐败案准则》[6]。该准则是在奥地利联邦司法部通过了《新腐败刑法》（2013 年 1 月）的背景下，应对大学中可能出现的腐败案的首个准则。该准则的主要目标是预防和治理在教学、考试、科研、技术开发、艺术活动的公务中，行政管理、公务以及大学中具

---

①　S. Ivancsits，A. Pilger，E. Diem，A. Schaffer，H. W. Rüdiger，Vanadate induces DNA strand breaks in cultured human fibroblasts at doses relevant to occupational exposure；Mutat Res 519（2002），25—35.

②　E. Diem，H. Rüdiger，Mikrokerntest und Comet Assay：Ein Ergebnisvergleich bei Normalproanden，Arbeitsmedizin Sozialmedizin Umweltmedizin 34（1999），437—441.

③　E. Diem，C. Schwarz，F. Adlkofer，O. Jahn. H. Rüdiger，Non-thermal DNA-breakage by mobile-phone radiation（1800MHz）in human fibroblasts and in transformed GFSH-R17 rat granulosa cells in vitro，Mutat Res 583（2005），178-183.

④　C. Schwarz，E. Kratochvil，A. Pilger，N. Kuster，F. Adlkofer，H. W. Rüdiger，Radiofrequency electromagnetic fields（UMTS，1950 MHz）induce genotoxic effects in vitro in human fibroblasts but not in lymphocytes；Int Arch Occup Environ Health，2008；81（6）：755—767.

⑤　http：//www. oeawi. at/downloads/Stellungnahme-der-Kommission-20101126. pdf.

⑥　www. uniko. ac. at/modules/download. php？key＝4368_DE…？

有决定性意义的任务中可能出现的腐败问题。准则明确表明，在科研活动的给予与监管中、在科研任务、第三方资助计划的接受与实施中，以及在科研与艺术活动合作合同的签订中都可能会出现腐败问题。科研中的腐败问题与科研不端行为问题关系密切，相互强化，治理科研腐败法的出台对治理科研不端行为显然也是一个正面的促进力量。

（四）奥地利科研诚信办的主要工作

1. 调查科研不端指控

调查发生在奥地利的科研不端指控是奥地利科研诚信办公室的主要任务之一。这个任务由科研诚信委员会承担。委员会自己可以决定是否对科研不端指控进一步展开调查，委员会的调查结果具有规范力。根据 2008 年的章程中提出的委员会成立细则，2009 年委员会正式成立，之前由奥地利科技基金会代为执行。委员会遵照机密、独立、客观的基本原则开展活动，调查和处理所有符合受理条件的案件。奥地利的科研诚信委员会与其他多数国家的不同之处在于，成立时的科研诚信委员会的 6 个专家全部是来自外国的著名科学家（来自 6 大类学科：人文、社会、生命、医学、自然科学与技术、法学），一个荷兰人，5 个德国人；任期 2 年[①]。这是委员会为保障公正所做的努力。现在的科研诚信委员会发展为 8 名成员，除有 2 名来自法学领域外，其他成员均来自不同的研究领域，并且只有 1 名法学专家来自奥地利，其他均是国外专家。委员会成员经奥地利科学理事会提议，由委员会大会任命，任期仍为 2 年，可以连任两次[②]。

科研不端行为的定义。奥地利科研诚信办公室对科研不端行为的定义，虽然参照了德意志研究联合会的定义，但是又有不同。除包括德意志研究联合会的定义中的关于"伪造""篡改""剽窃""清除原始数据""破

---

① http：//www. oeawi. at/index. html.

② Die Kommission，https：//oeawi. at/vereinsorgane/#kommission.

坏他人研究”和“参与科研不端行为”外，还有自己特有的内容：“资助申请提供虚假信息”“不合理举报”和“报复举报人”。其具体定义详见第一章第二节第一目关于奥地利科研不端行为定义的内容。

调查程序。奥地利科研诚信办公室出台了《奥地利科研诚信办公室调查涉嫌科研不端行为工作程序》对调查程序做出了明确的规定。如果指控涉及十多年前犯下的不端行为或其他机构正在调查的不端行为，委员会可以拒绝处理指控。调查程序分为两个阶段：预审与正式调查阶段。在预审阶段由诚信委员会指派调查小组，调查小组的负责人在秘书处的协助下，首先收集与该举报文件相关人的意见。预审的任务是就是否构成科研不端进行咨询与初步判断。预审结果认为被举报的科研不端行为不存在，则停止审查。如果经预审认为可能存在科研不端行为，则进入下一阶段：正式调查阶段。正式调查阶段由专门的调查小组负责，如果只存在极轻微的科研不端行为，其间可引入调解程序，调解成功则结束调查。如果案件涉嫌违反民法、刑法、教育法规定的，则提交法律部门进一步审查，委员会停止调查。如果经正式审查认为存在着严重的科研不端行为，并符合委员会调查范围的，则由调查小组进行深入调查。调查小组应就最后调查结果做出结论，并为案件的处理提供决策性建议，调查结果和建议提交诚信委员会，由诚信委员会做出最终决策。如果诚信委员会认为需要进一步调查，则在调查报告中写明需要额外调查并注明调查期限。最终决策一旦做出，需告知被举报人、举报人、诚信委员会的副主席以及被举报人所在机构①。

科研诚信办公室每年都发布年度报告，对当年的科研不端案件的受理、调查、处理状况以及科研诚信建设状况进行总结汇报。办公室自成立以来到 2017 年底，共受理了 131 起指控。自 2009 年至 2017 年分别受理了 5 起、11 起、30 起、14 起、13 起、9 起、9 起、14 起、25 起。2011

---

① Geschäftsordnung der Kommission für wissenschaftliche Integrität zur Untersuchung von Vorwürfen wissenschaftlichen Fehlverhaltens. http：//www. researchers. uzh. ch/ethics/verdachtunlauterkeit. html.

年至 2017 年提供咨询服务 136 起。① 在 2009—2011 年的 46 起被调查的事件中，15 起被认定为科研不端事件，公开 1 起（原则上是不公开的，这一起因被公众广泛讨论而公布调查结果）。对这些案件进行分析，大致可以进行以下归类：从专业领域划分，这 15 起案件中，3 起来自生命科学领域、2 起医学领域、2 起法学领域、4 起社会科学领域、2 起人文科学领域、2 起科学与技术领域；从案件性质来分，这 15 起案件中，6 起抄袭、5 起剽窃、2 起伪造数据、2 起侵权问题；从发展状况来看，2009 年处理了 2 起，2010 年处理了 5 起，2011 年处理了 8 起。而其余的被指控的 31 起案件，之所以未展开调查，主要原因是这些案件不属于科研诚信问题，而是法律问题。科研诚信委员会对这 31 起案件的性质也给予了说明：属于学业法问题的 7.35%；法律问题 7.35%；涉及国外的问题 3.15%；超诉讼期的 3.15%②。2012 年的指控案件与被调查案件，与 2011 年相比大大减少。虽然我们不能由此得出，科研诚信办公室的成立对预防和治理科研不端行为起到了立竿见影的巨大作用，但是科研诚信办公室及科研诚信委员会的成立在某种程度上解决了奥地利科学界在应对科研不端问题上的无组织状态，对应对科研不端行为无疑是个重大的突破。

2. 科研不端行为的预防和培训

科研诚信办公室的第二项重要任务是预防科研不端、进行思想教育。办公室积极采取以下预防措施：咨询、培训、制定政策文件、建立和参与工作组和网络建设。办公室为人们避免与辨认科研不端提供咨询与建议，并为成员机构建议"良好的科研实践"研究课题。

科研诚信办公室制定了《良好的科学实践指南》（2015），参与修订了最新版本的《欧洲行为准则》（2017），受委托制定了可用于民用和军用目的，包括物质和精神产权的"双重用途指南"，并参与制定了"利益相关

---

① Kommission für wissenschaftliche Integrität, Jahresbericht 2017, https://oeawi.at/wp-content/uploads/2019/03/Jahresbericht-2017-final-korr-2019-03-01.pdf.

② http://www.oeawi.at/downloads/Jahresbericht-2011.pdf.

者共同参与研究与创新的伦理影响评估"。①

　　科研诚信办公室积极参与国内国际工作组和网络②。国内的主要有 4 个。一,抄袭和预防的工作组。科研诚信办公室于 2011 年成立了一个关于抄袭和预防的工作组。20 多个奥地利大学和科研机构参加了为期六个月的会议。2015 年,在 AG 的倡议下,"抄袭"一词的统一定义以"高等教育法"为基础。二,"科研伦理与科研诚信"工作组。2018 年 4 月,应科研部的要求,在大学联席会成立了一个"科研伦理与科研诚信"工作组。该工作组的目的是编写一份战略文件,完成期限为一年。三,奥地利高校诚信专员办公室网络。2016 年 6 月,科研诚信办公室和学生诚信办公室成立了奥地利高校诚信专员办公室网络。该网络的活动旨在对高校的冲突和关系管理进行系统的、有针对性的检查。四,奥地利负责任的研究和创新平台。该平台汇集了奥地利和国际现有相关知识以及来自国家和国际负责任的研究和创新项目的经验,促进科学交流,使利益相关者和公众了解负责任的研究和创新概念,支持负责任的研究和创新项目,并通过这些活动促进在奥地利实施负责任的研究和创新。奥地利科研诚信办公室是这个平台的成员③。

　　科研诚信办公室成员还作为多家咨询委员会的成员参与活动,这些咨询委员会是:伦理和科研诚信制定规范框架(EnTIRE)④、将诚信作为研究卓越的统一维度(PRINTEGER)、⑤ 高等教育机构和负责任的研究与创

---

　　① "利益相关者共同参与研究与创新的伦理影响评估"是"地平线 2020(H2020)"计划下的欧盟资助项目。目的是为道德原则和实践方法制定一个共同的概念框架,最重要的是促进对研究中的伦理的更好理解。奥地利办公室成员弗格(Nicole Föger)被邀请作为利益相关者,审查并讨论"道德评估"中有关标准的最终文件。

　　② 国际工作组和网络见下文:"(三)国际工作"。

　　③ Mitwirkung in Arbeits-gruppen und Netz-werken National, https://oeawi.at/praevention/.

　　④ 伦理和研究诚信制定规范框架(EnTIRE)是一个由欧盟资助的项目,其目标是创建一个包含研究伦理和研究诚信所有信息的在线平台。

　　⑤ 将诚信作为研究卓越的统一维度(PRINTEGER)是一个欧盟项目,由"地平线 2020"计划资助,旨在改善国家和国际科研机构的战略,同时也为高管提供适当的工具。

新 （HEIRRI）[1][2]。

科研诚信培训分为三大模块：讲座、研讨会和培训培训师。教育的内容主要涉及：科研诚信机构、良好的科学实践、数据管理、引用和抄袭、出版和署名、导师、学生和机构的责任。

"研讨会"被认为是防止可疑和不可接受的科学实践甚至是不法行为和提高认识的最佳方法。在研讨会上，老师和学员们之间可以交互地开发、讨论什么是科研诚信行为、讨论和反思如何预防灰色地带（草率的科学）和预防科研不端行为的知识。它的授课对象主要是：学生和为未来的工作做准备的未来科学家、希望巩固良好的科学实践知识的研究人员，以及对科研诚信主题感兴趣的人。"研讨会"采取的教学步骤主要分为理论传授、案例研究、单一和小组工作、自由讨论。班级人数为 8 至 25 人（推荐），持续时间为半天或一整天。"研讨会"的教学对分支机构免费，非会员则须付费[3]。

"讲座"可以更好地服务于有关良好科学实践的概述、普通教育和宣传教育。讲座的主体涉及三大类，一类是科研诚信，其主要内容与上面刚刚讲到的教育内容基本相同；第二类是奥地利和国际上的科研诚信，具体内容包括：科研诚信机构、欧洲科研诚信的国家结构比较、国家和国际网络、奥地利和国际准则；第三类是有关其他的讲座主题，这一类中的个别主题是否讲授可以通过投票决定。讲座可以视学员的需求以德语或英语进行[4]。

"培训培训师"旨在为从事科学诚信事务的人提供教学方法。它是应成员组织的要求开发的一个简短的培训课程。鉴于那些大多数从事科学诚信事务的人，通过自学或边学边做已经获得的知识，短期培训应有助于提

---

① 高等教育机构和负责任的研究与创新（HEIRRI）是一个欧盟项目，旨在将负责任的研究和创新概念融入科学家的正规和非正规教育中。

② Mitwirkung als Mitglied in Advisory Boards，https：//oeawi. at/praevention/.

③ Worum geht es bei den Workshops der ÖAWI? https：//oeawi. at/training-workshops/.

④ Worum geht es bei Vorträgen der ÖAWI? https：//oeawi. at/training-vortraege/.

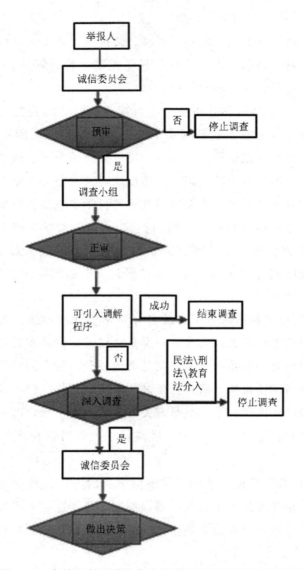

图 1.1　奥地利科研诚信办公室科研不端调查程序流程图

高技术和方法的能力。它的主要培训对象是：希望讲授学生"良好的科学实践"的大学讲师、博士项目负责人、指导初级研究人员的人员、大学和科研机构的诚信专员和对科学诚信主题感兴趣的人。教学形式有：理论传授、案例研究、单一和小组工作、讨论、教学概念测试。8 至 20 人为一个教学班，培训时间为 2 天。

"培训培训师"的教学内容，与前两个模块相比更注重教学方法，有关科学诚信机构的任务、目标以及科研诚信产生的历史背景、发展趋势，具体内容分为六个方面："一、科研诚信机构：结构，任务和目标，国际嵌入；二、良好的科学实践：历史背景（国际和奥地利），定义，科研诚信领域的最新发展和讨论，地方、国家和国际层面的适用法规和指南（《奥地利科研诚信办公室指南》《欧洲行为准则》《新加坡声明》），科研不端行为：科研不端行为的形式和表现，"草率的科学"，有问题的和不可接受的做法；三、数据管理：原始数据和主要数据、想法或来源的类型，研究过程、数据备份和应记录保存的东西的存档，数据所有权（实验册、出版数据、插图和文字），合理的数据保护（防止破坏和被盗），数据共享；四、引用和抄袭：正确引用，抄袭、检测和避免的种类；五、出版和署名：重要出版物的准则和规则概述，存在问题的情形：剽窃、重复出版、拆分出版、同行评审过程和评审员的责任、评估过程的准则和问题领域，作者：作者的任务和责任、授权作者身份的标准，存在问题的情形：拒绝作者身份、作者身份不足、荣誉作者身份、伪造出版物的共同责任；六、导师，学生和机构的责任：任务领域、潜在的利益冲突和指导者的角色，师生之间的关系，指导过程中可能出现的问题，良好的指导作为科研不端行为的"预防措施"；七、教学方法：关于教学概念的理论传授，可能使用的不同形式，对所提出方法的反思性测试，良好的科学实践教学的特点"①。

---

① Worum geht es beim Train-the-Trainer der ÖAWI? https：//oeawi. at/training-train-the-trainer/.

3. 国际工作

科研诚信办公室作为奥地利国家层面的机构还是国际科研诚信办公室欧洲部的成员，担负着与国际组织进行联系的任务。

科研诚信办公室参与的国际工作组和网络建设目前有 6 个。科研诚信办公室自 2009 年以来一直是"欧洲科研诚信办公室网络（ENRIO）"的会员。[①] 自 2012 年 4 月以来，科研诚信办公室成员弗格（Nicole Föger）一直担任该网络的主席。科研诚信办公室还是"欧洲科研伦理与科研诚信网络（ENERI）"的建设者之一。[②] "科学欧洲（Science Europe）"是研究组织和研究资助组织的伞式组织。2013 年，该组织成立了一个科研诚信主题工作组，科研诚信办公室成员弗格代表奥地利科学基金组织任期至 2015 年。科研诚信办公室积极参与世界科研诚信大会的筹办和相关工作，科研诚信办公室成员弗格是阿姆斯特丹第五届世界科研诚信大会欧洲顾问委员会成员，也是第六届世界科研诚信大会筹划委员会成员。2018 年 5 月，她当选为世界科研诚信大会基金会理事会成员。科研诚信办公室还参与了"泛欧教育伦理、透明和诚信平台（ETINED）"[③] 与"科研诚信的相互学习练习（MLE）"[④] 的工作，科研诚信办公室成员弗格还被奥地利科研部提名为这两个组织的奥地利代表[⑤]。

[①]　欧洲研究诚信办公室是一个非正式网络，旨在促进参与研究诚信的国家和其他机构的交流。

[②]　欧盟项目欧洲研究伦理与研究诚信网络的核心任务是在道德和研究完整性专家之间进行密集的信息交流，并在道德审查或科学不端行为调查程序内统一流程。

[③]　"泛欧教育伦理，透明和诚信平台（ETINED）"是由欧洲委员会和欧洲文化公约缔约国任命的专家网络。这个平台的建设基于这样的理念——只有当社会致力于从根本上积极地履行道德原则时，才能实现高质量的教育，并有效地解决腐败问题。

[④]　研究诚信的相互学习练习（MLE）研究与创新总局在"地平线 2020"下建立了政策支持基金（PSF）。政策支持基金的目标是支持以证据为基础的政策制定，并提供强有力的服务导向。为此，在研究诚信的相互学习练习中，将确定最佳实践示例，并从稳健数据分析中获得成功因素。

[⑤]　Mitwirkung in Arbeitsgruppen und Netzwerken International，https：//oeawi. at/praevention/.

二、维也纳大学科研伦理与科研诚信建设之路

在欧洲，医学伦理的源头可以追溯到大约公元前 4 世纪的希波克拉底誓言。中世纪的欧洲，医德医风的主要依据是神学伦理和特别是基于基督教慈善和怜悯的医学伦理。二战时期纳粹主义的安乐死方案和人体实验以及日本战俘实验，让整个国际社会震惊，并开始反思医德是否足以防止非法滥用的医学知识和野心。1947 年，西方盟国制定了《纽伦堡法案》，以保护人类受试者的权利，它成为进行必要的符合伦理的医学实验的基础。次年，在日内瓦又重新制定了医生誓言（1968、1983 年进行了修订）。1964 年，世界医学协会通过了"关于人类医学研究的伦理原则宣言"即《赫尔辛基宣言》，后来又多次更新，并在许多国家使用。在美洲，臭名昭著的塔斯基吉梅毒实验的极端不道德行为被媒体曝光后，直接导致《贝尔蒙报告》（1978）的出炉和人类研究保护办公室的成立。

奥地利最早创建的医学伦理委员会成立于 1978 年，是在维也纳大学（下属的）医学院的医师和教授们的倡导下成立的，其成员是来自维也纳大学医学院的医师和教授。新生的伦理委员会以医院法、医药法、医疗器械法和大学法作为法律依据开展活动，起初其主要目的是维护临床试验中受试者的权利，并保障他们的安全。这包括评估研究参与者的风险与负担，并评估研究的预期收益是否合理。不过近年来，其任务范围不断扩大，一个重要的新增功能是评估（临床）的相关性、新颖性、科学内容、研究计划的正确性以及研究的拟稿。因为国际公认的医学伦理指导原则已指出，如果研究预期不能得到任何新知识、或使未来的患者获益，则患者和受试者不应该接受研究的内在风险和负担。伦理委员会的任务还在继续扩展，加强对生物医学研究的引导，不仅仅是为了达到较好的临床实践标

准，还要达到良好的科学实践标准，即其结果和数据是可靠和普遍适用的①。

世纪之交，来自国际和国内的治理科研不端行为的呼声越来越高，维也纳大学医学院的教授们积极做出反应。他们意识到伦理委员会的缺陷与不足，积极筹划新的预防和惩治科研不端行为的方案，经过一段时间讨论和努力，终于达成共识：决定出台针对科学实践行为的诚实性的专门规范性条例，并成立专门的委员会予以监督和执行。2001 年医学院出台了《良好的科学实践指针》，并按照文件要求组建了科研诚信委员会。医学院发布的文件只对医学院成员有效，新设的委员会也只负责医学院违反科研诚信行为规范事件的咨询和调查。

与此同时，国际上越来越多的科学失信和欺诈行为被科学媒体和大众媒体广泛报道。维也纳大学的领导机构越来越担心诸如利益冲突和作者身份等科研不端行为的指控，不仅可能会影响科研人员个人，还可能损害大学的声誉。2006 年，该大学颁布了《确保良好的科学实践维也纳大学诚信专员》，文件从良好的科学实践、科研不端行为、诚信专员与常设诚信委员会、指控科研不端行为的程序、制裁五大方面，对其倡导和反对的科学实践行为，以及对不端行为的指控、调查和惩处给出了清晰的说明。之后，根据文件要求该大学设立了科研诚信专员与常设的科研诚信委员会，开通了科研诚信网站②。

2008 年，维也纳大学作为奥地利科研诚信办公室的创始成员之一，积极促进奥地利科研诚信办公室的成立，并签署协议，遵守其建议。

2009 年，该大学把确保良好的科学实践视为贯穿科学工作各个阶段的指导原则。着眼于研究质量保证，该大学对包括博士生及教职员工在内的各个阶段的科研人员的质量保证要素完全重新进行了设计。涉及人体研究、动物研究、环境问题的科研伦理问题与科研诚信问题通通纳入负责任

---

① Christiane Druml. 30 Jahre Ethikkommission der Medizinischen Universität. Wien: Garant für integre und transparente Forschung. Wien Klin Wochenschr，2008，120：645－646.

② https：//www. qs. univie. ac. at/services/ombudsstelle-gute-wissenschaftliche-praxis/.

的研究之下。伦理委员会与科研诚信委员会共同服务于负责任的研究审查和咨询工作①。

维也纳医科大学（德语：Medizinische Universität Wien）是所有德语地区大学中，医学科学生最多的大学，同时也是世界上领先的医科大学之一。该大学曾经是维也纳大学下属的医学院，独立于 2004 年 1 月 1 日。该大学下辖诊疗所、临床研究所与临床中心等学术机构，开设的专业有牙医、应用医学、公共健康、医学信息学、医学、毒理学、临床研究、医学物理、护理管理、医学催眠术、牙科催眠术等等。该大学以研究生（硕士层次与博士层次）教育为主，学生数超过 8000 人。

长期以来，遵守"良好科学实践"的国际准则一直是维也纳医科大学的优先事项。成立于 20 世纪 70 年代的道德委员会和动物实验委员会一直遵守医学研究的最高标准，为维护医学领域的科研诚信做出了重要贡献。2001 年，维也纳大学医学院教师委员会通过了《良好科学实践》的第一个约束性指南。2013 年，在荣誉退休人员舒茨（Wolfgang Schütz）的领导下进行了修订。2017 年，由于新法律的颁布，进行了微小的调整。这些准则作为指导手册和决策工具，旨在提高对科研诚信主题的认识，同时还应有助于预防科研不端行为。

与很多综合性大学，特别是西北欧国家的综合性大学不同，维也纳医科大学对"科研诚信"有一个外延很广的定义。在《良好的科学实践》（GSP，2001 年首次发布，2013、2017 进行了两次修订）中列出了"良好的科学实践 10 条规则"：

"①每位科学家都有义务了解和遵守与其工作相关的指导原则和特殊的法律规定。

②所有临床研究项目都必须通过研究计划对其进行记录。

③所有旨在获取知识的人类研究项目都必须提交给伦理委员会（予以审核）。

---

① https：//www.univie.ac.at/forschung/weitere-informationen/gute-wissenschaftliche-praxis/.

④一般来说，动物试验应经校内（内部）动物实验委员会以及联邦科学技术部双方均批准后方能进行。

⑤数据的收集、存储、传输和使用应完全符合国家和有关国际规定，并按此规定进行。维也纳医科大学的"良好的科学实践"详细说明了相关规定。

⑥署名为作者需要同时具备以下几个标准：

——对概念化和设计做出重大贡献者，或者在数据的收集、处理和解释方面具有重大贡献者

——起草或修订关键性的手稿

——允许最终版本的手稿出版

只有符合以上三个标准才能被署名为作者。

⑦作为科学性论文作者的提名必须对项目有积极的智力、实践和程序性的贡献。名誉署名是不能接受的。

⑧科学的不端行为可能会造成法律后果。以下是一些科研不端行为的例子：

——伪造数据

——篡改和操纵数据

——剽窃

⑨与企业的合作必须遵守国家和国际有关规定，并遵守以下准则：

——与企业签订的合同必须由法律部门起草或修改。

——与企业的合作和/或签订合同时，必须披露同时进行的私人咨询。

——涉及潜在的对健康有害问题的企业合同可以被禁止。

⑩任何可能的利益冲突在研究项目的框架内必须要充分披露"①。

可见，维也纳医科大学对"科研诚信"的理解，不仅包含通常意义上的科研诚信的内容，即数据记录与保存、发表与署名、师生关系、合作研

---

① Medizinische Universität Wien. Good Scientific Practice，https：//www. meduniwien. ac. at/ web/fileadmin/content/forschung/pdf/MedUni _ Wien _ GSP-Richtlinien _ 2017. pdf.

究，还包含了在许多国家和高校的科研伦理的内容，即人体研究和动物实验的伦理内容。

（一）关于人体研究和动物实验的伦理审查

1. 人体研究

在奥地利进行人体研究需要遵守严格的法律法规，根据 2002 年"大学法"的规定，维也纳医科大学进行临床研究，需要遵守以下法律：奥地利制药监管法（药品法）、奥地利医疗器械法规（医疗器械法案）、奥地利医院和养老院的法律（医疗保健法）、维也纳医院法、基因技术法（基因工程法）、赫尔辛基宣言、EG-GCP 指导说明、ICH-GCP 指南。

此外，维也纳医科大学在《良好的科学实践》中要求，所有不以治疗为目的而是以研究为目的的项目必须提交给伦理委员会。用于获得知识或者不完全服务于患者或受试对象健康数据的所有可识别的人类物质（例如血液、血清、组织样品、基因），涉及对患者或试验对象进行的所有措施，无论是药物测试、医疗器械、新方法还是任何其他研究项目都必须经过伦理委员会的审查。个体研究人员有责任了解并遵守国家和国际有关规定。此外，与患者或试验对象相关的任何问题必须符合规定的国际程序。

维也纳医科大学伦理委员会的前身是维也纳大学医学院前伦理委员会，是奥地利最早成立的伦理委员会，成立于 1978 年，至今已有四十多年的历史。伦理委员会旨在保护参与临床研究项目的患者和健康受试者的权利。伦理委员会现有成员 8 人，他们分别来自不同的院系，其中 1 名主席，1 名副主席，还有 1 名服务于学生的咨询人员。委员会每月召开一次或两次会议，讨论维也纳医科大学计划的研究项目。

任何进行临床试验的医生，他必须在一份报告中描述和展示伦理委员会进行的评估和审批。只有在伦理委员会至少审查并通过了以下文件后才能开始研究：协议，招募参与者的书面文件，患者信息和知情同意书，研究者、研究的资助者和医科大学之间的合同，在需要的情况下还应提供保险。此外，他必须将内容通知卫生主管机关，并提交给国际、公共登记处①。

2. 动物实验

出于保护人的生命的考虑，在医学研究中通常利用动物实验来促进基础性和应用性研究，利用动物生命进行实验需要道德考虑和负责任的评估。在维也纳医科大学管辖范围内的所有动物实验研究方案必须由校内动物实验委员会进行评估和公布，然后再由校长提交给联邦科学和研究部长。

在维也纳医科大学进行动物实验，必须遵守《奥地利动物实验法》《动物试验统计条例》，欧盟议会和理事会 2010 年 9 月 22 日的《欧盟指令》，还有《赫尔辛基宣言》的（第十二条）伦理准则。具有遗传干预或生物制剂的动物实验必须遵守《基因技术法》《动物释放条例》《生物制剂条例》。一般情况下还应遵守《动物疾病法》和《动物材料法》。

在动物实验的规划和实施中，每个科学家，应验证计划的动物实验的必要性和适宜性；每个参与动物实验的人，应确保实验动物的福祉和尽可能小的负担；动物实验必须符合自然科学研究的原则，必须坚持最高的科学标准。参与动物实验的科学家应遵守"3R"原则（最少，优化，可替代），这其中就包括精确的规划和准备以及专业的实验行为。动物采集实验必须能够清楚地追溯和控制，来历不明的未知动物不能被用来进行试验。提交内部动物实验委员会的动物实验，必须提供关于试验的科学目的及其所涉及的干预或治疗方式的准确陈述，以便于委员会对所述实验进行评估。②

---

① Information für Patienten，http：//ethikkommission. meduniwien. ac. at/ethik-kommission/information-fuer-patienten/.

② Medizinische Universität Wien. Good Scientific Practice，https：//www. meduniwien. ac. at/web/fileadmin/content/forschung/pdf/MedUni _ Wien _ GSP-Richtlinien _ 2017. pdf.

(二) 关于数据管理的规定

生成、储存和使用研究数据对医学科学研究的进展至关重要。根据《良好的科学实践》要求,维也纳医科大学工作人员在数据的生成、储存、支配和使用方面,须完全按照现行的国家和有关国际规定进行。

关于数据生成,必须在研究方案中规定研究过程中数据生成的标准;要提供用于数据收集的工具并尽可能地标准化,还必须以直接可读的方式收集原始数据;从临床病史中提取的临床资料,必须记录在案。

关于数据存储,根据规定,研究方案、修改、添加、原始数据和报告,以及关于"调查和调查结果"的记录,至少要在出版日期的七年内予以保存。此外,维也纳医科大学要求各组织单位必须建立完备的数据存储和维护系统,在负责实施项目的组织单位内数据应保存 30 年以上。同时信息资料收集方法和质量控制方法,对数据的更正、计算和统计分析的记录必须予以保存。

关于数据的使用,项目调查员或者任何对研究项目负有主要责任的单位,有权在不妨碍书面协议的情况下,分析该项目生成的数据对科研和财务产生的影响;根据作者原创性、专利法规和高校校规,在不会影响作者权利的情况下(例如:第一作者,受雇的发明者)可以提名为作者或发明人;如果不是享有主要使用权的维也纳医科大学的法人,必须向维也纳医科大学提供遵守数据存储责任所必需的访问权限;维也纳医科大学也将获得特别的非营利性教学和研究项目成果的使用权;在综合研究项目中转让其使用或流通的匿名数据必须与有关组织单位和研究项目主任达成协议。①

————————

① Medizinische Universität Wien. Good Scientific Practice,https://www. meduniwien. ac. at/web/fileadmin/content/forschung/pdf/MedUni _ Wien _ GSP-Richtlinien _ 2017. pdf.

(三) 关于出版和署名的规定

科研成果绩效考察的主要手段是研究成果在科学出版物的发表。通过出版物，作者或作者组织发表研究成果，确认研究成果，并对出版物内容的准确性承担全部责任。

维也纳医科大学规定，原则上对于所有发表研究成果，各种书面或口头出版物，包括维也纳医科大学工作人员的会议记录、科学摘要、原始论文、案例报告、编辑者来信、评论、章节和任何其他类型的科学出版物，拆分发表，即发表临时、不完整的结果或部分数据是不可接受的；出版任何类型或不同作者的出版物复本，不公开发表摘要和原始文件是不可接受的。

维也纳医科大学的所有成员必须遵守版权保护的法律法规，必须尊重科学出版物的版权，这不仅适用于原始出版物，也适用于学术设计、向道德委员会提交的材料、提出的申请和发表的摘要。在研究项目中，被提名为作者需要符合以下所有方面的要求：对研究设计的概念化、数据的采集、处理或解释做出重大贡献；起草或校订重要手稿；同意要发表的手稿的最终版本。所有符合这三项标准的每一个人都将被提名为作者。所谓的"名誉或客座作者身份"，即没有符合上述标准的作者身份是不可接受的。第一作者至少负责起草稿件，其中包括采集相应的数据，并与第二作者对数据的采集有同等的贡献。一般来说，项目负责人作为通讯作者负责出版事宜，并回答与出版相关的问题。在几个机构合作的项目中，最重要的合作者的决定及其在最终出版作品列表中的地位也必须早在项目设计阶段就决定。

(四) 制定调查科研不端行为的程序和处理措施

1. 科研不端行为的定义

维也纳医科大学对"科研不端行为"的定义，其含义是比较广的，包括严重的科研不端与其他不端行为两大类。严重的科研不端行为除了包括通常的科研不端行为的三个核心内容，即伪造、篡改和剽窃，还包括破坏他人研究数据或文件，以及隐瞒或煽动科研不端行为。

"科研不端行为包括以下严重违规行为：

——数据伪造，即使用或已出版的数据伪造，或是伪造科学研究或是科学实验的数据。

——数据操纵或篡改

——篡改，操纵选择或操纵数据处理程序

——选择性的隐藏和保留"无用"数据并且将一些数据与其他篡改的结果相替换

——消除数据，即存在于实验安排或临床实验中数据的不合理遗漏（大多数是用来"澄清"结果的）

——通过伪造签名来伪造数据作者

——带有偏见的解释或是对于结果有意的误解或者是无根据的结论。

——未申报的"事后小组分析"

——在资金申请或是候选资格上故意误导

——剽窃和窃取知识产权，通过把他人产权变成自己的。但是在自己的新出版物中为了更好地阐释自己的方法这一唯一目的而多次使用自己的文本摘要并不属于剽窃。剽窃包括：

——抄袭或使用他人的文章片段而没有相应的引用，并且将它们作为自己的成果。

——对于根据或基于其他作者的观点所写的文章片段所做的不完整引用，目的是将其作为自己的成果

——思想、观点、出版物、研究项目的无根据的挪用和使用，未经正规引用的其他科学家的技术和数据，作为自己的成果

——破环或删除其他科学家的数据或文件。

——掩盖或隐瞒科研不端行为或者是煽动这么做"①。

其他科研不端行为是指"除了以上严重的科研不端行为，以下违反可接受的科学标准的其他行为方式：

——在没有明确引用和未经主要出版机构同意的情况下，在不同的作品和/或期刊上发布完整或部分相同的自己的数据或自己的冗余信息（重复或多次重复出版）。

——作为鉴定人的不端行为（例如，违背信任）

——荣誉作者

——对研究参与者的不道德行为

——违反法律规定进行的研究和其他研究项目"②。

2. 调查科研不端行为的程序和处理措施

如果科研不端行为被举报，那么不端行为将会受到调查。通常被举报的科研不端行为会经过校内科学伦理委员会或是维也纳医科大学剽窃审计机构的初审。严重的科研不端行为移交奥地利科研诚信办处理。

初步审查需遵守以下原则：召开保密的听证会；保护被举报人和举报人；对媒体保密。

科研不端行为的后果可能会导致劳动、服务或纪律的法律措施。根据确定的不端行为的程度来实施制裁，制裁措施从劝诫、警告、纪律通报到免职；此外，已被确定为科研不端行为的人员必须以任何形式对发表的出版物进行更正或撤回。

在最新修订的《良好的科学实践》中，维也纳医科大学吸取欧洲和英美研究领域的经验，设立了一个监察办公室（诚信专员办公室），以便预防、调查和纠正科学不端行为，并确保良好的科学实践。诚信专员由校评

---

① Medizinische Universität Wien. Good Scientific Practice，https：//www. meduniwien. ac. at/web/fileadmin/content/forschung/pdf/MedUni _ Wien _ GSP-Richtlinien _ 2017. pdf.

② Medizinische Universität Wien. Good Scientific Practice，https：//www. meduniwien. ac. at/web/fileadmin/content/forschung/pdf/MedUni _ Wien _ GSP-Richtlinien _ 2017. pdf.

议会决定经校长批准任命。

（五）制定与企业合作的规章制度

当代科学技术的一体化程度越来越高，科学的技术化、产业化速度也空前加快。科学发展与企业的互动与合作一方面有助于知识和技术从学术向社会的转移，另一方面也会为科学自身的发展提供物质和精神支持。但是在与企业的合作中也可能会产生诸多问题，如时间、费用、设备、科研选题、科研成果归属等的冲突。维也纳医科大学制定了一系列合作规章制度，以防止这种冲突，来确保科研人员与企业进行信任和透明地互动。维也纳医科大学成员与企业合作应遵守的一般规定有：《维也纳医科大学反腐败纲要和腐败法》（*Anti-Korruptionsrichtlinien der MedUni Wien und Korruptionsstrafgesetz*）、《兼职规定》（*Nebenbeschäftigungsregelung*）、《根据大学法第 26 和 27 条研究项目报告要求》（*Meldepflicht von Projekten nach § 26 und § 27 UG*）、《根据大学法费用报销规定》（*Kosten-ersatzregelung nach UG*）、《职务发明报告要求》（*Meldepflicht von Dien-sterfindungen*）。

此外，还要遵守维也纳医科大学的其他指南。可以拒绝具有潜在危险的工业部门的合同；说明利益冲突；共同成果的发表应遵守维也纳大学医学院出版政策；工业机构进行的研究不能被标为"科学研究"；如果与工业进行合作或签订合同，必须向公司公开同时进行的私人顾问、讲师或类似的（作为第二职业）其他任何报酬；维也纳医科大学签署的每一项合同必须由相关组织单位的主管提交法律部门审批[①]。

（六）关于披露利益冲突的要求

在科学研究和工作中潜存着利益冲突。当研究项目受到外部资助或来

---

① Medizinische Universität Wien. Good Scientific Practice，https：//www. meduniwien. ac. at/web/fileadmin/content/forschung/pdf/MedUni _ Wien _ GSP-Richtlinien _ 2017. pdf.

自其他方面的压力时，研究的客观性可能会受到影响，就极有可能会产生利益冲突；在项目评审、人才评价、科研成果评估，甚至是指导青年科研人员或学生的过程中，也可能会发生利益冲突。良好的科学实践原则要求全面公开和解释在科学项目的规划、执行和应用中可能发生的利益冲突。维也纳大学医学院认识到日常工作中经常发生利益冲突这一事实，因此在《良好的科学实践》文件中指出了可能出现利益冲突的情况，及其披露利益冲突的程序。文件中详细说明了可能发生利益冲突的三种主要情况："①作为商业公司的顾问、审稿人或咨询者，作为制药、生物技术或医疗技术公司的科学委员会的一员，参与促销活动或草拟准则或专家论文。②为制药、生物技术或医疗技术公司或其代表提供财政补偿，例如合同研究组织为实现研究项目或对未来服务或补偿的承诺而提供的礼物或捐款。③（联合）药品、医疗产品的专利、版权、销售许可证等财产，包括药品、医疗技术或生物技术工业的股票、股票或基金的财产"①。

文件还规定，披露利益冲突的程序如下，当大学成员发现可能存在利益冲突的问题时，应主动填报具有固定格式的申报表，提交道德委员会，并告知所在学院的院长。如果在后续研究中发现了新的可能的利益冲突，要及时更新申报表，同时在出版物、讲座和其他发行或介绍材料中公布。

（七）科研诚信教育

从维也纳医科大学官方网页公布的材料来看，该大学只对博士生提出了接受科研诚信培训的硬性要求，对本科生和硕士生没有硬性要求。根据维也纳医科大学关于博士生课程的规定，所有博士生，即基础医学和临床医学两大类的博士生均必须在一个学期学习"伦理和良好的科学实践"与"项目管理和知识产权"两门课程。此外，大学关于博士生课程还规定，

---

① Medizinische Universität Wien. Good Scientific Practice，https：//www. meduniwien. ac. at/web/fileadmin/content/forschung/pdf/MedUni _ Wien _ GSP-Richtlinien _ 2017. pdf.

博士学位论提交后必须被查重，查重合格后，方能进入评审环节①。

三、案例：麻醉、重症与疼痛医学医师辛佛案

（一）案件始末

辛佛（Michael Zimpfer）奥地利曾经著名的麻醉、重症与疼痛医学医师、教授，奥地利医学界一颗陨落的明星。他出生于 1951 年，1992—2007 年任维也纳医科大学麻醉学、重症医学与疼痛治疗综合科的教授，2002 年起任奥地利麻醉学与急救护理基金会的主席，2007 年起成为魏茨曼科学研究院奥地利分部的领导成员，2008 年起任《医学创新与商业》杂志的合作出版者。他发表了大批著作和论文，还获得大量的奖项与荣誉，包括：中欧麻醉学奖、山德士奖、赫斯特奖、奥地利共和国贡献大勋章。在舆论界，因为他 1999 年为一度被认定为医学死亡的物理学者沃尔夫岗·科博（Wolfgang Kerber）博士成功移植人造肺而为人们熟知②。2003 年他为当时的奥地利总统托马斯·克雷斯提尔（Thomas Klestil）做跟腱手术成功地解除了疼痛，2004 年又成功地挽救了中毒的乌克兰总统维克多·季莫申科（Viktor Juschtschenko）的生命，成为医学界的明星。然而，2007 年的"耳光事件"成为他事业的转折点③。当年 11 月，他在维也纳医科大学的所有职务被免去并被大学解聘。经过他本人与委托律师的努力，勉强保留了鲁道菲诺哈斯医院的院长席位。但是好景不长，大约半年之后，他在鲁道菲诺哈斯医院的院长席位也坚守不住了，尽管他曾一

---

① Die Struktur der Doktoratsstudien an der MedUni Wien. https：//www. meduniwien. ac. at/web/studium-weiterbildung/phd-und-doktoratsstudien/phd-programm-n094/studienaufbau/.

② http：//www. wienerzeitung. at/themen _ channel/wissen/mensch/? em _ cnt＝478955&em _ cnt _ page＝1.

③ Kopf des Tages：Michael Zimpfer. http：//derstandard. at/3134927/Kopf-des-Tages——Michael-Zimpfer.

度提起上诉，结果仍以失败而告终，2012 年他迁居沙特阿拉伯首都利雅得成为沙特阿拉伯"王家医院"重症科的主任①。

"耳光事件"可以说是辛佛案件的一个重要环节。2007 年辛佛与他的一个相处了 7 年的情妇在甜食市场发生争执后，在一家旅馆前他扇了他的情人一个耳光，这一情形被监控录像清楚地记录下来。他的情人表示，他利用了自己的荣誉。辛佛的生活作风被维也纳医科大学校长沃尔夫岗·舒茨（Wolfgang Schütz）认定为伤风败俗，影响了维也纳医科大学的声誉，成为他被解聘的原因之一。除此之外，辛佛还在另外四个方面被认为存在腐败问题：①未经许可从事兼职工作，即在鲁道菲诺哈斯私人医院疼痛治疗研究所（Privatspital Rudolfinerhaus）任职以及担任德布灵健康中心（Gesundheitszentrums Döbling）的领导。②由于他的兼职，在维也纳城市总医院（即维也纳医科大学附属医院）的工作被疏忽，医生的岗位没有及时替补，共 19 个岗位空缺。③他没有能力担当岗位替补的事，违反了医疗机构劳动时间法。④推销有问题的治疗方法，即使用硬膜外腔镜治疗脊椎疼痛。维也纳医科大学校长强调以上五个方面其中任何一项，足以成为辛佛被解聘的原因。

就以上五个问题，辛佛一一做了反驳。就第一个问题即情人问题，他回应，情人问题涉及的仅是他的情人以及家人。而他的情人没有就此提起法律诉讼。就第二个问题即兼职问题，他回应，他没有在鲁道菲诺哈斯私人医院疼痛治疗研究所任职，而在德布灵健康中心的领导职务是经过许可的。就第二个问题即岗位缺编问题，他认为，岗位缺编源于大学的岗位精简。就第三个问题即劳动时间问题，他回应，在他任职期间他负责了 900 多人次的岗位流动，言外之意，在能力和时间上他是完全胜任的。就第四个问题即治疗方法问题，他回应，硬膜外腔镜治疗技术是一流的，并且在

---

① Starmediziner aus Wiens AKH wird Arzt von Araber-König（2012-4-21）2014-04-02，http://www.krone.at/Oesterreich/Starmediziner _ aus _ Wiens _ AKH _ wird _ Arzt _ von _ Araber-Koenig-Riad _ lockt _ Zimpfer-Story-319033.

维也纳城市总医院的其他科室都用过①。就辛佛的回应，大学方面并没有改变已做出的决定。不过应当说是不幸中的万幸，案件发生初期辛佛在鲁道菲诺哈斯医院的院长席位经医院领导小组的会议决定继续保留②。

然而祸不单行，2008 年 6 月，维也纳检察机关就辛佛做出一审判决，宣布辛佛犯有人身伤害与职业欺骗罪。原因是辛佛没有正确地使用硬膜外腔镜，给病人带来了人身伤害③。就这次判决，辛佛同样给予了反驳，但同时也承认在操作硬膜外腔镜问题上存在小小的错误：按照规定，计划用到但实际上在进行手术时没有用到硬膜外腔镜的情况应当记录下来，而他自己没有对这样的情况进行记录④。

月底，鲁道菲诺哈斯医院大会决定免除辛佛院长职务。辛佛被免职除与维也纳检察机关的判决有直接关系外，还有一个非常重要的原因是，辛佛试图把鲁道菲诺哈斯医院出售，进行重新装修，成为美国梅奥医院（Mayo-Spital）的分部⑤。

自维也纳医科大学做出解聘决定以来，辛佛多次进行起诉。最终劳动与社会法院受理了辛佛的起诉。并于 2011 年 11 月做出判决，驳回了辛佛的起诉，维持了维也纳医科大学的决定。并且法院完全证实了维也纳医科大学的所有决定。重申，辛佛多次并且严重地没有履行工作义务，疏忽了

---

① So wehrt sich Star-Arzt Zimpfer（2007-11-26）2014-04-04，http：//www. oe24. at/oester-reich/chronik/wien/So-wehrt-sich-Star-Arzt-Zimpfer/200820； Millionenklage： Zimpfer kämpft weiter. http：//wien. orf. at/news/stories/2507790/.

② Zimpfer bleibt Chef im "Rudolfinerhaus"，（2007-11-29）2014-04-04，http：//derstandard. at/3131977/Zimpfer-bleibt-Chef-im-Rudolfinerhaus.

③ Justiz ermittelt gegen Promi-Arzt Michael Zimpfer（2008-06-27）2014-04-12，http：//die-presse. com/home/panorama/oesterreich/394576/Justiz-ermittelt-gegen-PromiArzt-Michael-Zimpfer.

④ ANDREAS WETZ. Rudolfinerhaus： "Vorwürfe widerlegt"（2008-05-05）2014-04-24. http：//diepresse. com/home/panorama/oesterreich/387066/Rudolfinerhaus _ Abfuhr-fur-Star-Mediziner? direct ＝ 394215& _ vl _ backlink ＝/home panorama/oesterreich/394215/in-dex. do&. selChannel＝&. from＝articlemore.

⑤ Rudolfinerhaus： Star-Mediziner Zimpfer ist nicht mehr Chef（2008-07-01）2014-04-25，ht-tp：//diepresse. com/home/panorama/oesterreich/395361/Rudolfinerhaus _ StarwbrMediziner-Zimpfer-nicht-mehr-Chef.

作为医院与系领导的工作，损害了维也纳医科大学的声誉①。

(二) 辛佛案件给我们的启示

辛佛案是一个性质比较复杂的案件，其中既有学术不端的成分，也有学术腐败的内容，二者交织在一起，有时难以明确区分。在奥地利把这个事件界定为学术腐败，而不单单是学术不端，原因是它满足奥地利大学联盟通过的《应对大学腐败事件纲要》（以下简称《纲要》）的条例要求。

《纲要》对腐败的定义如下，"违法的腐败原则上指的是当公务与利益之间存在联系的时候。重要的是为一项公务提供、许诺或给予贿赂性礼品，以及公务员为一项公务应允、接受或要求贿赂。公务的概念是宽泛的，包括公务员的间接任务，以及公务本来的对象。重要的不是（高）公权行政（考试）还是私经济行政（购置\房屋出租）。决定性的也不是业务中的法律行为（签订合同）或事实行为（管理实验室里的化学原料）：这两者是腐败规章意义上的公务。在大学里原则上每个与大学的任务有关的行为，以及公务员的每个行为、每项公务都可能是腐败行为。"② 可见，奥地利大学联盟对腐败的认定是相当宽泛的，只要是以权谋私就属于腐败行为，不管是利用公权还是私权，甚至是利用学校与个人的学术声誉。

《纲要》中提到的典型的腐败行为有三类：有意识地滥用职权（公权）、不诚信或接受私人贿赂对大学财产造成损失（私经济权）。

辛佛案至少涉及"典型的腐败行为"其中的两条：（一）因校外兼职导致的岗位缺编、不能保证劳动时间，犯有"渎职""滥用职权"之过错。（二）在病人不知情的情况下使用未经医学界许可的治疗方法，违背了科研诚信原则。情人问题尽管在《纲要》中没有作为典型腐败行为列出，但也是严重的腐败行为之一（《纲要》§4.a）。尽管案件没有明确说明辛佛

---

① MedUni Wien：Urteil bestätigt Abberufung von Zimpfer（2011-11-03）2014-04-27，http：//www. springermedizin. at/artikel/24537-meduni-wien-urteil-bestaetigt-abberufung-von —- zimpfer.

② www. uniko. ac. at/modules/download. php？ key＝4368 _ DE…？

是否为其情人提供了学术便利，但是他的情人已明确表示，在二人关系中辛佛利用了他的学术声誉，有"学色交易"之嫌。这三条已经超出了学术不端的范围，在性质上属于学术腐败。

辛佛案件首先警醒我们，制定严格的规章制度，规范学校领导行为。在我国利用在校职务之便，"滥用职权"之事时有发生。同"招生"工作情况类似的"招聘""职称评定"工作也是学校腐败的重阵地之一。复旦大学"人事腐败"案虽未有定论，却对社会造成了不小的负面影响。制定有效机制与措施规范人事行为，遏制学术腐败在我国已是迫在眉睫之举。利用兼职之便，大行个人私利之举在我国亦不少见。浙江大学副校长褚健利用中控科技掏空浙大海纳资产可以说是"兼职惹的祸"。教育部应当对公立高校特别是国内教育部直属的高校领导从事兼职工作进行严格的审查，以防类似情况的发生。事件一旦发生，有关单位也有章可循，利于案件的查处与定罪。

其次，以维护科研道德为核心理念，建立学术自治体系。辛佛案件之所以能够迅速处理的一个原因，是维也纳医科大学具有悠久的、以维护科研道德为核心理念的学术自治传统，这也恰恰是在我国最缺乏的。

辛佛案件的调查过程在他的"耳光事件"之前就开始了，并且在知晓这一事件之后，迅速做出反应，源于辛佛所在的大学本身是一个有着悠久的学术自治传统、注重科研伦理的大学——维也纳医科大学。维也纳医科大学早在1978年就成立了伦理委员会。当时伦理委员会的主要宗旨在于保护从事医学研究的科研人员、研究中的受试者以及病人，即确保"良好的临床实践"。经过30多年的发展，伦理委员会的任务和目标不断扩展，对研究计划对临床的意义、新价值、科学内容、正确性的鉴定、研究的完善状况的鉴定都成了伦理委员会的重要职责。因为在伦理上不允许受试者和病人暴露在有内在风险的、负担的研究中。今后伦理委员会的任务还将不断扩展，从"良好的临床实践"到"良好的科研实践"的发展已明确写在伦理委员会的未来发展计划之中①。

此外，为了应对不断出现的科研不端事件，早在 2001 年，维也纳医科大学就通过了《良好的科学实践》，对伦理委员会、动物实验伦理委员会、基因技术伦理委员会的活动遵循的基本规范，数据的获得、保留与使用，作品出版与署名，以及科研不端的定义都给出了明确规定。2012 年适应日益复杂的科研问题发展的需要，维也纳医科大学对之进行了修订。修订版增加了在实验研究、利益冲突、与企业的合作、教导青年研究人员方面可能出现的科研不端及其学术腐败问题，强调在处理利益冲突案件时，虽然上报给了伦理委员会，仍需由大学行政管理委员会通告、更新，此外还有可能在出版物、报告、其他的公开刊物报道；与企业的合作必须遵循以下规章规定：大学的反腐败纲要与反腐败刑法；兼职法；研究项目上报的义务；花费补偿法则；发明成果上报义务；企业的委托与健康有冲突可以拒绝；利益冲突要说明；大学的出版政策②。

2008 年，在奥地利联邦政府通过《反腐败法》之际，维也纳医科大学就针对大学的实际情况签发了《避免因接受礼物而受到刑罚纲要：反腐败纲要》，对大学常见的收受他人财物、利用会议出差机会虚报费用等情况给予了明确说明③。

除最早建立的伦理委员会外，维也纳医科大学还陆续建立了动物实验伦理委员会、基因技术伦理委员会等伦理委员会。与此同时，维也纳医科大学的大学行政管理委员会、评议会、大学咨询委员会作为大学的领导机构直接负责对良好的科研实践的咨询与重大事项的决策。维也纳医科大学

---

①　30 Jahre Ethikkommission der Medizinischen Universität Wien: Garant für integre und transparente Forschung. Wien Klin Wochenschr (2008) 120: 645-646.

②　Medizinische Universität Wien. Good Scientific Practice -Ethik in Wissenschaft und Forschung-Richtlinien der Medizinischen Universität, MedUni Wien, 2013. http: //www. meduniwien. ac. at/homepage/content/organisation/universitaetsleitung/rektorat/vizerektorin-fuer-klinische-angelegenheiten/good-scientific-practice/.

③　Antikorruptionsrichtlinien, http: //www. meduniwien. ac. at/homepage/schnellinfo/antikorruptionsrichtlinien/.

的这些机构与相关规章规定一起，形成了一个系统的应对科研不端与学术腐败的治理体系。辛佛案件得到及时、有效的处理，与这样一个运作体系是直接相关的。如在辛佛就大学行政管理委员会的决定进行公开的辩护与反驳之后，大学咨询委员会立即就此事做出了回应，明确表明该委员会完全赞同大学行政委员会的决定，指出，辛佛在获得综合治疗学博士学位时就意味着他应当终生遵守学术规范，而辛佛的行为对学术造成了严重的伤害。

就像《柳叶刀》（The Lancet）杂志的主编萨宾·克莱内特（Sabine Kleinert）所强调的那样，科研机构对维护科研诚信起着最重要的作用。"基金机构、国家实体、杂志虽然制定了科研诚信的原则和出版伦理，但是他们不能适用于每个研究者，也不能直接避免科研不端行为。对维护科研诚信作用最重要的是科研机构"①。学术腐败、科研不端问题要得到及时、有效的处理，仅靠政府、基金机构、杂志的外在约束是不够的，科研单位作为案件的发生源头单位，应当建立起良好的预警与治理体系，才能从根本上使学术腐败、科研不端问题得到有效的遏制。

当前我国的学术腐败问题可以说已经是相当严重，在一定程度上败坏了学术风气，影响了科研、教育事业的良性发展，并对社会造成了一定的不良影响。遏制学术腐败已成为全社会的呼声和迫切要求。然而我国的学术腐败问题多、涉及面广、形式多种多样、情况错综复杂、处理难度大，要在短时间内尽快解决这些，就必须既要尊重本土实际，又要广泛借鉴他国经验。辛佛案是近些年来奥地利学术史上发生的最大、最著名的一个学术腐败案件。案件发展始末展示出来的维也纳医科大学治理学术腐败的机制值得我们学习和借鉴。

---

① Good Scientific Practice -Ethik in Wissenschaft und Forschung-Richtlinien der Medizinischen Universität, http://www.meduniwien.ac.at/homepage/content/organisation/universitaetsleitung/-rektorat/vizerektorin-fuer-klinische-angelegenheiten/good-scientific-practice/.

第三节 挪威

挪威也是建立了国家统一的科研不端行为调查机构的国家，并且国家科研不端行为调查委员会是基于法律建立的。挪威教育和研究部根据2006年6月30日颁布的挪威第一部关于研究伦理和诚信的法律——《研究伦理和诚信法》（*Act on Ethics and Integrity in Research*）——设立了国家科研不端行为调查委员会。该委员会的主要职责是负责调查挪威境内以及主要由挪威资助的境外严重的科研不端行为指控，并作为国家组织与国际科研诚信组织合作。与丹麦和奥地利国家科研诚信委员会不同，挪威国家科研不端行为调查委员会只负责对严重的科研不端行为案件的调查，制裁是由案件发生所在的科研机构做出的。针对国家调查科研不端行为调查委员会调查结论的上诉可以向教育和研究部提出，教育和研究部任命一个特别委员会来处理上诉。此外，在国家层面，国家研究伦理委员会与国家科研不端行为调查委员会合作在预防科研不端行为方面发挥着重要作用。到目前为止，两个委员会的工作人员同处在一个办公大楼内。其中，国家研究伦理委员会下属的国家科学与技术研究伦理委员会（The National Committee for Research Ethics in Science and Technology，NENT）在防止科学和技术领域，包括工业、农业和渔业研究，包括医学未涵盖的生物技术和基因技术领域科研不端行为方面工作尤其突出。

挪威大学的科研机构在科研诚信建设方面与国家层面的积极作为形成反差，尽管教育和研究部2017年新修订的《研究伦理和诚信法》要求科研机构设立独立的科研诚信监察员（科研诚信专员），但是迄今为止真正设立专门的科研诚信监察员的大学仍然寥寥无几，大学通常也不制定自己的科研诚信政策和相关程序。不过，挪威的大学普遍重视科研伦理和科研诚信的教育，不同的高校根据自身情况或开设专门的课程、或举办有关的研讨会、或建立专门的伦理案例网站，或以上形式兼而有之①。鉴于《国外科研诚信制度与管理》一书对挪威大学的科研诚信建设以及教育状况有简要明了的介绍和梳理，近 5 年来挪威这方面的情况又几乎没有发生重大变化，本章对这大学和科研机构层面的科研诚信建设略去不谈，仅专门探讨挪威国家层面的科研诚信建设状况。

一、有关科研诚信的法律法规

挪威是一个重视法律法规建设的国家。国家层面科研诚信机构的设立及其职能、研究伦理一般准则，甚至是具体法规的制定都有明确的法律依据。此外，挪威国家研究伦理委员会还颁布了一系列研究伦理准则，以便科研人员方便获悉本领域应遵守的科学实践行为细则，同时为有关机构实施对科研不端行为和有问题的研究实践的调查及其制裁提供依据。

《研究伦理和诚信法》

由教育和研究部研究制定并发布的《研究伦理和诚信法》（2006 年 6 月 30 日颁布）是挪威第一部关于研究中的道德和诚信的法律。该法案着眼于研究伦理工作的两个方面：第一个也是最重要的是促进良好的研究伦理，另一方面是预防和处理研究中的不端行为。该法案确立了三个不同的国家专业研究伦理委员会、国家科研不端行为调查委员会以及医疗和健康研究伦理区域委员会（The Regional Committees for Medical and Health Research Ethics，REK））的职责和责任。该法案的最新修订版自 2014 年起着手修订，为此教育和研究部会见了 15 个国立大学和学院，对它们使用的伦理体系进行了询问和情况汇总。基于新的实际情况修订的新版本于 2017 年 5 月生效，根据新法律规定，国家医学与健康研究伦理委员会、医疗和健康研究伦理区域委员会和国家调查科研不端行为调查委员会是决

---

① 详见：主要国家科研诚信制度与管理比较研究组课题编著：《国外科研诚信制度与管理》，科学技术文献出版社 2014 年版，第 50—151 页。

策机构，而国家科学技术伦理委员会和国家社会科学和人文科学研究伦理委员会是咨询机构①。该法律还明确界定了科研不端行为，规定了科研机构的责任。该法律规定，科研不端行为是指在研究的规划、实施或报告中有意或严重疏忽导致的伪造、篡改、剽窃和其他严重违反公认的研究伦理规范的行为。科研机构应确保机构的研究按照公认的研究伦理标准进行。具体负责：根据公认的研究伦理标准对候选人和员工进行必要的培训；确保任何参与研究的人都熟悉公认的研究伦理标准；制定处理可能违反公认研究伦理标准的案例的指南；处理科研不端行为案件；设立伦理委员会。伦理委员会成员必须具备研究、伦理和法律方面的必要专业知识；委员会必须至少有一名不受该机构雇用的成员②。

在挪威，有关科研伦理与科研诚信的法律还有：关于科研机构受理科研不端行为案件指控和调查的法律——《工作环境法》（*the Working Environment Act*）；关于实验中使用动物的法律——《动物福利法》（*the Animal Welfare Act*）、《基因技术法》（*the Gene Technology Act*）等。

《国家研究伦理委员会一般准则》

《国家研究伦理委员会一般准则》（*General Guidelines for Research Ethics*）由挪威国家研究伦理委员会于 2014 年编写，它适用于所有科学研究领域，但不能取代具体科学领域的专业准则。

《国家研究伦理委员会一般准则》的首项内容是，陈述所有科研机构和科研人员从事科学研究应遵守的四条基本原则，即：尊重、好的结果、公平和诚信。这里的"尊重"，主要是指科研人员或科研机构对信息提供

---

① The first Act on ethics and integrity in research，https：//www. etikkom. no/en/library/practical-information/legal-statutes-and-guidelines/act-on-ethics-and-integrity-in-research/？ ＿ t ＿ id ＝ 1B2M2Y8AsgTpgAmY7PhCfg％3d％3d＆ ＿ t ＿ q ＝＋investigate＋research＋integrity＆ ＿ t ＿ tags ＝ language％3aen％2csiteid％3aa8caa3c9-2223-4137-b8d2-d8cbdc26b909＆ ＿ t ＿ ip＝119. 109. 20. 246＆ ＿ t ＿ hit. id ＝ Etikkom ＿ Core ＿ Models ＿ PageTypes ＿ FBIBarticlePage/ ＿ d98a15f0-46e1-479a-8e65-980cfc65e1d0 ＿ en＆ ＿ t ＿ hit. pos＝4.

② Lov om organisering av forskningsetisk arbeid（forskningsetikkloven），https：//lovdata. no/dokument/NL/lov/2017-04-28-23？ q＝forskningsetikk.

者或其他参与研究的人员的尊重。"好的结果"是指研究人员或科研机构应设法确保他们的科研活动产生好的结果，如果产生不利后果，则任何不利后果都在可接受的范围内。"公平"是要求所有研究项目均应公平设计和实施。"诚信"是要求研究人员应遵守公认的规范，并对其同事和公众负责，公开、诚实地行事[①]。

《国家研究伦理委员会一般准则》的主体内容是，规定所有科研机构和科研人员从事科学研究应遵守的 14 条伦理准则，即：寻求真理、学术自由、质量、自愿的知情同意、保密、公正、诚信、良好的引文实践、合议制、机构责任、结果的有用性、社会责任、全球责任、法律法规。"寻求真理"规则要求科研活动遵守诚实、开放、系统化和存档这一基本条件，以实现寻求真理这一一切科研活动的目的。"学术自由"规则要求科研机构应协助确保研究人员在选择研究主题和研究方法，以及研究过程和发表结果的自由；委托机构不应干涉研究方法、研究过程和出版的自由。"质量"是指研究应该追求高学术质量；研究人员和机构必须具备必要的能力，能够设计相关的研究问题，进行适当的方法选择，并确保在数据收集、数据处理和材料的保管/存储方面实施合理、适当的措施。"自愿的知情同意"规则要求同意应该是明确的、真正自愿的和有记录的。"保密"规则要求对那些成为研究对象的人的个人信息保密。研究人员必须防止任何可能对作为研究对象的个人造成伤害的信息使用和传播，否则研究人员应受法律的惩罚。"公正"规则要求研究人员角色和关系的公开，避免混淆角色和关系，引发利益冲突。"诚信"规则要求研究人员对自己研究的可信度负责；伪造，篡改、剽窃和类似严重违反良好学术实践的行为是不允许的。"良好的引文实践"规则要求研究人员的引文实践符合可验证性要求，并为进一步研究奠定基础。"合议制"规则要求研究人员之间必须互相尊重，必须就数据的所有权和共享、作者身份、出版物，同行评审和

---

① General guidelines for research ethics，https：//www.etikkom.no/en/ethical-guidelines-for-research/general-guidelines-for-research-ethics/.

一般合作的良好做法达成一致并遵守这些协议。"机构责任"要求机构负责确保遵守良好的科学实践，并建立处理涉嫌违反伦理研究规范案件的机制。"结果的有用性"规则要求研究结果应该公开、可验证。"社会责任"规则要求研究人员有独立的责任确保他们的研究对研究参与者、相关群体或整个社会有益，并防止其造成伤害。"全球责任"规则要求研究应该有助于抵消全球不公正和保护生物多样性。"法律法规"规则要求研究人员和科研机构必须遵守研究领域的国家法律法规以及适用的国际公约和协议①。

二、国家层面的科研诚信机构的设立及其主要职责

2006 年 6 月 30 日颁布、2007 年 7 月 1 日生效的《研究伦理和诚信法》是挪威第一部关于研究中的道德和诚信的法律，该法案确立了三个不同的国家专业研究伦理委员会以及国家科研不端行为调查委员的任务和责任。该法还确立了医疗和健康研究伦理区域委员会（The Regional Committees for Medical and Health Research Ethics，REK））的职责和责任。2008 年挪威教育和研究部根据国家医学与健康研究伦理委员会（NEM）和奥斯陆大学（the University of Oslo）的提议又成立了全国人类遗骸研究伦理委员会（The National Committee for Research Ethics on Human Remain）。至此，国家伦理委员会下设 5 个委员会，它们分别是国家医学与健康研究伦理委员会（NEM）、国家社会科学和人文科学研究伦理委员会（NESH）、国家科学技术伦理委员会（NENT）、国家调查科研不端委员会、全国人类遗骸研究伦理委员会。各个委员会密切合作，共同致力于维护科研伦理，预防和处理科研不端行为，推进挪威良好的科学实践行为。

---

① General guidelines for research ethics, https：//www. etikkom. no/en/ethical-guidelines-for-research/general-guidelines-for-research-ethics/.

国家科研不端行为调查委员会

国家科研不端行为调查委员会（The National Committee for the Investigation of Research Misconduct）是根据 2007 年 7 月生效的《研究伦理和诚信法》设立的，委员会成员由教育和研究部根据挪威研究理事会的提议任命，由 7 名成员和 4 名替补人员组成，至少有一名成员应来自国外，委员会主席应具有司法背景。所有成员任期均为四年，可连任两届。委员会的主要责任是评估严重的科研不端行为指控，并就是否发生任何科研不端行为发表意见。该委员会的调查对象包括所有在挪威境内私人或公共科研机构开展的研究，以及由挪威机构雇用的或者大部分资金来自挪威的国外科研机构开展的研究。委员会只接受实名举报的严重科研不端案件，对匿名举报的案件，委员会秘书处提供一般性指导，告知在何处获得进一步行动的信息等。委员会只针对严重的科研不端案件开展调查，得出调查结论，不负责对不端行为当事人的制裁，制裁由不端行为当事人所在机构做出，当然制裁决议要以国家科研不端行为调查委员会的调查结论为依据。制裁决议与国家科研不端行为调查委员会的调查结论有偏离的必须说明理由。科研不端行为案件的初步调查以及轻微的科研不端行为或有问题的研究行为的调查和制裁均由所在机构负责。

委员会每年发布年度报告，对一年来受理和调查的科研不端案件、出现的新问题、国际合作进展等情况进行总结汇报。年度报告中主要汇报案件的举报和处理过程、案件的性质、调查结论等，对疑似科研不端行为的当事人及其所在机构均做匿名处理。在该委员会的挪威语版网站上张贴了2008 至 2014 年的年度报告。根据年度报告，在 2008 至 2014 年期间，该委员会共受理 67 起涉嫌科研不端行为案例，其中 40 起涉及伪造、篡改和剽窃，17 起被证实为不端行为或违反了良好的科学实践规则。

国家科研不端委员会在国家层面与国家研究伦理委员会合作，特别是在预防科研不端行为方面。并且，两个委员会办公室同在一幢办公大楼内。如调查委员会成员参加了国家研究伦理委员会年会，讨论欧盟即将出台的隐私法和研究伦理评估；两个委员会还联合收集与开放文化相关的研究伦理问题，包括对不端行为问题的宣传程度及其在一些国家的制裁的资料和数据，等等。

委员会还通过组会会议、小型见面会等形式，与大学、科研机构的科研人员和领导就处理某些特定案例的经验、大学在预防活动和促进具体案件工作方面的经验等问题进行交流，并为大学和科研机构提供建设性意见。

此外，国家科研不端行为调查委员会代表国家与国际科研诚信组织合作。如 2014 年委员会秘书处主要是通过欧洲科研诚信办公室网络（EN-RIO）参加了两次会议，以交流经验和讨论共同关心的问题。其中一次会议与荷兰国家科研不端行为组织举行的周年纪念会议有关。另一次是欧洲科研诚信办公室网络与欧盟委员会的代表联系，讨论对该网络可能的财政支持。秘书处领导人还参加了几次相关的国际会议。如该委员会的副主席和秘书处负责人与丹麦非委托委员会秘书处举行的会议，委员会的领导和副主席参加了由瑞典和北欧医学奖（NordForsk）组织的关于良好科学实践的专家研讨会等。

针对国家科研不端行为调查委员会调查结论的上诉可以向教育和研究部提出，教育和研究部任命一个特别委员会来处理上诉①。

国家科学与技术研究伦理委员会

国家科学与技术研究伦理委员会（The National Committee for Research Ethics in Science and Technology，NENT）成立于 1990 年。成立之初，该委员会主要负责对科学和技术领域，包括工业、农业和渔业研究进行技术评估，这项任务在 1999 年由挪威技术委员会接管。它当前的主要任务是了解并向相关领域的人员通报科学技术、工业，农业和渔业研究领域，包括医学未涵盖的生物技术和基因技术领域的伦理问题，提供有关研究伦理的建议，制定研究伦理准则，防止这些领域的科研不端行为。如

---

① About The National Commission for the Investigation of Research Misconduct (Granskingsutvalget)，https://www.etikkom.no/en/our-work/about-us/the-national-commission-for-the-investigation-of-research-misconduct/about-the-national-commission-for-the-investigation-of-research-misconduct/.

委员会先后发布了《研究与政治之间的预防原则》（øre-var prinsippet：Mellom forskning og politikk）、《科学和技术伦理指南》（Ethical Guidelines for Science and Technology，2008）、《风险和不确定性报告》（The Report Risk and Uncertainty，2009）等文件。此外，委员会还安排研讨会，出版有关研究伦理问题的报告和书籍①。

国家医学与健康研究伦理委员会

国家医学与健康研究伦理委员会（The National Committee for Medical and Health Research Ethics，NEM）由挪威教育和研究部于 1990 年成立，其前身是医学研究委员会下属的伦理委员会。国家医学与健康研究伦理委员会是区域医学研究伦理委员会的咨询和上诉机构，区域医学研究伦理委员会审查所有具体的医学研究项目，而国家医学与健康研究伦理委员会更多的是就原则问题发表意见。国家医学与健康研究伦理委员会有 12 名成员，他们分别来自医学、道德、法律、心理学和遗传学专业，此外还有具有政治或媒体经验的人。委员会成员由教育和研究部根据挪威研究理事会的建议任命，任期为四年，可以连任两届。自成立以来，委员会出台了一系列指导性、规范性的文件。早期的如《遗传数据的登记，使用和再利用》（Registrering，bruk og gjenbrukav genetiske data，1993）、《关于医学研究中优先次序和资源分配的伦理考虑》（Etiske sider ved prioriteri nger og ressursdedeling i medisinsk forskning，1995）；近几年的有《对知情同意能力受损者进行研究的指南》（Guidelines for Research on Persons with Impaired Informed Consent Capacity，2005）、《向医疗或健康研究参与者付款的指南》（Guide on Payment to Participants in Medical or Health Research，2009）、《在医学和健康研究中使用人类基因检测的指南》（Guidelines for the Use of Genetic Tests on Humans in Medical and Health

---

① About NENT，https：//www.etikkom.no/en/our-work/about-us/the-national-committee-for-research-ethics-in-science-and-technology-nent/about-nent/.

Research，2016）等等①。

国家社会科学和人文科学研究伦理委员会

国家社会科学和人文科学研究伦理委员会（The National Committee for Research Ethics in the Social Sciences and the Humanities，NESH）成立于 1990 年，委员会有 12 名成员，分别是十名具有不同专业背景的成员和两名非专业的代表。委员会的主要任务是制定关于社会科学、人文科学、法律和神学的研究伦理准则。第一个该领域的研究伦理准则——《社会科学、法律和神学的研究伦理指南》（*Guidelines for Research Ethics in the Social Sciences，Law and the Humanities*）于 1993 年出版，后经多次修订，最新的版本于 2006 年出版。2003 年，委员会还制定了互联网研究指南。委员会的第二项重要任务是，对具体研究项目进行评估。委员会对涉及知情同意特别是儿童知情同意的研究项目、受保护的资源、涉及保密义务等涉及伦理问题的研究项目进行评估。此外，委员会还组织研究伦理问题研讨会等外部活动②。

全国人类遗骸研究伦理委员会

全国人类遗骸研究伦理委员会（The National Committee for Research Ethics on Human Remain）是根据国家医学与健康研究伦理委员会（NEM）和奥斯陆大学（the University of Oslo）的提议由挪威教育和研究部于 2008 年成立的。该委员会伦理评估的对象是由公共博物馆藏和收集的，或者在未来的考古学和其他调查中找到的人类遗骸组成的原材料研究。委员会的道德决策基于国家和国际机构所遵循的道德原则以及现有的立法和国际公约，如《文化遗产法》（*Kulturminneloven*）、《埋葬法》（*Gravferdsloven*）和《保护欧洲考古遗产公约》（*the Convention on the Protection of the Archaeological Heritage of Europe*）。该委员会也制定自

---

① About NEM，https：//www. etikkom. no/en/our-work/about-us/the-national-committee-for-medical-and-health-research-ethics-nem/about-nem/.

② About NESH，https：//www. etikkom. no/en/our-work/about-us/the-national-committee-for-research-ethics-in-the-social-sciences-and-the-humanities-nesh/about-nesh/.

己的指导方针。委员会由十名成员组成：2 名非专业代表和 8 名具有不同专业背景的成员。社会科学和人文科学国家研究伦理委员会（NESH）是该委员会的秘书处[①]。

三、研究伦理图书馆

挪威科研诚信建设的一大特点和长处是，国家研究伦理委员会建立了一个研究伦理图书馆（The Research Ethics Library）。该图书馆是研究伦理教育的在线资源，它不仅为挪威的科研人员，而且为其他西北欧国家的科研人员提供了关于科研诚信的重要知识库。建立该图书馆的目的是通过介绍研究伦理的主要问题，鼓励辩论和反思。该图书馆收集了 80 多篇专家撰写的关于所有学科领域的科研伦理的文章。该网站设立了网站介绍、焦点、实用信息和资源四大板块。其中"焦点"板块的前两项内容都是关于科研诚信的，它们是"诚信和合议制"与"作者和共同作者"。"诚信和合议制"部分讨论的内容涉及：欺诈和剽窃，指导和合议制，披露公共利益，以及学术引文实践中的灰色地带。"作者和共同作者"则将所有学科领域的研究分为三大研究领域讨论了每个领域的作者和共同作者问题：医学和健康研究的作者和共同作者问题，数学、科学和技术的共同作者问题，社会科学、法律、神学和人文科学的共同作者问题[②]。

欺诈和剽窃

本栏目是从介绍挪威、欧洲和日本著名的科研不端行为案例入手，主要涉及五个问题。

第一，本栏目给出了科研不端行为的定义，说明了科研不端行为定义的法律依据，分析了科研不端行为的严重程度，区分了科研不端行为与有问题的研究行为，指出了科研不端行为的危害。此处对于科研不端行为定

---

① The National Committee for Research Ethics on Human Remains，https：//www. etikkom. no/en/our-work/about-us/the-national-committee-for-research-ethics-on-human-remains/.

② The Research Ethics Library，https：//www. etikkom. no/en/library/.

义的法律依据是上文提到的《研究伦理和诚信法》，其定义与该法的定义相同，具体内容见上文。此处关于科研不端行为的严重程度指出，在三类严重的科研不端行为，即伪造、篡改和剽窃中，在挪威程度最严重的是剽窃；此外，有问题的研究行为虽然在性质上不如以上三类严重的科研不端行为恶劣，但是数量巨大远远超出前三者，需要严肃对待。此外，此处还就各国关于科研不端行为的定义做了概括性地评价，指出各国的定义差别很大，没有统一规定，但在概念的核心内容上基本一致，即美国科研诚信办公室采用的伪造、篡改和剽窃。有问题的研究行为，主要包括：遗漏数据、未能存储数据、遗漏相互矛盾或否定的观察；一稿多发或一个数据（结论）多用；一篇文章拆分为多篇短而小的文章发表①，以及作者署名不规范等。

第二，本栏目还单独探讨了剽窃的定义、危害、历史渊源、性质、制裁措施及其现状和发展趋势。此处指出，剽窃的性质虽然不像伪造和篡改那样恶劣，但也属于科研不端行为的范畴，而非有问题的研究实践或研究不当行为。但是在挪威，剽窃是占主导的科研不端行为，大大超过伪造和篡改之和。"特别重要的是要注意到，从广义上讲，过去八年中，所有已经证实的某种形式的科研不端行为的案件主要集中在剽窃上"②。对轻微的属于有问题的研究行为的剽窃的制裁通常是撤销出版物，无论剽窃是否是疏忽或故意犯下。对严重的被认定为科研不端行为的剽窃制裁要严厉地多。此处还指出，在挪威，大学考试中出现了一些剽窃案件，但是学生们不认为这是一个重要的问题；更糟糕的是，负责机构未能立即实施制裁。不仅在挪威，而且在许多其他国家，剽窃似乎是一个日益严重的问题。

第三，本栏目专门说明了预防的措施，包括：坚持良好的科学实践、及时公正地处理严重的科研不端案件、谴责有问题的研究行为、进行科研诚信培训和教育、督促学者们遵守良好的作者指南等。

---

①　所谓的"萨拉米香肠切片（salami slicing）"

②　Fraud and plagiarism，https://www. etikkom. no/en/library/topics/integrity-and-collegiality/fraud-and-plagiarism/.

第四，本栏目强调确保维护良好做法的主体责任在于科研机构，特别是大学和学院。它要求科研机构必须提供有关科研诚信的具体培训，从而使学生和博士学者熟悉良好的研究实践，并指出了提出这一要求的法律依据（《研究伦理和诚信法》，2017）；它要求科研机构和地方管理机构，应该不断地公开讨论道德和诚信问题，把它作为整个研究活动的一部分，并在任何不幸事件发生之前尝试干预。

第五，本栏目设置了"怀疑与举报"条目，指出了科研人员的举报义务及其法规依据（《国家科学与技术研究伦理委员会伦理准则》，2005），建议科研机构制定保护举报人的规则、设立独立的监察员（科研诚信专员），并要求科研机构依据新法案（《研究伦理和诚信法》，2017）对不太严重的科研不端行为自行开展调查[①]。

指导与合议制

这个主题涉及的主要是顾问与咨询者的关系，以及同事之间的关系。

顾问和咨询者既可以是导师和学生（主要是这一类），也可以是项目负责人与项目参与人，团队领导与团队成员，还可以是专业的科研诚信顾问与科研机构的成员。"指导与合议制"强调，指导的重点是咨询者的最佳利益。顾问通过与咨询者的互动，利用他们的专业知识、地位和兴趣，帮助咨询者加强和进一步发展工作。为了保证咨询者的最佳利益，顾问应给予咨询者足够的时间和空间，让咨询者在顾问面前不受顾问观点的束缚，阐明和进一步发表自己的观点，顾问不得滥用其权力获得有利于个人或专业发展的资料或信息。当咨询者的研究兴趣与顾问自身的利益重叠时，如果顾问在咨询者的工作完成之前使用咨询者的研究数据或结论，则必须获得咨询者的明确同意。顾问和咨询者也可以选择合作。

合议制着眼于处理同事之间的关系。同事之间通常按照团结、尊重和忠诚的原则相处，但是对这些相关原则的坚持不应以损害研究对象，特别

---

① Fraud and plagiarism，https：//www.etikkom.no/en/library/topics/integrity-and-collegiality/fraud-and-plagiarism/.

是患者或受试者的健康为代价。研究人员既要遵守科学研究专业领域的内部标准，也要遵守外部标准，防止对受研究影响的人造成伤害①。

举报科研不端行为案件

该栏目说明了受理科研不端行为案件举报的责任机构，以及举报人在考虑举报时优先选择的部门。举报科研不端行为案件是一种高风险行为。一旦举报信息泄露或处理不公，即使举报者是被举报者的同事，举报者也有可能被污蔑为诽谤，甚至是遭到孤立或打击报复。这种担心并不是空穴来风，而是曾经现实地发生过。如果举报者是被举报者的下属或学生，他们极有可能承受额外的压力。即使举报者是被举报者的上级也会由于顾及对自己以及所在科研机构的声誉的影响而顾虑重重。因此，尽管举报行为在理论上应该最先是出自与之竞争的研究小组的研究人员、一位亲密的同事或者从事该研究的博士生或硕士生；但在实践中情况却错综复杂。因此国家伦理委员会建议，举报者除了向科研不端行为案件发生的科研机构提出指控外，也可以直接向国家科研不端调查委员会提起指控。国家研究伦理委员会不建议，举报人直接向媒体揭发科研不端行为。委员会认为首先向媒体揭发科研不端行为，可能会把舆论的焦点指向举报人，而举报人将不得不承受随后的一系列反应。如果欺诈的怀疑也被其他人核实，那么这个问题通常会在以后被媒体收集，此时可能更容易处理。

本栏目还说明了举报人的举报技巧和处理涉嫌科研不端行为事件的策略。声称科研不端行为已经发生与怀疑为科研不端行为的责任是不同的，对前一种情况要求举报人的举证责任，而对于后一种情况举报人可以邀请负责受理的人员和机构为自己证实此事的真伪。无论哪种方式，对于举报人而言重要的都是尽可能地收集他认为是科研不端行为的具体证据。此外，如果打算举报的相关人员的级别高于被举报人员，准举报人可与之直接谈判，在当地解决问题。如果发现一位好朋友欺诈行为，可能很难进行

---

① Guidance and collegiality, https://www.etikkom.no/en/library/topics/integrity-and-collegi-ality/guidance-and-collegiality/.

举报，但是仍建议准举报人帮助朋友自己解决这个问题，以避免被其他人抓住，并带来所有可能带来的问题①。

四、全国科研诚信调查

为了了解全国科研人员的诚信状况，并有针对性的加强治理科研不端行为中情况严重的部分，找出促进良好的科学实践的因素，挪威国家伦理委员会和有关机构联合组织了面向挪威的所有科研人员的科研诚信调查。挪威在所有学术领域开展的全国性科研诚信调查在本领域可谓"历史悠久"，已有20多年的历史。最近的一次科研诚信调查结果在2018年发布。本次调查是收集了近7，300名研究人员回答的一份关于对不端行为和有问题的研究实践的态度、发生情况以及研究伦理培训的国家调查问卷。这次调查是以挪威国家研究伦理委员会（FEK）和卑尔根大学（UiB），西挪威应用科学大学（HVL）之间的合作研究项目——"挪威科研诚信"（"RINO-Research Integrity in Norway"）的形式开展的。这次调查的目的旨在绘制伪造、篡改和剽窃（FFP）以及有问题的研究实践（QRP）的程度、态度和认识；并通过定性研究进行补充，同时也探索不同科研机构如何促进科研诚信，以及哪些条件有助于加强科研机构的研究伦理工作。调查结果分为前、中、后三期发布。第一次调查结果的发布是在2018年2月，调查报告说明了调查的执行单位、调查对象、调查目的、本期调查报告的目标和未来工作②。根据陶普（Ingrid S. Torp）在另一篇文章中的观点，报告还根据调查对象所认为的平均严重程度对不同类型的科研不端行为和有问题的研究行为进行了排名。其中伪造、篡改和剽窃被认为是最严重的不端行为，技巧性引用和策略性地将结果分解成不同出版物发表被认

---

① Public interest disclosure，https：//www. etikkom. no/en/library/topics/integrity-and-collegiality/public-interest-disclosure/.

② Ingrid S. Torp，Project to investigate research integrity among all researchers in Norway，12. February 2018. https：//www. etikkom. no/en/.

为是最不严重地违反良好的科学实践的行为[①]。

中期调查报告于 2018 年 5 月发布。该报告概述了本次调查设计的 12 种不同做法的答案，例如被调查者认为的研究中的剽窃或伪造的数量，以及对所谓的荣誉作者身份的态度。此外，该报告还提出了关于研究伦理教育、伦理准则知识和举报可疑的不端行为的常规知识的问题。国家伦理委员会还为中期报告的发布安排了专门的会议，邀请科研机构的代表对调查和调查结果进行评论，以及开放提问和讨论；并在会后安排了新闻界的代表与"挪威科研诚信"工作组的代表面谈[②]。陶普认为根据这次调查结论，可以得出：40％的受访者表示他们在过去三年内至少参与了一项有问题的做法。此外，13％的群体表示接受荣誉作者身份的风险较高。近 5％ 的受访者表示在过去三年中参与了至少三项有问题的研究实践[③]。

最后的调查报告于 2018 年 7 月发布。该报告得出了若干调查结论，主要的结论可归纳如下：

①调查对象对伪造、篡改和剽窃（FFP）问题有高度的规范性共识。绝大多数人认为这种做法是很成问题的。②调查对象认为科研实践行为违规程度越严重，该行为就越少被发现。③除少数被调查者例外，关于有问题的研究实践行为（QRP）也存在规范性共识。但与伪造、篡改和剽窃（FFP）不同，较高的比例认为有问题的研究实践行为（QRP）有些问题或根本没有问题。④各个类型的科研违规行为表现出明显的等级性，伪造、篡改和剽窃被认为是最严重的违规行为，技巧性引用和策略性地将结果分解成不同的出版物被认为是最不严重的违规行为。⑤比较显示，学科之间存在一些差异，但这些差异并不广泛。学科内的变化显然大于学科之间的差异。⑥多数被调查对象表示未接受过研究伦理方面的培训，或仅接

---

① Ingrid S. Torp，40 percent of researchers have "committed" a QRP，29. January 2019. https：//www. etikkom. no/en/.

② The Norwegian National Committees for Research Ethics，Presentation of Status report on Research integrity in Norway，May 30，2018. https：//www. etikkom. no/en/.

③ Ingrid S. Torp，40 percent of researchers have "committed" a QRP，29. January 2019. https：//www. etikkom. no/en/.

受过一天或更短时间的培训。此外，只有极少数人报告他们不了解研究伦理准则或作者署名原则。⑦对举报可疑的科研不端行为应遵循的程序知之甚少①。

五、案例：萨博不负责任的研究行为及其影响

挪威科研诚信体系的建立和发展，与挪威历史上的一起重大科研不端行为案件有密切的联系。在这起案件发生之前，挪威既没有治理科研不端行为的专门法律法规，也没有全国统一科研不端行为调查委员会。这起案件的主人翁就是医生萨博。

萨博（Jon Sudbø）是挪威奥斯陆雷迪厄姆医院（the Radium Hospital）和奥斯陆大学（the University of Oslo）的一名研究人员，曾经是一名"口腔癌专家"。他在取得奥斯陆大学医学博士后与其他合作者在医学权威期刊《柳叶刀》上发表了一项巢式病例对照研究的结果，在这篇论文中，萨博及其合作者得出结论：长期使用非胆固醇类抗炎药（NSAID）有助于预防口腔癌，这项研究显然给了口腔癌患者希望和可能。然而事情在 2005 年圣诞节期间发生了转变，经过 CONOR 督导委员会成员怀特教授仔细核对文章后发现文中于实际情况不符。2006 年 1 月 12 日，萨博向雷迪厄姆医院负责人承认发表在《柳叶刀》杂志上的论文调查对象的数据是伪造的，他同时承认至少还有两篇论文中使用了虚构数据。后来他承认在发表在"新英格兰医学杂志"（2001 年）和"临床肿瘤学杂志"（2004 年）的两篇文章中也存在伪造和篡改数据的问题。

调查发现，作为萨博的博士研究导师和首要的合作者，里斯没有充分履行自己在博士研究中的监管职责，存在对病人数据的保密方面工作不到位、对萨博论文的审查不够严格等问题。委员会还确认了萨博和里斯等人

---

① Ingrid S. Torp，New report on research integrity in Norway，03. July 2018. https：//www. etikkom. no/en/.

在研究中其他不规范行为。如按照规定，萨博和里斯向不同的科研机构搜集病人的敏感信息需事先向相关的管理部门申请相应的许可，但没有证据表明萨博等人申请过许可。还有一些研究在开展前按照规定也须经伦理委员会的评估和审议，但是委员会在调查中也没有发现他们的研究经过地方伦理委员会的事前审查。委员会还对萨博的其他合作者进行了审查，但并没有发现他们参与伪造和篡改数据的证据，正如调查委员会主席艾克波姆后来所指出的"对这起事件唯一的解释是，萨博一个人实施了伪造和篡改数据的行为，而他的合作者则很少了解他的工作"①。随着萨博事件调查结果的逐渐明朗，《柳叶刀》等刊物陆续撤销萨博及其合作者发表的论文。同时奥斯陆大学医学委员会经研究决定撤销其博士学位。2006 年 11 月，萨博的牙医和临床医生资格也被卫生监督局吊销。由于萨博的研究还获得了美国国家癌症研究院（NCI）和国立卫生研究院（NIH）的资助，所以他还与美国方面签署了《自愿排除协议》，根据该协议，萨博终身不得参与美国联邦政府各部门及联邦政府的科研项目，同时不得在公共卫生部的顾问委员会、同行评议委员会等组织任职。萨博的导师里斯及雷迪厄姆医院和奥斯陆大学也因萨博的研究监督和管理不力而受到批评。

虽然挪威自 20 世纪 90 年代初就开始建立研究伦理国家委员会体系，但主要负责为研究团体、政府部门和公众提供研究伦理问题方面的咨询服务及相关伦理指南的制定发布等，该委员会并没有处理科研不端问题的权力。医学研究领域由于其特殊性而更多由医药健康研究的法律规范所调整。

萨博科研不端行为案件发生后，雷迪厄姆医院和奥斯陆大学都被批评为"缺乏对研究人员（萨博）博士项目的初步控制和组织"。雷迪厄姆医院还被批评"研究人员和其他员工缺乏培训以及处理患者材料的规则、研究项目和作者的初步评估的意识"以及"缺乏领导力和旨在揭露与处理不

---

① 　Jon Sudbø，https：//en. wikipedia. org/wiki/Jon _ Sudb％C3％B8.

符合其议事规则的惯例"。萨博科研不端行为案件还产生了不良的国际影响[①]。为消除这起科研不端行为的国际影响，提高应对科研不端行为的能力，营造有利于本国科学研究活动良性发展的学术生态环境，2006 年 6 月，挪威颁布了《研究伦理与诚信法》法案。随着该法案的颁布，挪威成立了国家科研不端行为调查委员会，挪威的绝大多数科研机构也开始制定和执行相应的预防和处理科研不端行为的规范。

第四节　瑞典

瑞典的科研诚信建设在北欧国家中可以说是起步较晚的。同其他北欧国家的发展历程类似，它也经历了从科研伦理到科研诚信建设的发展历程。直到 2019 年 9 月 1 日瑞典才建立起全国统一的科研不端调查机构。2010 年之前，科研不端事件的调查主要由各高校的伦理委员会组织调查。2010—2019 年，瑞典中央伦理审查委员会建立的科研不端行为专家组，作为独立的调查机构帮助大学和科研机构调查科研不端事件。

一、从科研伦理到科研诚信

瑞典科研诚信建设也经历了从科研伦理到科研诚信建设的发展历程。

（一）有关研究的法律和伦理规范

瑞典重视科研伦理问题同样可以追溯到第二次世界大战期间纳粹对人的残酷且经常致命的实验。1947 年"纽伦堡行为准则"以及 1964 年的《赫尔辛基宣言》推动了世界科研伦理的发展，《赫尔辛基宣言》更是对国家立法产生了重大影响，瑞典也不例外。1996 年"欧洲委员会人权和生

---

① Jon Sudbø，https：//en. wikipedia. org/wiki/Jon_Sudb%C3%B8.

物医学公约"规定了如何进行和开展医学研究的伦理测试。2001 年欧盟委员会针对本地区如何实施临床试验出台了新的伦理准则（Directive）。该准则完全基于已制定的质量体系，同时涉及加强对儿童或无完全行为能力成人的伦理保护。该准则于 2004 年 5 月 1 日起在欧盟国家中正式执行，其作用在于确保 25 个欧盟国家采用类似的方式及步骤实施临床试验及伦理审查。

为了使瑞典能够批准该公约，需要对科研伦理审查进行法律规定。2003 年瑞典通过了第一个伦理审查法案——《人体研究伦理审查法案》（英语：the Ethical Review of Research Involving Humans，SFS 2003：460)，并于 2004 年得以实施。该法案不仅限于临床试验，还包括了人体研究，同时涉及有关死者、人体生物标本的研究，以及对有关敏感信息，可能违反法律的私人信息的研究。该法案还规定了：哪些项目必须经过理事会审查；这些项目的哪些部分需要审查，哪些项目需要审批；以及；理事会的组成方式。该法案的目的是保护个人并确保在研究中尊重人的尊严，但仅限于研究的某些方面，没有职业道德方面的规定。该法案于 2008 年第一次修订，最新修订于 2016 年完成。

此外其他一系列法律的出台，对保护人的尊严和动物福祉提供了法律依据。

2003 年，"医疗保健法案"（英语：Biobanks in Medical Care Act）在瑞典生效。该法案规定了医疗保健中采集的人体生物材料如何在个人诚信方面进行储存、处理和使用。在收集样本进行研究之前，需要获得伦理批准。

《新闻自由法》（The Freedom of the Press Act）载有公共当局存储的公共文件的规定。起点是公共文件向公众开放，并且普通公众对这些文件的访问可能仅限于该法案第 2 章第 2 节中列出的目的。其中一个目的是保护个人的个人信息或财务状况。

《公共信息和保密法》（the Public Access to Information and Secrecy Act，SFS 2009：400）规定了数据保密的问题。该法案包含适用于在健康

和医疗保健，研究活动和公共机构进行的其他活动框架内处理个人数据的规定。根据该法案，在公共机构工作的人员有义务提供专业保密，如果根据该法案规定范围内的保密数据，则不得披露数据；同时如果是公开数据则必须按要求披露。

《个人数据法》（英语：*the Personal Data Act*，SFS 1998：204）规定，研究如果涉及有关种族、族裔、政治观点或宗教信仰或个人数据的信息，以及处理敏感的个人数据、包括刑事案件判决的信息都应进行道德审查，无论数据是如何收集的以及研究人员是否已获得参与者的同意。

《档案法》（英语：*the Archives Act*）对科学研究中获得或生产的所有公共文件都应存档，研究人员不得自行决定销毁哪些研究材料或文件。

《瑞典动物研究保护法案》（英语：*the Swedish Animal Protection Act*，SFS 1988：534，也称：*Animal Welfare Act*）规定所有使用动物的研究都需要获得道德批准。这不仅包括作为实验一部分的活动物，还包括仅为获得器官而进行进一步实验而杀死的动物。根据瑞典农业委员会规定，实验室研究动物是指用于科学研究、疾病诊断、药物或化学产品开发和制造，某些教育和其他类似目的的动物。

然而法律所涵盖的内容是有限的，只有在法案规定范围内的项目才能根据上述法案进行审查。大量的在道德上有问题的研究不包括在法案所描述的范围内，也就不能根据上述法案进行审查。根据该法案规定，不使用个人敏感数据且不涉及身体侵犯，旨在影响身体或心理上的受试者，或具有明显的伤害受试者风险的研究不予审查。但这并不意味着可以在不考虑道德方面的情况下进行这类研究。研究人员不应在不提供信息和获得知情同意的情况下进行此类研究，不得在已发表的作品中揭示受试者的身份。申请国家或国际研究资助机构的支持，或试图在国际期刊上发表文章，通常要求对项目进行伦理审查。如果不能审查超出法律规范的项目，则不能在国际上发表这些项目的报告。为了避免出现这种不良后果，伦理审查委员会引入了《咨询声明》（*Advisory Statement*，*Ordinance*，SFS 2007：1069）与《地区伦理审查委员会指南》（*Instructions for Regional Ethics*

Review Boards)。在这种情况下，伦理审查委员会不会根据法律进行审查，而是根据研究人员提供的描述和研究的共同伦理标准（*the Common Ethical Criteria*）对项目进行伦理审查。

（二）从伦理审查委员会的兼理到独立的科研不端委员会

瑞典伦理审查委员会的建立与美国国立卫生研究院的资助有着一定的联系。1966 年，美国国立卫生研究院决定，任何获得国立卫生研究院财政支持的人体研究项目都必须进行伦理审查。从美国国立卫生研究院获得资助的瑞典研究小组的研究工作推动了瑞典研究伦理审查委员会的建立。① 2004 年根据《人体研究伦理审查法案》规定，瑞典设立了 1 个中央伦理审查委员会和 6 个地方伦理审查委员会。伦理审查委员会的活动接受议会监察员和司法大臣办公室的监督管理，并接受由瑞典研究理事会提供的培训。

中央伦理审查委员会（Central Ethics Review Board，CEPN）设立于斯德哥尔摩的瑞典研究理事会（the Swedish Research Council）②。所有的成员由政府任命，并由现任或离任的法官担任主席。现任的委员会有七名成员，代表伦理、法律、医学和健康、自然和工程科学以及人文和社会科学领域。中央伦理审查委员会主要任务有三项：①调查申请人对地区伦理审查委员会决定提交的上诉；②审查地区审查委员会内部出现意见分歧时移交的材料；③对地区机构是否遵从伦理审查法案进行监督管理和指导。

地区伦理审查委员会（Regional Ethics Review Board，REPN）的任务是执行伦理审查。负责审查的是独立的专家，他们被分成 2 个或更多的部门。至少有一个部门专门负责审查医学领域的研究（药物、药理、齿科、

---

① https：//www. government. se/press-releases/2018/06/new-procedure-for-handling-alleged-research-misconduct/.

② 瑞典研究理事会是瑞典最大的基础研究资助机构，为所有科学领域最高学术质量的研究项目提供支持。资金分配用于研究项目、基础设施、研究金、研究环境以及各种类型的国家和国际合作。瑞典研究理事会是由理事会指导的政府机构，该理事会主要由活跃的研究人员组成。

医护及临床心理），而另一个部门负责审查其他领域的研究。

地区伦理审查委员会在瑞典全国按照地理位置分布，设立于各地区的一些大学内。每个地区伦理审查委员会负责对本地区的研究进行审查，每个研究者应向研究开展所在机构提交申请。多中心研究应向主要研究者所在的地区伦理审查委员会提交申请，一旦通过则在全国各地均有效。

地区审查委员会的主席由一名现任或离任的法官担任，每个委员会中有 10 名成员具有科学背景（包括 1 名秘书），5 名成员不具有科学背景，代表普通民众。所有成员皆由政府任命。

伦理审查委员会审查的事项及一般工作方法

在瑞典，每项涉及伦理问题的研究，至少临床试验，都由两个独立的组织——伦理审查委员会及政府监管部门同时进行审查，且双方不存在上下级关系，而是由公开的权威人士，各自独立的进行审查工作。

在临床研究向伦理审查委员会申请伦理审查的同时，按照瑞典的法律，必须同时向政府监管部门提交申请。伦理委员会需要审查的事项主要包括：

"临床试验与其设计的相关性

对预期利益及风险的评估研究方案

研究者及相关人员的资质研究者手册

研究设施的质量

知情同意书的措辞及完整性获得知情同意的过程

当出现伤害或死亡时的赔偿

研究者和申办者是否有责任保险

研究者和受试者的补偿及如何支付受试者的招募

指令同时强调了在试验实施之前，权威人士应对下述方面进行审查：

临床试验与其设计的相关性

对预期利益及风险的评估研究方案

临床前研究的评估

前期临床研究的评估研究药物

统计方法

告知受试者的书面信息"①。

根据丹尼尔森（Gunnar Danielsson）的介绍，在瑞典，向伦理委员会和向政府监管部门提交的申请基本相同。虽然审查内容从原则上讲，伦理委员会和政府监管部门审查的内容各有所偏重，但又有不少共同的内容，且一方的通过以另一方的通过为基础，因此双方的沟通和配合十分必要。"原则上，双方的申请表类似，尽管伦理委员会会要求一些额外信息；背景资料相同但需向政府监管部门提交附加的临床前及研究药物的资料；双方审查所需的时间相同且通过审查的决定均基于对方也通过的基础上。原则上，伦理审查是从伦理角度对研究进行评审，如对受试者的影响；而政府监管部门则注重于科学性的评审，如对人群或社会的影响。然而，一些项目双方都需审查，如临床研究的相关性、研究设计、利益风险的评估、研究方案以及知情同意书。因此，双方有可能存在潜在的分歧。因此，双方进行充分的沟通和互相配合是非常必要的，而这可能会造成繁琐的官僚程序，首先做出决定的一方要通知对方，提供信息及修正意见等。在瑞典，会定期召开伦理委员会及政府监管部门的会议，便于双方就共同关心的问题进行讨论并取得共识。另一方面，从民众的利益出发，可能更希望有两个组织同时对研究进行审查，而双方的争论有利于加强审查并确保受试者的安全"②。

今天，随着大数据和信息技术的发展，瑞典的伦理审查形式和机构又发生了重要的改革。从2019年1月1日起所有伦理审查申请将以数字方式在Prisma系统上提交。然后由伦理审查局（Etikprövningsmyndigheten）具体分配审查任务。伦理审查局的总部设在乌普萨拉（Uppsala），瑞典的伦理审查局共有12个部门，其中6个部门进行医学研究伦理方面的审查。

---

① Gunnar Danielsson：《瑞典伦理委员会的管理介绍》，《中国医学伦理》2007年第2期，第30—31页。

② Gunnar Danielsson：《瑞典伦理委员会的管理介绍》，《中国医学伦理》2007年第2期，第30—31页。

这些部门位于哥德堡（Göteborg）、林雪平（Linköping）、隆德（Lund）、斯德哥尔摩（Stockholm）、于默奥（Umeå）和乌普萨拉（Uppsala）。其工作成员是从高等教育机构招募的，每个部门还有公众代表。中央伦理审查委员会更名为伦理审查上诉委员会。瑞典教育部认为，新系统和新机构的成立可以在全国范围内更均匀地分配伦理审查申请，并减少地区委员会独立审查情况下导致的评估差异；研究申请不再直接提交给当地的伦理审查委员会进行审查，还可以部分避免经常发生的冲突。[①]

根据"高等教育条例"（SFS 1993：100）规定，科研不端行为的调查处理主要是各高校自己的事情。但伴随着国际和瑞典国内被揭发的科研不端案件数量的增加，瑞典政府和学界也认识到，治理科研不端行为的重要性和复杂性。自 2010 年 1 月 1 日起，中央伦理审查委员会设立了一个科研不端行为专家组，作为独立的调查机构帮助大学和科研机构调查科研不端事件。瑞典研究理事会认为独立的调查机构可以确保调查的公正性，大学调查内部事务，有时会引起令人质疑的情况[②]。不过，2018 年 6 月 15 日，教育部向政府建议并提交立法会审议：于 2019 年 9 月 1 日起，建立一个新的国家机构，即科研不端委员会，调查科研不端行为。该建议认为，科研不端行为不应该由研究组织自己调查，因为高等教育机构在调查本单位的科研不端行为事件时同时出于保护自己的声誉的目的产生不少问题；即使调查本身没有问题，利益冲突仍可能导致对高等教育机构调查的信任度降低。[③]

（三）中央伦理审查委员会对科研不端行为的预防和调查

根据《高等教育条例》（SFS 1993：100）第 1 章第 16 节，高校通过

---

① Welcome to the CODEX website-rules and guidelines for research，http：//www. codex. vr. se/en/index. shtml? _ ga＝2. 57962474. 1348609914. 1547516944-438874033. 1547516944.

② GOOD RESEARCH PRACTICE，https：//www. vr. se/english/analysis-and-assignments/we-analyse-and-evaluate/all-publications/publications/2017-08-31-good-research-practice. html.

③ New procedure for handling alleged research misconduct 2014-10-03. https：//www. government. se/press-releases/2018/06/new-procedure-for-handling-alleged-research-misconduct/.

书面报告或其他方式得到对研究、艺术作品或其他开发工作的不端行为的举报，必须调查这些举报。副校长最终负责高等教育机构的所有活动，因此也最终负责调查对科研不端行为的怀疑。通常的做法是举报人向部门主管或高校校长举报，然后高校校长通知副校长，由副校长处理报告并确保对案件进行调查，如果被告研究人员被判定具有科研不端行为，则应确定将实施的制裁。不过，该条例并没有规定应如何进行调查，因此调查程序取决于每个高等教育机构。自 2010 年 1 月 1 日起，中央伦理审查委员会设立了一个科研不端行为专家组，根据要求对不端行为问题提供帮助。科研不端行为专家组是完全独立的，与大学或其他科研机构没有联系，这确保了调查的公正性。但中央伦理审查委员会只就案件进行调查，并不就制裁措施发表意见，制裁措施由高校的副校长做出。这一点与挪威类似。

中央伦理审查委员会于 2017 年 6 月编写了《良好的研究实践》（*Good Research Practice*）一书，书中对科研不端的定义、调查范围和制裁措施都予以说明。

定义：瑞典研究理事会使用的科研不端行为的定义是由弗斯曼（Birgitta Forsman，2007）制定的。它指出科研不端行为意味着研究行为或遗漏-有意地或疏忽-导致伪造或操纵的结果，或者提供关于某人对研究的贡献的误导性信息。也就是说，瑞典研究理事会采用的狭义的科研不端行为概念，它不包括性骚扰、破坏他人的研究、诽谤同事等不道德行为。但"有意地或疏忽"的提法意味着该定义不仅包括有意的也包括疏忽所导致的伪造、篡改和剽窃。

预防：科学领域内"不发表就灭亡（publish or perish）"的运行机制以及世界范围内研究环境中竞争压力持续增长，催生了科研不端行为的发生。公平公正的调查和严厉的惩戒虽然可以一定程度上压制科研不端行为的发生，但这种方式毕竟是事后治理，显然这不是学界、政府甚至是普通大众希望得到的结果；事前预防，将科研不端行为消除于萌芽状态才是人们追求的理想状态。中央伦理审查委员会建议，为研究人员创造一个开放的工作环境，减少科学家个体孤立地工作的机会，同事之间相互交换意见或文本。中央伦理审查委员会认为，让每个人都知道他们的同事正在做什么，他们的工作进展如何，他们的文本在生产过程中的外观等等可以减少科研不端行为产生的几率。此外，中央伦理审查委员会还建议，通过重复实验、完善论文答辩和招聘程序等方式预防科研不端行为的发生。

调查范围：根据《高等教育条例》，大学和高等教育机构必须调查任何可疑的科研不端行为。调查过程通常是由副校长组织实施的，但是副校长认为有必要或举报人提交申请要求中央伦理审查委员会调查。副校长可以得到一份外部声明，由中央伦理审查委员会设立的科研不端行为专家组展开独立调查。

制裁措施：不端行为人所在机构对发生不端行为可以采取劳动法措施，研究理事会可以停止资助，期刊则应在一个突出的位置对情况予以说明并撤稿。

二、卡罗林斯卡医学院的科研诚信建设

卡罗林斯卡医学院（Karolinska Institutet，简称 KI）建立于 1810 年，是欧洲一流的医科大学，以国际领先的科研水平和评审颁发诺贝尔生理学或医学奖闻名于世。学院的核心任务是"致力于通过研究、教育和信息共享来全面提高人类的健康水平"。在瑞典开展的医学学术研究中，卡罗林斯卡医学院占比超过 40%，它还提供瑞典最全面的医学和保健科学教育。医学院每年在世界顶级医疗刊物上发表论文超过 4000 篇，在干细胞、神经细胞、流行病学与肿瘤研究等领域走在国际前沿。

医学院的科研诚信建设可以以马基阿里尼（Paolo Macchiarini）科研不端事件为界划分为两个阶段。马基阿里尼科研不端事件之前，医学院并没有把科研诚信建设放在重要的位置；马基阿里尼科研不端事件之后，医学院开始意识到自身在科研诚信建设方面的不足，为推进科研诚信建设，医学院设立了科学监察员（科研诚信专员）办公室，完善了良好的科学实践规章制度，重视和强化科研伦理和科研诚信教育。

（一）设立伦理委员会和科学监察员

根据瑞典政府的统一安排，卡罗林斯卡医学院不设立独立的伦理审查委员会，医学院伦理审查申请和科研不端行为举报提交给斯德哥尔摩伦理委员会（Stockholm Ethical Committee，仅位于弗莱明堡校区（KI Campus Flemingsberg）的研究小组应将他们的伦理审查申请提交给林雪平伦理委员会（Linköping Ethical Committee）。但医学院设立了独立的伦理委员会与科学监察员（科研诚信专员）办公室，以此促进本校的科研诚信行为。

校长根据大学理事会的决定在医学院建立了伦理委员会，马基阿里尼科研不端事件之后伦理委员会的主席由医学院的科学监察员担任。其他成员，其中一半为学院内部的员工，另一半为外部成员，由校长任命，任期固定。委员会共有 7 名或 9 名成员。

"科学监察员"的岗位是在马基阿里尼科研不端事件之后基于黑克舍（Sten Heckscher）领导的独立调查的建议设立的，设立的目的旨在为研究人员提供与研究相关的伦理问题的指导和建议。科学监察员不是医学院的成员，具有独立性。科学监察员的主要任务是：促进对研究伦理规范以及与研究有关的法律、法规、规则和准则的良好了解；告知医学院员工和研究人员有关学院科学活动的新规则和重要的基本决定；编写关于科研诚信活动的年度报告。涉嫌科研不端行为投诉的调查由科学监察员提交给大学管理局的法律办公室并将其报告给校长，由校长安排对投诉的调查和处理①。医学院还计划，在瑞典国家不端行为审查机构成立后，在医学院也设置相应的岗位。此外，医学院的通信部门还在研究问题、道德规范、合作、透明度、利益冲突等相关的事务中为管理人员和员工提供支持。

（二）制定良好的科学实践规章

卡罗林斯卡医学院为维护良好的研究环境，还制定了一系列有利于促

---

① 　Scientific representative，https：//ki. se/en/staff/scientific-representative.

进良好的科学实践的具体规则规章。

《卡罗林斯卡医学院研究存档手册》（*Research Documentation at KI-a Handbook*）对在医学院从事科学研究需要遵守的法律法规做了明确说明，对科学研究过程中产生的原始数据记录和储存的原因、具体要求、保存时长等问题都给出了具体阐述①。此外，医学院还要求所有博士生 2018 年 8 月 1 日起必须通过医学院批准的电子存档系统（如 KI ELN）以电子方式记录研究成果；科研人员自 2019 年 1 月 1 日起，必须通过医学院批准的系统以电子方式记录研究成果。医学院的所有学生都可以用自己 ID 访问电子存档系统保存的，以电子方式提交的研究型作业，例如：硕士学位论文。

为了方便研究生在研究和撰写论文时更加清楚地了解学位论文的要求，帮助他们达到更高的水平，卡罗林斯卡医学院的博士教育委员会制定了《编写汇编论文摘要章节的指南》（Guidelines for Writing a Compilation Thesis Summary Chapter，2012）②。

马基阿里尼科研不端事件对卡罗林斯卡医学院科研诚信建设产生了重要影响。卡罗林斯卡医学院在其委托的荣誉教授阿斯普伦德（Kjell Asplund）教授对合成材料的气管移植调查报告发布之后，立即采取了行动计划，开发了使用未经测试的方法的新指南，多学科会议指南也已展开试点测试。指导方针于 2017 年 3 月 17 日的研讨会上发布。"未经测试的方法的新指南（Riktlinjerna för användning av oprövade metoder）"目的在于明确指导作为医疗保健专业人员或研究人员何时使用未经测试的方法，必须遵循哪些步骤，谁需要参与不同决策，如何通知患者以及如何记录信息。"多学科会议指南（Riktlinjer för multidisciplinära konferenser）"目的在于消除以前在这方面的存在的一些不确定的问题，明确谁发起了多学科

①　Cecilia Björkdahl，Research Documentation at KI-a handbook，https：//ki. se/sites/default/files/h9 _ handbok _ forskningsdokumentation. pdf.

②　Guidelines for writing a compilation thesis summary chapter，https：//ki. se/sites/default/files/riktlinjer _ ramberattelse _ eng _ 2012 _ nya _ lankar _ 180816. pdf.

会议，谁将参与，谁负责记录存档。①

（三）重视科研诚信教育

卡罗林斯卡医学院重视科研伦理和科研诚信的教育，特别是在马基阿里尼科研不端事件之后。医学院不仅开设了专业的医学伦理课程："临床研究和良好临床实践：协议，知情同意和法律/法规的应用（Klinisk forskning och Good Clinical Practice：protokoll，informerat samtycke och ansökan i enlighet med lagar/regler）"与"医学研究伦理（Medical Research Ethics）"，而且开设了包含研究诚信内容的普通"研究伦理（Forskningsetik）"课程。马基阿里尼科研不端事件之后，课程"研究伦理"由从事涉及人类或敏感个人数据研究的博士生必修课，扩展为该校所有博士生的必修课；而且本科生和研究生科学实践中的科学和伦理培训也开始得到重视和强化。医学院与斯德哥尔摩市的议会委员会（SLL）合作，正在进一步开发用于综合培训活动的循证临床工作方法。

课程"研究伦理（Forskningsetik）"作为医学院博士生的通识教育必修课，1.5个学分。其目的是教育学生深入了解和理解研究的核心伦理理论、原则和指导方针，从而有机会反思自己和他人研究的伦理方面。其授课内容涉及的主题有：核心伦理原则；研究伦理；研究中良好实践的基本价值观和规范；规范的内容和价值；如赫尔辛基宣言的功能、应用、可能性和局限性；伦理审查；研究欺诈和科研不端行为；实验动物伦理、包括支持和反对使用不同动物用于研究目的和3R原则；署名；以及利益冲突等。授课形式多种多样，通常采用讲座、小组练习、研讨会，以及口头和书面报告相结合的形式。从课程教授的内容也可以看出，在医学院科研诚信通常被视为科研伦理的一部分。②

---

① Framtagna riktlinjer efter rapport om luftstrupsoperationer，https：//www. karolinska. se/om-oss/centrala-nyheter/…/framtagna-riktlinjer/.

② General science courses. http：//kiwas. ki. se/katalog/katalog/kurser；jsessionid＝f0e4bada 446940222284ba4e1d15？type＝basic＿science.

马基阿里尼科研不端事件之后，医学院开始为研究团队领导提供实验室安全的必修课程。现在，在实验室活动中OHS委派的研究团队负责人必须参加实验室安全课程。新上任的部门领导人也必须接受实验室安全专项培训。各部门还须提供针对参与实验室活动的其他员工的课程[①]。

医学院还为学院的所有成员提供了"研究存档和研究数据的处理"的网上课程——"Ping Pong"。该课程向所有学院研究人员开放，并且所有新博士生都必须参加该课程。

马基阿里尼科研不端事件之后，卡罗林斯卡医学院的未来委员会还为卡罗林斯卡医学院安排了关于研究中的伦理问题会谈，向学院成员和公众传播医学院对待科研不端行为的态度，并力图解决由于马基阿里尼科研不端事件引发的公众对医学院和整个瑞典医学研究信任度下降的问题。未来委员会认为，卡罗林斯卡医学院须严肃对待研究中的伦理问题，充分致力于研究中的伦理问题的公开讨论适合于卡罗林斯卡医学院和公众的广泛参与。[②]

三、瑞典史上最大医疗丑闻的调查处理

斯德哥尔摩卡罗林斯卡医学院外科医生马基阿里尼（Paolo Macchiarini）论文造假和欺骗性的器官移植手术可谓是瑞典史上最大的医疗丑闻。从最初检举到开启新的调查历时1年半之久。最后校方对案件的调查以马基阿里尼被解雇，其所就职的单位卡罗林斯卡医学院返还瑞典心肺基金会110万瑞典克朗的资助，其所在大学的董事会主席、副校长、副校长顾问、所在研究所的所长辞职宣告结束。同时，马基阿里尼因涉嫌严重疏忽导致过失杀人和身体伤害被检察官正式起诉。

---

① Action plan following the investigations of the Macchiarini case，https：//ki. se/en/about/ac-tion-plan-following-the-investigations-of-the-macchiarini-case.

② Spring Mingle：Ethics & the Future 2017，https：//ki. se/en/staff/framtidsradet-at-ki.

（一）案件始末

意大利人马基阿里尼对患者实施气管移植手术始于 2008 年，当时他和比尔查理（Birchall）还是亲密的合作伙伴。

当年，马基阿里尼和比尔查理首次用干细胞移植的方法对一名患者实施手术，替换了患者连接气管和肺的一根细支气管。这是全球首例组织工程气管移植，气管从捐赠者身上获得，用洗涤剂和酶将表面细胞移除，随后将患者自身的骨髓间充质干细胞种到捐赠者的气管表面，最后移植到患者身上。

2011 年，马基阿里尼发明了一种聚合物材料来替换之前从捐赠者身上获得气管，这被认为可避免漫长的供体等待。这项成果发表于顶级医学期刊《柳叶刀》（The Lancet），是全球首例完全"成长"于实验室中的人造气管，在医学界被认为具有里程碑意义。

不过，围绕马基阿里尼的争议始终存在。2014 年 6 月，8 月和 9 月卡罗林斯卡医学院的四名医生提交了两份关于马基阿里尼科研不端行为的单独报告，根据他们的发现，在马基阿里尼的七篇科学论文中以过于积极的方式描述了研究结果，他们认为这些报告错误地描述了患者的术后状况和植入物的功能。2014 年 8 月，马基阿里尼回应了第一份报告，2014 年 11 月，卡罗林斯卡医学院指派乌普萨拉大学名誉教授戈丁（Bengt Gerdin）审查有关第二次和第三次针对马基阿里尼的投诉案件的材料，并发表声明。2015 年 3 月，卡罗林斯卡医学院道德委员会对第一份报告发表评论，认为举报人员提出的问题涉及科学理论而不是研究伦理，研究中的不端行为指控没有根据。2015 年 4 月，卡罗林斯卡医学院清除了马基阿里尼的第一份造假嫌疑。2015 年 5 月 13 日，专家戈丁教授向卡罗林斯卡医学院提交了他的意见陈述。他的结论是，马基阿里尼在四位医生举报的文章中具有科研不端行为。2015 年 6 月马基阿里尼和他的合作者就戈丁的特别声明的内容提交了他们的陈述，驳斥了他们研究中具有不端行为的指控。

8月28日，卡罗林斯卡医学院清除了马基阿里尼的第二份和第三份造假嫌疑。在一项总体评估中，卡罗林斯卡医学院确认马基阿里尼并未犯下科研不端行为，只是指出他的研究未能达到卡罗林斯卡医学院和科学界制定的质量标准。12月，外部专家戈丁教授坚持他的结论，他主动审查卡罗林斯卡医学院决定清除的马基阿里尼和他自己审查后收到的调查材料，戈丁教授将他的结论通过电子邮件发送给副校长哈姆斯顿（Anders Hamsten）。

2016年1月，美国时尚杂志《名利场》（*Vanity Fair*）发布了新的指控。在《名利场》上发表的一篇文章，指控马基阿里尼的学术简历和其他方面造假。卡罗林斯卡医学院开始调查马基阿里尼在求职时向卡罗林斯卡医学院提供的简历的真实性。一波未平一波又起，新的曝光马基阿里尼科研问题的材料接踵而至。1月13日、20日和27日，由三部分组成的纪录片"实验（The Experiment）"在SVT上播出。这部关于马基阿里尼的纪录片展示了患者因人工气管的移植手术失败而遭受的痛苦和死亡，并引发了许多关于护理和研究伦理问题的争议。公众对该系列纪录片的激烈反应导致对卡罗林斯卡医学院的信任危机。

2016年1月28日，卡罗林斯卡医学院对马基阿里尼的简历的第一次调查得出结论：马基阿里尼的简历虚假，最终审查尚未结束。

2月4日，大学董事会要求对马基阿里尼科研不端案件进行外部调查。它由法官黑克舍（Sten Heckscher）领导，调查马基阿里尼自2010年招聘直至现在整个在卡罗林斯卡医学院任职期间的科研行为。

2月13日，卡罗林斯卡医学院的副校长哈姆斯顿辞职。2月22日，马基阿里尼所在的研究所所长龙格伦（Hans-Gustaf Ljunggren）、副校长顾问杜克（Jan Carlstedt-Duke）辞职，并向马基阿里尼发出解雇通知。

2月15日，怀特（Karin Dahlman-Wright）担任代理副校长，他决定重新审理马基阿里尼的科学不端行为案件，并由中央伦理审查委员会（CEPN）专家组审查戈丁教授指出的七篇存在科研不端行为的学术论文。

3月5日，卡罗林斯卡医学院决定彻底改革伦理委员会。卡罗林斯卡医学院决定有必要澄清学校有关研究伦理方面的工作，并应重新考虑伦理委员会的作用。

3 月 18 日，任命专家审查马基阿里尼研究中的不端行为。3 月 23 日，卡罗林斯卡医学院决定解雇马基阿里尼，工作人员纪律委员会决定将马基阿里尼从卡罗林斯卡医学院的研究员临时职位上解雇。

4 月 22 日，卡罗林斯卡医学院决定审查马基阿里尼作为研究员参与的研究中涉嫌欺诈活动的新案例。该案件涉及一篇 2015 年发表在杂志《呼吸》（Respiration）上的科学文章，该文章是在校方为调查马基阿里尼在卡罗林斯卡医学院研究期间的不端行为而列出的调查清单中发现的。

9 月，瑞典心肺基金会要求卡罗林斯卡医学院返还总额为 110 万瑞典克朗的资助，这是基金会在 2012—2014 年期间授予马基阿里尼的基金[①]。

（二）调查结论

马基阿里尼案情节严重，历时时间长，牵涉人员众多，调查过程曲折反复，高校、国家伦理审查委员会（中央伦理审查委员会）和警方均介入调查，其正式调查过程和结论总结如下：

（1）学校委托的三个外部调查委员会的调查：

①全面调查。调查人员：黑克舍是瑞典最高行政法院前院长兼司法官、内阁部长、副国务卿和国家警察局局长。卡尔伯格（Ingrid Carlberg）是乌普萨拉大学的作家和记者，以及医学荣誉博士。噶木伯格（Carl Gahmberg）是赫尔辛基大学的生物化学教授。瑞典行政上诉法院法官科德马克（Pia Cedermark）担任调查秘书。黑克舍调查小组对卡罗林斯卡医学院的批评主要有以下几个方面：对规则的认识不够；2010 年招募马基阿里尼以及延长 2013 年和 2015 年的合同，违反了正当程序；对马基阿里尼在其下属医院进行的移植手术承担部分责任；对马基阿里尼在卡罗林斯卡医

---

① The Macchiarini case：Timeline. https：//ki. se/en/news/the-macchiarini-case-timeline? _ ga =2. 191116906. 1793141018. 1547953017-1154550651. 1547775841.

学院期间的研究活动的缺点承担部分责任；未能妥善调查他的校外活动，以及对不端行为案件的错误处理。①

②卡罗林斯卡医学院委托荣誉教授阿斯普伦德（Kjell Asplund）教授对合成材料的气管移植进行的调查。2016年8月31日，阿斯普伦德介绍了对马基阿里尼在卡罗林斯卡医学院医院为三名患者气管手术情况的调查结果。调查认为，马基阿里尼在卡罗林斯卡医学院附属医院的移植手术有许多缺陷。来自动物研究的证据不足就已开始将该方法应用于人类，该手术应进行伦理审查。马基阿里尼对移植手术负有直接责任。此外，按照规定两个诊所的运营经理全面负责患者安全，医院对规则的认识和态度存在问题，在管理患者安全问题方面有缺陷。调查还指出，除了缺乏知识和法规的尊重之外，还有许多因素促成了事件的发生发展，这包括：群体思维、竞争激烈的护理环境、许多非正式领导者，以及与卡罗林斯卡医学院的复杂关系。马基阿里尼的移植手术不仅损害了卡罗林斯卡医学院附属医院临床研究的声誉，也损害了整个瑞典临床研究的声誉。为了恢复对临床研究的信心，调查报告提出了一些改进建议。②

③2016年9月19日，根据研发主任2016年10月12日的报告，代理副校长要求调查马基阿里尼自2011年至2016年期间所做研究运用的动物设施对动物治疗的潜在问题。校方邀请瑞典农业科学大学实验动物医学高级讲师海顿奎斯特（Patricia Hedenqvist）领导调查。该行动计划基于三个主要领域：卡罗林斯卡医学院的内部文化和管理，质量问题包括监管合规性，以及组织问题。2017年9月30日海顿奎斯特领导的外部调查结果显示，卡罗林斯卡医学院未能有效监督马基阿里尼小组进行的动物实验以及遵守伦理授权。

（2）中央伦理审查委员会的审查：

①　Ann Patmalnieks. Heckscher: astonished by what the inquiry uncovered（2016-09-06）. https://ki. se/en/news/heckscher-astonished-by-what-the-inquiry-uncovered.

②　Karolinska Institutet comments on Asplund's "Macchiarini case"（2016-09-01）. https://ki. se/en/news/karolinska-institutet-comments-on-asplunds-macchiarini-case-inquiry.

2016 年 3 月 18 日，中央伦理审查委员会任命艾克布拉德（Eva Ekblad）教授领导的科研不端行为专家组，审查马基阿里尼的文章中与大鼠组织工程食管实验原位移植有关的案例，该文章于 2014 年 4 月 15 日在《自然·通讯》（*Nature Communications*）上发表。2016 年 7 月 9 日，专家艾克布拉德向中央伦理审查委员会提交报告。在报告中他指出，动物实验存在一些不确定性。

2017 年 10 月 30 日，中央伦理审查委员会就被举报的六篇数据造假论文发表声明。

（3）刑事调查：

2016 年 6 月 22 日，检察官正式起诉马基阿里尼，告知他涉嫌严重疏忽导致过失杀人和身体伤害。2017 年 10 月 12 日，瑞典检察机关决定结束初步调查。

（三）对事件的反思

早在 2014 年 6 月，8 月和 9 月卡罗林斯卡医学院的四名医生就已向校方单独提交了两份关于科研不端行为的报告，但是校方对这两份报告并没有足够的重视，虽然启动了对马基阿里尼的调查，但是又对调查结果毫不重视，任意曲解调查结论。直到 2016 年 1 月 13 日、20 日和 27 日，由三部分组成的纪录片"实验（The Experiment）"在 SVT 上播出并引发公众的激烈反应后，卡罗林斯卡医学院才启动对马基阿里尼的正式调查。从最初检举到开启真正的调查历时 1 年半之久，马基阿里尼案的发生，卡罗林斯卡医学院有着不可推卸的责任：

（1）不重视科研诚信建设。黑克舍的调查表明，卡罗林斯卡医学院表现出一种对规则漠不关心的态度。公共文件没有登记，研究数据没有得到恰当记录。重要的决定，例如有关科学不端行为的决定是否符合《行政程序法》。卡罗林斯卡医学院对马基阿里尼的科研不端行为指控的处理缺乏适当的程序。2015 年 8 月宣布清除不端行为案件的决定没有充分依据。

马基阿里尼所在的部门 Clintec 无法提供他在卡罗林斯卡医学院从事的研究工作的完整的研究数据记录说明。调查结果也表明研究记录中存在先前的缺陷。① 黑克舍的以上调查结论，均表明卡罗林斯卡医学院无视良好的科学实践规则，不重视科研诚信建设。当然罗林斯卡医学院不重视科研诚信建设在瑞典并不是个例，可以说整个国家对科研诚信建设认识不足。世纪之交，伴随着科学体制的重大变化，科学研究的竞争日趋激烈，全球研究环境日趋恶化，科研不端事件骤然增多，世界各主要国家的政府和学界纷纷探讨治理科研不端行为的策略措施，瑞典政府和学界却对这个问题没有足够的重视。瑞典中央伦理委员会直到 2010 年 1 月 1 日，才设立了一个科研不端行为专家组，根据要求对科研不端行为案件调查提供帮助。科研不端行为专家组只就案件进行调查，并不就制裁措施发表建议，制裁措施通常由事件发生的高校的副校长做出。该小组是完全独立的，与大学或其他科研机构没有联系，这确保了调查的公正性。但该小组的作用相当有限，它是否参与科研不端事件的调查完全取决于大学或科研机构的决定，科研不端事件的调查主要由各高校的伦理委员会组织调查。马基阿里尼事件的前期调查之所以没有成功，与卡罗林斯卡医学院以及整个瑞典国家对科研诚信建设不够重视不无关系。之后，教育部向政府的建议，并提交立法会审议通过，建立全国统一的科研不端调查机构（2019 年 9 月 1 日）也在情理之中了。

（2）急于求成的文化氛围。马基阿里尼被聘任为卡罗林斯卡医学院的外科医生之前，事实上他的前雇主对他进行了强有力的批评。但是卡罗林斯卡医学院招聘职工时，没有严格地遵守招聘流程，2013 年和 2015 年的合同延长也违反了正当程序。马基阿里尼入职后，其科研活动自由度很大，医院对其缺乏有效地监管和约束。当马基阿里尼在其下属医院的研究活动被举报涉嫌科研伦理和不端行为时，卡罗林斯卡医学院未能妥善调查

① Summary of Hecksher's recommendations to KI，https：//ki. se/en/news/heckscher-astoni-shed-by-what-the-inquiry-uncovered.

他的校外活动，对不端行为案件进行了错误地处理。卡罗林斯卡医学院在管理上出现如此多的漏洞，并不是偶然的；这些问题的出现与该校急于求成的文化氛围有着不可分割的联系。卡罗林斯卡医学院是欧洲一流的医科大学，负责评审和颁发诺贝尔生理学或医学奖。但是进入 21 世纪以来，医学院的科研活动领先趋势日趋减退，因此医学院的领导可谓求贤若渴，鼓励引进更多的顶尖人才。马基阿里尼入职时的校长瓦尔伯格（Harriet Wallberg-Henriksson）更是野心勃勃，她在就任校长的时候就发誓让卡罗林斯卡医学院成为世界一流大学。可是在她就任校长前，2004 年该校在上海交大世界大学排名中位列 39 名，而她上任后排名却连年下跌，2007 年已跌至 53 位。与此同时，瑞典社会正在激烈地辩论是否收取外国留学生学费的问题，一旦收取外国留学生学费显然会影响瑞典大学的外国留学生质量。马基阿里尼正是在这样的情境下提交入职申请的，并且当时他在巴塞罗那的一家医院刚刚成功地实施了世界上第一个人工气管移植手术，并将结果发表在了《柳叶刀》上，引起了世界媒体的广泛关注。因此，当他向卡罗林斯卡医学院提交了入职申请后，很容易地获得了客座教授的职位。尽管当时他的前合作者与雇主写信给卡罗林斯卡医学院表示，马基阿里尼不可靠，没有团队精神，很难与人合作。但是信件都被副校长压下来了，没有到达教授评委会的手中。[1] 此外，当时的副校长推动了马基阿里尼的任职，违反了权力下放的规定，模糊了责任界限。

---

[1] Ann Patmalnieks. Heckscher：astonished by what the inquiry uncovered（2016-09-06）. https：//ki. se/en/news/heckscher-astonished-by-what-the-inquiry-uncovered.

第三章 国家科研诚信办负责二次审查的国家

第一节 芬兰

一、芬兰国家科研诚信顾问委员会

芬兰是倡导科研诚信的先行者之一。早在 1991 年就已经成立了全国统一的科研诚信管理机构——芬兰国家科研诚信顾问委员会（芬兰语：TUTKIMUSEETTINEN NEUVOTTELUKUNTA，缩写 TENK，英语：Finnish National Advisory Board on Research Integrity）。该委员会由芬兰教育与文化部任命，旨在推进负责任的研究、预防科研不端行为、推进科研诚信在芬兰的讨论与信息传播。该委员会于 1994 年公布了芬兰首个学术不端行为处理指南，并于 1998、2002、2012 年先后进行了 3 次修订，修订后的题目依次为《防止、处理和调查科研不端和欺诈行为的准则》（*Guidelines for the Prevention，Handling and Investigation of Misconduct and Fraud in Scientific Research*）、《良好科学行为及科研不端与欺诈行为处理程序》（*Good Scientific Pratice and Procedures for Handling Misconduct and Fraud in Science*，2002）、《负责任的研究行为与科研不端行为指控处理程序》（*Responsible Conduct of Research and Procedures for Handling Allegations of Misconduct in Finland*，2012）。2009 年该委员会

新发布了《人文社会科学和行为科学研究伦理准则和伦理评估建议》①，该文件对人文社会科学和行为科学研究伦理准则进行了详细阐述，也进一步完善了针对自然科学的伦理评估体系。

（一）国家科研诚信顾问委员会的任务与职责

根据芬兰总统教育和文化部长 1991 年 11 月 15 日签署的 1991 年第 1347 号法令，国家科研诚信顾问委员会的任务是：①就有关科研诚信和其他问题的立法事项向当局提出建议和发表声明；②作为专家机构，审查涉及科研诚信的问题；③采取措施促进科研诚信并促进芬兰关于科研诚信的讨论；④跟随该领域的国际发展，积极参与国际合作；⑤提供有关科研诚信问题的信息。

根据其目标，委员会将在以下六个方面开展具体工作：①确保遵循科研诚信原则的运行文化；②提高认识并促进与科研诚信相关的教育；③制定涉嫌不端行为指控的调查程序；④简化国家和国际层面的网络，并影响该领域的国际发展；⑤开发信息的互动分配；⑥将良好的国际惯例融入芬兰的科研诚信文化，并提高对芬兰科研诚信指南的认可②。

根据委员会制定的 2016 年 2 月 1 日至 2019 年 1 月 31 日的行动计划，委员会的战略重点是：通过制定和修订国家指导方针和建议，以及影响科研诚信领域的国际建议，促进负责任的研究；在促进科研诚信和预防科研不端行为方面强调意识和教育。为此，委员会需强化基本任务：如监督科研不端行为案件的调查处理；为保持其在国际科研诚信建设领域的先驱地位更新资源。另外，委员会将其业务重点从监督科研不端行为转向预防科研不端行为，即提高各年龄段和所有学科的研究人员对负责任的研究行为

---

① 该文件与《良好科学行为及科研不端与欺诈行为处理程序》（2002）的主要内容参见：主要国家科研诚信制度与管理比较研究课题组：《国外科研诚信制度与管理》，科学技术与文献出版社 2014 年版，第 156—163 页。

② FINNISH ADVISORY BOARD ON RESEARCH INTEGRITY，Action Plan：1 February 2016-31 January 2019，http：//www. tenk. fi/en/tasks.

的认识①。

此外，委员会还负有推进芬兰科研伦理审查的任务。不过，在这方面，它的主要任务是促进各国家伦理委员会的合作，而不负责具体的伦理审查工作。具体的伦理审查工作是由各委员会分工合作完成的。医院的伦理委员会负责医学研究的伦理预评估。国家医学研究伦理委员会（National Committee on Medical Research Ethics）与研究伦理委员会（Research Ethics Committee）合作，评估国际多中心药物试验的伦理方面。人文科学领域的伦理审查是由所在科研机构的伦理委员会负责的，需要补充说明的是，对人文社会科学和行为科学研究的伦理准则的承诺是自愿的。

虽然根据 1991 年的芬兰总统教育和文化部长令，国家科研诚信顾问委员会的主要任务之一是作为专家机构审查涉及科研诚信的问题，但是芬兰国家诚信顾问委员会并不直接负责对违反良好的科研实践行为的调查处理，而是主要对被举报人所在机构的调查处理进行监督。只有在收到对涉嫌违反良好的科研实践行为审查不满的上诉时，才予以受理并展开调查。具体促进负责任的研究以及处理违规行为的指控主要是由大学和科研机构负责②。

国家科研诚信顾问委员会还联合生物技术顾问委员会（BTNC）、基因技术委员会（GTLK）、芬兰科学院（AF）、披露顾问委员会（TJNK）、国家社会和卫生保健顾问委员会（ETENE）和国家医学研究伦理委员会（TUKIJA）举办每年一次的研讨会——"伦理日"，该活动汇集了所有学科的代表研讨关于科学伦理的问题。该活动自 2011 年起，至今已举办了7 届，科研人员可以免费参加。③

国家科研诚信顾问委员会积极参与国际科研诚信组织的活动。它是欧洲科研诚信办公室网络（The European Network of Research Integrity Offices，ENRIO）与全欧学院（All European Academies，ALLEA））的重

---

① FINNISH ADVISORY BOARD ON RESEARCH INTEGRITY，Action Plan：1 February 2016-31 January 2019，http：//www. tenk. fi/en/tasks.

② Tasks，http：//www. tenk. fi/en/investigation-of-misconduct-in-finland.

③ Etiikan päivä，http：//www. etiikanpaiva. fi/.

要成员。芬兰国家诚信顾问委员会的秘书长施普夫（Docent Sanna Kaisa Spoof）曾于 2018—2021 年担任欧洲科研诚信办公室网络欧洲科研诚信办公室（ENRIO）的主席。① 国家科研诚信顾问委员会主席兼芬兰学院理事会副主席瓦伦提拉（Krista Varantola）是全欧学院科学与伦理常设工作组的成员。②

（二）违反负责任的研究行为的调查程序

国家科研诚信顾问委员会 2012 年修订的《负责任的研究行为与科研不端行为指控处理程序》（下文简称《程序》）中指出，负责任的研究工作是科研机构质量保证的一个重要部分。

《程序》规定，违反负责任的研究行为分为两大类：科研不端行为（Research Misconduct）与不负责任的研究行为（Irresponsible Pratices，研究不当行为）。

科研不端行为指的是误导研究群体，通常也指误导决策者的行为。这包括在科学或学术会议上发表演讲，在拟发表的手稿中，在研究材料或在申请资助中，向研究界提供虚假数据或结果，或在出版物中传播虚假数据或结果。此外，不端行为还表现为盗用他人的研究成果，将他人的研究成果视为自己的研究成果。科研不端行为分为四种形式：伪造、篡改、剽窃和盗用。伪造是指在研究报告中呈现虚构的结果、而不是用研究报告中声称的方法得出的结果。篡改是指通过故意修改和有选择地呈现原始观察结果从而歪曲基于这些观察结果的结果。剽窃是指在没有适当标注的情况下，将他人的材料当作自己的材料来使用，包括直接剽窃和改编剽窃。盗用是指非法地将他人的成果、想法、计划、观察或数据作为自己的研究来

---

① Finnish National Board on Research Integrity Secretary General selected as ENRIO chair，https：//www. tenk. fi/en/finnish-national-board-research-integrity-secretary-general-selected-enrio-chair，26. 10. 2018.

② The ALLEA statement "Ethics Education in Science"，https：//www. tenk. fi/en/node/177，24. 10. 2013.

呈现。

不负责任的研究行为体现为在研究过程中表现为严重的疏忽和粗心。不负责任的研究行为又可分为两种：易识别的不负责任行为与研究中还可能出现的其他不负责任的行为。易识别的不负责任行为主要包括：贬低其他研究人员在出版物中的作用，例如忽略引用，以及不充分或不恰当地引用早期研究成果；报告研究结果和方法时粗心大意，造成误导；结果和研究数据的记录和存储不足；将相同的研究成果表面上以新颖成果的形式多次发表（重复发表，也称自剽窃）；以其他方式误导研究界。研究中还可能出现其他不负责任的行为，例如，研究人员可能从事：操纵作者身份，如在作者名单中加入未参与研究的人员，或将所谓的"代笔作者"的作品据为己有；在简历或翻译中，在出版物列表中，或在个人主页上夸大自己的科学和学术成就；夸大研究书目，人为地增加引用次数；通过同行评审延迟另一位研究人员的工作；恶意指控其他研究人员违反负责任的研究行为；不恰当地妨碍其他研究人员的工作；通过公开提供关于个人研究成果的科学重要性或适用性的欺骗性或扭曲性信息来误导公众。在最严重的情况下，这些做法可能符合上述违反负责任行为的标准。①

可见，芬兰国家科研诚信顾问委员会所使用的"负责任的研究行为"概念，包含了数据收集、引用、合作研究、伦理审查、利益冲突和财务责信的内容，非常接近于美国的"负责任的研究行为"，是一个广义的概念。但是对违反"负责任的研究行为"，无论是"科研不端行为"，还是"不负责任的研究行为"的界定，都不包含违背人体研究和动物实验的伦理内容和财务责信的内容，从概念的外延上来说是狭义的。事实上芬兰国家科研诚信顾问委员会使用的违反"负责任的研究行为"是在违反"科研诚信"的意义上使用的。

芬兰对违反负责任研究行为的调查实际采取的是一种国家科研诚信顾

---

① Responsible conduct of research and procedures for handling allegations of misconduct in Finland，2012，https：//www. tenk. fi/sites/tenk. fi/files/HTK _ ohje _ 2012. pdf.

问委员会监督下的科研机构调查和处理模式。校长（或科研机构的负责人）在收到举报人对涉嫌违反负责任的研究行为的指控后，在决定是否启动初步调查、正式调查以及做出调查结论后都要通知芬兰国家科研诚信顾问委员会（其具体流程见图 3.1）[①]。涉嫌违反负责任的研究行为的人或举报人任何一方如果对校长的决定、初步调查所采用的程序、正式调查所采用的程序，或对最终报告不满意，均可以在收到通知后六个月内要求芬兰国家科研诚信顾问委员会进行复审（二次审查），并就初次调查结论即大学或科研机构的调查结论发表声明。

国家科研诚信顾问委员会必须在收到请求后五个月内，根据提交给它的文件处理这个问题。国家科研诚信顾问委员会必须向发起上诉的一方发布一份声明，同时将这份声明提交校长和其他有关各方（其具体流程见图 3.2）。国家科研诚信顾问委员会在撰写声明时，如有需要，可要求有关各方及调查机构做出书面回应。要求回应的人根据要求做出答复。在声明发布后，国家科研诚信顾问委员会的声明和编制本声明所依据的文件，包括附录，原则上可以公开。

此外，如果在提供的初步调查材料中，或在调查的最终报告中，或在由相关方提供的信息中要求一份声明，芬兰国家科研诚信顾问委员会在其声明中可能建议校长进行额外的调查。

如果有充分的理由，芬兰国家科研诚信顾问委员会还可以在不要求发表声明的情况下发起进一步调查。

芬兰国家科研诚信顾问委员会十分重视调查过程的程序公正，在《负责任的研究行为与科研不端行为指控处理程序》中明确说明了保证程序公正的三个基本要素："确保对所有各方程序公正的最关键因素是：过程的公平性和公正性、所有相关方的听证会、过程的权限与合理性。"[②]此外，

---

①　具体步骤详见：主要国家科研诚信制度与管理比较研究课题组：《国外科研诚信制度与管理》，科学技术与文献出版社 2014 年版，第 157—159 页。

②　Responsible conduct of research and procedures for handling allegations of misconduct in Finland，2012，https：//www.tenk.fi/sites/tenk.fi/files/HTK_ohje_2012.pdf.

为了保证程序的公平公正，该文件还要求尊重当事各方获得资料的权利及其有关程序的其他权利。该文件还充分考虑了由于当事人可能使用不同的语言而带来的可能对某一方的不公，对此规定，如果调查过程中任何一方没有熟练掌握芬兰语或瑞典语，那么在调查期间使用的语言，例如在听证和文件中使用的语言是该组织的研究人员常用的语言。

文件还对可能出现的联合调查情况提出了具体要求。文件指出，如果被指控的具有科研不端行为的人曾在多个科研机构工作，则有关的多个科研机构之间须就如何进行调查达成一致意见。只有在相关各方对调查达成共识之后，才能处理有关的科研不端行为。

对于芬兰科研人员参与的国际合作项目，文件规定，通常采用该调查程序准则；但在特殊情况下，可以不遵守芬兰的调查程序准则，而是根据负责该项目的外国组织使用的指导方针进行调查。但参与该项目的芬兰一方有义务协助调查人员对违反负责任研究的行为进行适当调查。[①]

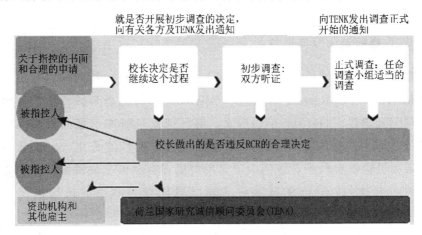

图 3.1　违反负责任的研究行为调查程序[②]

---

① Responsible conduct of research and procedures for handling allegations of misconduct in Finland，2012，https：//www.tenk.fi/sites/tenk.fi/files/HTK_ohje_2012.pdf.

② Responsible conduct of research and procedures for handling allegations of misconduct in Finland，2012，https：//www.tenk.fi/sites/tenk.fi/files/HTK_ohje_2012.pdf.

任何一方如对校长的决定、初步调查所采用的程序、正式调查所采用的程序，或对最终报告不满意（涉嫌科研不端行为的人或举报人），可在收到通知后六个月内要求芬兰国家研究诚信顾问委员会作出声明。

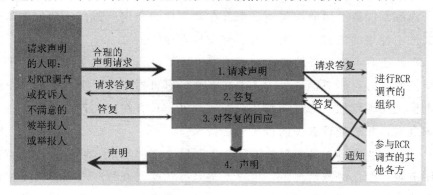

图3.2 调查涉嫌违反负责任的研究行为发表声明的过程①

（三）科研诚信顾问网络

芬兰国家科研诚信顾问委员会还建立了一个科研诚信顾问（专员）网络（A Network of Research Integrity Advisers），目的是为科研诚信提供低门槛与个人建议。自2017年初以来，芬兰国家科研诚信顾问委员会已在60多个大学和科研机构培训了100多名顾问。到目前为止，大多数芬兰的大学和机构都有顾问，顾问人员名单可以在芬兰国家科研诚信顾问委员会的网站上找到，顾问的联系方式通常可以在其所在的机构内部网上找到。

顾问的主要职责是为自己所在科研机构中的研究人员和其他员工提供有关科研诚信的建议。顾问对它的服务对象只提供中立的建议，顾问不是律师，不为任何一方提供辩护或代理，并在必要时可以在争议中向双方提

---

① Responsible conduct of research and procedures for handling allegations of misconduct in Finland, 2012, https://www.tenk.fi/sites/tenk.fi/files/HTK_ohje_2012.pdf.

供建议。顾问本身不参与科研不端行为的调查流程，也不会就是否发生不端行为发表意见。该决定由所在科研机构的最高管理层根据科研不端行为的调查流程做出。"顾问的职责范围：

● 从事与科学界相关的科研诚信和负责任的研究行为领域的工作；

● 非专业领域的研究伦理，比如初步伦理审查（尽管理想情况下，顾问应该了解组织内特定领域的研究伦理委员会的存在和活动）；

● 根据降低门槛的原则，为研究人员和其他员工（主要是顾问所在组织内的员工）提供建议和支持；

● 如果怀疑违反负责任的研究行为，则提供举报负责任的研究行为流程方面的指导，并在相关组织内将人员引荐给高层领导（校长、名誉校长、系主任）；

● 必要时建议起草一份书面的负责任的研究行为通知；

● 向各方提供与流程相关的建议和支持，包括在负责任的研究行为流程进行时；

● 定期就顾问在组织内的活动进行沟通，包括用英语；

● 参加芬兰国家科研诚信顾问委员会安排的网络活动和培训；

● 作为研究人员和芬兰国家科研诚信顾问委员会之间的联系人；

● （如果愿意，组织也可以将科研诚信方面的进一步职责分配给顾问）"①

对顾问的工作要求：顾问应熟悉芬兰国家科研诚信顾问委员会的科研不端行为调查过程，可以在起草科研不端行为调查报告时提供帮助；顾问应该对咨询人员的问题及讨论绝对保密；参加由芬兰国家科研诚信顾问委员会提供的年度培训。②

此外，芬兰的研究资助机构和学术团体在促进科研诚信方面也发挥着

---

① Activities of Research Integrity Advisers，https：//www. tenk. fi/sites/tenk. fi/files/TENK _ Research _ Integrity _ Advisers _ 2018. pdf.

② Research Integrity Advisers，https：//www. tenk. fi/en/research-integrity-advisers.

重要的作用。研究资助机构，如芬兰科学院（the Academy of Finland）[1]、芬兰技术和创新基金（the Finnish Funding Agency for Technology and Innovation），以及其他基金会和基金，通过项目资助的方式，鼓励研究人员致力于负责任的研究行为。学术期刊和学术出版社通过同行审查制度承担起学术"守门人"的职责。

大学和科研机构是科研诚信建设的主体，特别是科研诚信教育和培训的主体。国家科研诚信顾问委员会要求，大学和高等专业院校应把科研诚信教育纳入其研究生和博士生课程，确保该校的学生熟悉负责任的研究行为的原则。大学和科研机构应为它的科研人员和其他工作人员提供科研诚信培训。此外，科研诚信行为训练还应作为研究生和博士生研究训练方案的一部分纳入研究生和博士生培养方案。最后，为了保证负责任的研究实践，大学和应用科学大学应向本单位的教师、导师、研究人员、研究项目负责人和其他专家提供关于科研诚信的继续教育。[2]

负责任的研究网站

在芬兰国家科研诚信顾问委员会网站上设置了专门的负责任的研究栏目。该栏目是在芬兰教育和文化部资助下，由新闻委员会（TJNK）和芬兰国家科研诚信顾问委员会（TENK）共同创作的。目的是为所有学科的研究人员、出版商、资助机构和决策者以及高等教育学生和教师开展负责任的研究、出版和科学传播提供在线材料。网站制作使用了由新闻委员会和芬兰国家科研诚信顾问委员会组织的专家研讨会和其他专家活动创建的材料，网站随着时间地推移不断更新材料。网站设置了五个板块：热点、作者、网站地图、词汇表、网站简介。"热点"板块内容丰富，覆盖面广，涉及：动物研究、业务合作、交流、利益冲突、版权、数据、数据保护、研究的效果和影响、伦理审查、言论自由、人文科学、互联网、立法、医

---

① 该机构科研诚信建设参见：主要国家科研诚信制度与管理比较研究课题组：《国外科研诚信制度与管理》，科学技术与文献出版社 2014 年版，第 163—165 页。

② Responsible conduct of research and procedures for handling allegations of misconduct in Finland，https：//www. tenk. fi/sites/tenk. fi/files/HTK _ ohje _ 2012. pdf.

学研究、开放科学、同行评审、剽窃、出版、科研诚信和研究伦理、科研不端、负责任的研究。每个"热点"之下都有若干相关问题的阐述或解释。"作者"板块涉及的是署名问题。"网站地图"板块是为了方便网站的访问者查阅自己关心的、研究的不同阶段涉及的科研诚信问题所作的目录索引。该板块在初步介绍了芬兰在负责任的研究建设方面的组织架构后，分五个方面：研究计划、研究许可和伦理审查、研究过程、出版、重复使用，对有关研究中可能涉及负责任的研究的近 70 个问题，提供了目录索引，网站访客只需轻轻一点，便可查阅每个问题的详细信息。"词汇表"板块是为了方便网站访客查阅该网站的内容中使用的科研诚信和科研伦理的相关关键词而精心制作的，如生物技术顾问委员会、生物伦理学、基因技术委员会、利益冲突等等。"网站简介"板块对网站建设的目的、主要贡献者、资助者、支持者、访客使用权限、联系信息等做了说明①

二、赫尔辛基大学的科研诚信建设

赫尔辛基大学是芬兰国立大学中最大的学校，拥有 11 个院系及 20 个相对独立的研究所，现有教职员工和学生 40，000 余人，其中全日制学生 37，000 多人，外国留学生共有 1，700 多人。该校的法律、哲学、数学、理论物理、生命科学及医学等学科居世界领先地位，世界大学排名一百名左右。

（一）赫尔辛基大学的科研诚信建设概况

赫尔辛基大学高度重视科研诚信建设，大学的多名成员曾是或现在是芬兰国家科研诚信顾问委员会的委员，该校还参与了 2016 年 9 月 1 日启动的"欧洲科研伦理与科研诚信网络（ENERI）"项目的规划。该项目的目标是建立一个欧洲科研伦理和科研诚信网络，开发培训和其他资源，建

---

① https：//www. responsibleresearch. fi/en.

立一个科研伦理专家数据库，并支持仍在发展科研诚信基础设施的国家。在该大学 376 周年纪念日上，校长科拉（Jukka Kola）发表讲话时强调，"我们必须强调科研伦理的重要性。研究数据必须真实准确；方法、测量和仪器必须可靠且标准要高；必须严格、谨慎和广泛地使用资源，并且必须涵盖不同的观点和以前的研究结果。不得侵占其他研究人员的工作和成果"①。

　　然而，与世界上许多其他国家不同的是芬兰的大学通常并不负责制定科研诚信行为准则和调查处理涉嫌科研不端行为的程序规定，而是直接采用国家科研诚信顾问委员会发布的文件规定。赫尔辛基大学与芬兰的多数大学一样，也不发布自己的科研诚信行为准则和调查处理涉嫌科研不端行为的程序规定，而是采用国家科研诚信顾问委员会发布的相关文件规定。在该校的官方网页上，该校的科研伦理委员会明确声明，"科学研究结果的可靠性和可信度要求研究符合良好的科学实践。遵守良好科学实践的责任在于整个研究界和每个研究人员。赫尔辛基大学致力于遵守芬兰国家科研诚信顾问委员会关于负责任地处理芬兰不端行为指控程序的指导方针"②。该网站还提供了芬兰国家科研诚信顾问委员会以及相关文件的网络链接。

　　此外，与许多芬兰大学一样，赫尔辛基大学并不设立专门的科研诚信调查委员会，而是根据需要由董事长（或校长）负责监督和组建临时的调查委员会。但是该校在芬兰国家科研诚信顾问委员会的倡议下于 2017 年设立了专门的科研诚信顾问。顾问活动的目标是促进负责任的研究，识别科研不端行为，改进预防科研不端行为的措施，以及降低告知负责任的科研不端行为的门槛。其具体任务主要是为大学所有成员提供协商支持，以及关于如何着手调查科研诚信问题和涉嫌违反负责任研究问题的平易近人

---

① Jukka Kola，Providing reliable information is the strength of universities，Speech at the University's anniversary celebration，23 March 2016.

② RESEARCH ETHTICS，https：//www. helsinki. fi/en/research/research-environment/research-ethics.

的和保密的指导。顾问不参与涉嫌科研不端行为事件的调查和处理①。

此外，该校建立了专门的科研诚信网站。网站分为 6 个模块，分别是：负责任的研究行为、对研究的伦理审查、处理不端行为指控的程序、研究伦理准则、研究伦理的国家专家组织和科研诚信顾问。从该网站模块的建设情况以及该网站的名称（RESEARCH ETHTICS）来看，该校对科研诚信与研究伦理有时有明确的区分，有时又相互涵盖或交叉，这一点与芬兰国家诚信顾问委员会职责的规定及其网站内容是相同的。

（二）赫尔辛基大学的科研诚信建设特色

赫尔辛基大学在科研诚信建设的特色在于具备完善、系统的科研诚信教育。从本科到博士后，有着严格的规定和具体要求。如校长科拉所言，大学成员的科研诚信行为须从本科开始，"当他们培养下一代研究人员时，科研伦理必须是这项培养的一个组成部分，从学生撰写的论文开始"②。

学校建有"考试中的抄袭与欺诈"网页，网页明确声明，"在研究的所有阶段和所有课程中都禁止抄袭和欺骗。这些形式的不端行为，无论多么微不足道，都应受到惩罚。"③ 网页还明确说明了惩罚抄袭的合理性，网页附有调查、处理抄袭和欺诈行为的规定，并列出了该校使用的识别抄袭系统。

学校还针对学生不同的学习和科学实践方式出台了不同的管理规定。针对学生课程学习、考试中的剽窃和欺诈行为，学校于 2011 年制定了的

---

① RESEARCH ETHTICS，https：//www. helsinki. fi/en/research/research-environment/research-ethics.

② Jukka Kola，Providing reliable information is the strength of universities，Speech at the University's anniversary celebration，23 March 2016.

③ RESEARCH ETHTICS，https：//www. helsinki. fi/en/research/research-environment/research-ethics.

《学生失信程序校长指南——严重剽窃案件》①，文件对出台指南的目的、指南适用的范围，处理嫌疑欺诈行为的责任人，良好的科学实践与欺诈、剽窃的定义，处理学生欺诈与剽窃的程序原则，各相关办事机构或办事员的联系方式等做了具体规定或说明。2017 年 10 月学校对《学生失信程序校长指南——严重剽窃案件》予以修订，修订后命名为《开放大学评估学习作弊案的程序》。文件在两个方面做了重大修改：一是，修订后的文件扩展了学生考试作弊案的范围，在原有的剽窃和欺诈的基础上，新加了干扰考试的内容；二是修订后的文件突出了评估学生考试作弊案件的行政程序。其中，后一个方面的修订是最明显的。修订后评估学生考试作弊案件的行政程序要求：教师或负责研究的人员在发现或了解学生作弊或抄袭后，必须以书面形式提出申请怀疑作弊或抄袭，并要求学生提供书面解释。同时，教师还必须向负责人报告怀疑情况。如果学生承认作弊或作弊被认为是充分证实的，学生将被视为未通过课程或考试作弊。教师决定是否让学生课程或考试无效。如果教师或负责人认为作弊是故意的或经常性的，必须将此事和相关陈述告知部门主任。导师必须决定学生是否会失去完成课程的权利或考试有问题。如果学生否认作弊或对做出的决定不满意，教师或者负责人必须将此事提交部门主任做出决定。部门主任除了收到书面陈述外，还可以在必要时举行听证会，听证会过程中必须进行会议纪要。听证会的参加人员必须有：学生、学生的支持者（如果有的话）、提出怀疑的老师、负责人和部门主任②。

　　对本科生和博士生为取得学位撰写的论文中可能出现的科研不端行为，学校明确规定，交由专门从事良好的科学实践和违规处理的科研诚信

---

① Rehtorin ohje menettelystä opiskelijoiden vilppi- ja plagioi ntitapauksissa，11. 11. 2011，http：//prod07. tjhosting. com/hy/rehtori. nsf/cfa8a7bc4d8e1088c225782b002b7d16/f27bfac15fc3e4b1c2257945003b29e0/＄FILE/Rehtorin％20p％C3％A4％C3％A4t％C3％B6s％20172_2011. pdf.

② PROCEDURE OF THE OPEN UNIVERSITY FOR THE ASSESSMENT OF STUDIES IN CASES OF CHEATING，https：//www. helsinki. fi/en/open-university/plagiarism-and-cheating-in-examinations.

顾问委员调查处理。

对于未来的研究人员、博士生以及博士后，学校在各专业制定的培养方案中明确规定，科研诚信（科研伦理）是博士和博士后的必修课程，学分为 1—2 分[①]。同时，学校还要求导师密切关注研究生的科学实践行为，研究生院发布的导师《监督条例》中明确规定"监督将符合科研伦理的原则。为了维持道德监督实践，导师应引起学生对科研伦理和科学写作指导的关注；不应该不恰当地使用学生的研究；可能会与学生一起研究，除非这与学生的兴趣相矛盾；应该记住，博士论文的作者是学生而不是导师"[②]。此外，该校通过举行暑期专题会议或暑期专题国际研讨班的形式，促进他们关注和讨论科研诚信及科研伦理问题。

（三）赫尔辛基大学科研诚信建设的经验总结

1. 推进领导负责制

领导负责制是赫尔辛基大学科研诚信建设成功经验的最重要一条。在赫尔辛基大学，董事长亲自负责对涉嫌科研不端行为的调查，并被证明是一个有效的方式。"在赫尔辛基大学，董事长负责监督科研伦理和必要的调查，这已被证明是一个有效、公正和可靠的系统"[③]。此外，校长不止一次在校周年纪念日上强调科研诚信和科研伦理建设的重要性，学校的多名领导成员曾经或正在担任芬兰国家科研诚信顾问委员会的委员，学校还参与国际科研诚信建设项目，如参与了 2016 年 9 月 1 日启动的"欧洲科研伦理与科研诚信网络（ENERI）"项目的规划。

---

① https：//www. helsinki. fi/en/research/doctoral-education/doctoral-schools-and-programmes/doctoral-school-in-natural-sciences/computer-doctoral-programme-in-computer-science/degree-structure-in-the-docs-programme.

② Supervisory principles，http：//www. helsinki. fi/omm/english/supervision. htm.

③ Jukka Kola，Providing reliable information is the strength of universities，Speech at the University's anniversary celebration，23 March 2016.

领导负责科研诚信建设会对机构成员的科研诚信行为会产生重要的影响，这已被多个学者的研究所支持。美国科学三院的调查研究表明，在科研道德作风方面，上级对下级有主要的影响，并且这种影响远远大于任何道德政策的影响，即便一个公司或行业有一套道德政策或行为守则，也还是会上行下效的①。我国相关机构在颁发的推动科研诚信建设文件中也多处强调科研诚信建设领导负责制，但是在实际执行过程中仍然存在"缩水"现象。根据本研究团队在 2018 年春夏所做的问卷调查统计结果表明，把"学风建设真正作为考核领导班子的重要指标"的科研单位比例仅占37.5％，这表明我国科研诚信建设在推进"领导负责制"方面仍需加大工作力度。

2. 注重科研诚信教育

注重对未来科研人员和年轻科研人员的科研诚信教育，是赫尔辛基大学科研诚信建设的另一个突出特点。学校根据不同层次的学生采取不同的科研诚信教育方式，提出不同的教育要求，特别是对博士生的科研诚信教育提出了硬性要求，即作为必修课程，1—2 个学分。在我国科研诚信教育在大多数学校并没有列入学生的培养计划，即使列入大多也是作为选修课或实践技能课的科目之一。在国际学界普遍重视科研诚信建设和科研不端行为查处的情况下，这种状态显然不能适应国际学界对科研实践行为的一般性要求。道理很简单，不接受科研诚信的相关知识教育，不了解国际学界对科研不端行为的一般界定，不养成对科研不端行为的道德意识和高度灵敏性，科研人员就无法准确地把握哪些行为是应当鼓励的科研诚信行为，哪些行为属于应当在实践中改进的科研不当行为，哪些是必须严惩的科研不端行为，在高度竞争和浮躁浮夸的科研环境中就容易由科研诚信行为滑落为科研不当行为，进而跌落为科研不端行为。也就是说，违反了国

---

① 美国医学科学院、美国科学三院国家科研委员会：《科研道德：倡导负责行为》，北京大学出版社 2007 年版，第 73—76 页。

内国际学术界科研诚信行为的一般准则而不自知,这在国内学界并不是个案。本研究团队在调查中发现,不少被调查人员并不清楚科研不端的定义,不确定哪些行为属于科研不端行为;还有不少被调查人员混淆科研不端行为与学术腐败行为、科研不端行为与学术不当行为。这些情况的存在表明,我国应当高度重视科研诚信教育,采取切实有效的措施推进科研诚信教育。如像赫尔辛基大学所做的那样把部分群体纳入必须接受正规、严格的科研诚信教育的行列。

三、案例:对涉嫌科研不端行为案件的调查

在芬兰对已证实的科研不端案件通常采取个人、单位均匿名报告的形式,所以很难分辨在哪个大学发生、调查了哪起科研不端案件,不过也会偶有例外,如由奥西奇(Matej Orešic)和海蒂莱恩(Tuulia Hyötyläinen)负责的关于血浆和血清代谢组学(QBIX)的指控。对这起涉嫌科研不端行为案件的指控发生在上述二人所在研究团队(原属芬兰技术研究中心VTT)并入赫尔辛基大学的过程中,因而调查涉及两个科研机构,两个科研机构对此次案件的调查过程和态度的不同,可以部分地反映两个机构特别是赫尔辛基大学的科研诚信建设状况。

案件需从 2013 年说起。这年芬兰技术研究中心提议将奥西奇和海蒂莱恩领导的血浆和血清代谢组学(QBIX)研究团队并入芬兰分子医学研究所(赫尔辛基大学的一部分),赫尔辛基大学按常规对血浆和血清代谢组学研究团队进行评估。11 月 11 日,代表芬兰分子医学研究所的评估委员会表达了对芬兰技术研究中心的由奥西奇和海蒂莱恩领导血浆和血清代谢组学研究质量的担忧。

芬兰分子医学研究所国际科学顾问小组主席西蒙(Kai Simons)表示,对该团队中是否存在内部矛盾存在疑问。例如,该团队的生物信息学家表示他们不知道原始数据如何变成该团队的研究论文。西蒙采访了几位血浆和血清代谢组学科学家,并发现普遍的共识是该团队内部存在一些争议。

因此，大学的董事会认为血浆和血清代谢组学的研究质量不够高，并且拒绝他们并入赫尔辛基大学的芬兰分子医学研究所。

　　随后芬兰技术研究中心自行展开调查。研究中心调查的论文是发表在2008年的《实验医学杂志（JEM）》上的《脂质和氨基酸代谢的失调先于后来发展为Ⅰ型糖尿病的儿童的胰岛自身免疫》，该论文的第一作者是奥西奇，海蒂莱恩并不是合作者。调查结果认为，该论文中没有发现数据被篡改或伪造的证据，但同时表示，该论文存在一些"夸大的结论"。

　　按常理，到此案件调查事宜可以结束了，然而例外发生了。在案件的初步调查期间，奥西奇和海蒂莱恩向西蒙提出了"涉嫌违反良好科学实践"的投诉。奥西奇表示，芬兰技术研究中心调查过程中没有与他联系，他不知道论文的哪些方面受到质疑，他甚至没有被正式通知该论文被调查过；此外，他没有接受外部审查员的采访。芬兰分子医学研究所国际科学顾问小组主席西蒙对芬兰技术研究中心的调查给予了批评，指出，评估委员会中只有两名外部顾问，并且没有像初步评估所做的那样对血浆和血清代谢组学的成员进行访谈。赫尔辛基大学名誉董事长雷维奥（Kari Raivio）也批评了芬兰技术研究中心的调查：他们没有遵循芬兰技术研究中心自身已经批准应用的诚信调查指南，也没有遵守国家科研诚信顾问委员会制定的指南。雷维奥认为，芬兰技术研究中心应该建立一个"真正的"专家小组，并强调需要更多的外部调查人员。他还建议，科研诚信调查小组应该有一些法律专业人员，并声称，所有有关各方，包括奥西奇，都应该被告知芬兰技术研究中心的调查程序[①]。

　　从赫尔辛基大学科研诚信调查成员西蒙和名誉董事长雷维奥的批评中，我们均可以推断，他们对涉嫌科研不端行为案件的调查通常会有比芬兰技术研究中更严格的要求，即通常会严格遵循芬兰国家科研诚信顾问委员会发布的调查程序。

----

① Sparks fly in Finland over misconduct investigation，https：//retractionwatch. com/2016/02/09/sparks-fly-in-finland-over-misconduct-investigation/.

第二节 比利时

比利时直到 2013 才设立全国统一的科研信委员会。2013 年 10 月 7 日成立的弗拉芒科研诚信委员会（VCWI），是法兰德斯的科研诚信平台。该委员会位于比利时皇家弗兰德科学与艺术学院（KVAB）内，主要是负责对科研不端案件的二次审查，也可以提出一般性建议。

比利时的国家研究基金会（FWO）在科研诚信的建设问题上也明文规定，科研不端案件的调查应由受资助者所在的高校与科研机构或在需要的情况下由弗拉芒科研诚信委员会承担①。

一、弗拉芒科研诚信委员会

2013 年 10 月 7 日成立的弗拉芒科研诚信委员会（The Flemish Committee for Scientific Integrity，缩写：VCWI），是法兰德斯的科研诚信平台。该委员会位于比利时弗拉芒皇家科学与艺术学院（KVAB）内，主要任务是负责对科研不端案件一审裁决后提起上诉的二次审查，同时还向负责科学和创新政策领域的弗兰德部长，EWI 部门和 VLIR 各成员机构提供一般性建议。最初建立时的组织共有 9 个成员，分别是：比利时弗拉芒皇家科学与艺术学院（荷兰语：Koninklijke Vlaamse Academie van België voor Wetenschappen en Kunsten，缩写：KVAB）、比利时医学院（荷兰语：Koninklijke Academie van België voor Geneeskunde，缩写：KABG）、法兰德斯研究基金（荷兰语：Fonds Wetenschappelijk Onderzoe-Vlaanderen，简称 FWO；英语：Research Foundation-Flanders）、科技创新机构（荷兰语：Agentschap voor Innovatie door Wetenschap en Technologie，缩写：IWT）、

---

① General Regulations，http：//www. fwo. be/en/general-regulations/26/09/2018.

鲁汶大学（荷兰语：KU Leuven）、安特卫普大学（荷兰语：Universiteit Antwerpen）、根特大学（荷兰语：Universiteit Gent）、哈塞特大学（荷兰语：Universiteit Hasselt）、布鲁塞尔自由大学（荷兰语：Vrije Universiteit Brussel）。现在已扩展到 20 个，囊括了法兰德斯主要的大学和科研机构[①]。

年度报告

弗拉芒科研诚信委员会自成立起每年都发布年度报告，对委员会本年所做的主要工作进行总结报告。其内容具体包括本年度上诉事件的调查结果（匿名）、提出的一般性建议、举办的会议、参与的国际化科研诚信组织的活动，以及为推进科研诚信建设所做的新举措。目前，在该机构的专门网站上，发布了自 2013 至 2017 年的 5 份年度报告[②]。

学习日

为了使科研诚信委员会的成员聚集在一起更好地了解彼此的政策，并相互学习彼此好的做法，弗拉芒科研诚信委员会自 2014 年起每年在秋季为科研诚信专业人员组织一个学习日。学习主题据每年国内国际科研不端治理和诚信建设的需要而变化，学习日期间，科研诚信委员会的秘书、成员和主席、决策者和其他代表聚集在一起彼此交流和学习对方经验。2014年的学习日是在弗拉芒科研诚信委员会的倡议下组织的，目的是响应比较程序的一般性要求，以便找到更多的协调方案。弗兰德各大学和其他科研机构介绍了各自的政策和程序，随后进行了讨论和协商。2015 年 10 月 28日，举行了第二次科研诚信研讨会，主题是"推广和预防"。2016 年 11月 30 日，第三个科研诚信学习日举行。瓦格（Liz Wager）做了主旨发言，谈到了机构和科学期刊的作用，弗拉芒政府的科学机构首次介绍了它们的政策。2017 年 10 月 18 日，弗拉芒科研诚信委员会与五所弗兰德大学组织了大学研讨会，主题是"当研究诚信受到挑战时"。2018 年 10 月 12日，弗拉芒科研诚信委员会组织了第四个科研诚信学习日。主席对弗拉芒

---

① Flemish Committee for Scientific Integrity，http://www.kvab.be/en/vcwi.

② Jaarverslagen，http://www.vcwi.be/jaarverslagen.

科研诚信委员会自成立以来五年的工作进行了总结评价，大学发布了一份关于科研诚信委员会活动的报告和一份研究数据管理报告①。

机构形象和网站

在弗拉芒科研诚信委员会成立四周年之际的大学研讨会和重组会议上，将其外观专业化，设计了徽标和机构符号，用于信件、建议、年度报告和网站。弗拉芒科研诚信委员会的网站也于 2017 年 10 月从比利时弗拉芒皇家科学与艺术学院网站中独立出来，成立了专门的网站 www. vcwi. be.

国际化

弗拉芒科研诚信委员会是在 2013 年才成立的，其成立既适应了国内优化学术环境的需要，也与国际范围内不断强化的科研诚信建设有关。委员会自建立之日起就代表比利时科学界及其管理部门积极参加国际科研诚信组织的各种活动，其制定的政策规章也汲取了国际经验。

弗拉芒科研诚信委员会是欧洲科研诚信办公室网络（ENRIO）的一部分，弗拉芒科研诚信委员会的主席和秘书与欧洲科研诚信办公室建立了内部联系。弗拉芒科研诚信委员会成员、比利时皇家科学与艺术学院成员达姆（Els Van Damme）教授是全欧学院（ALLEA）五人工作小组的成员。弗拉芒科研诚信委员会成员还积极参加每两年一次的世界科研诚信大会（WCRI）等国际会议和国际科研诚信组织的活动。

弗拉芒科研诚信委员会承诺遵守科研诚信国际规章规则，委员会在其网站上明确声明，其遵守的规则有：《欧洲科研诚信行为守则》（*The European Code of Conduct for Research Integrity*，2017）、《比利时科学研究道德守则》（*The Code of Ethics for Scientific Research in Belgium*，2009）、《新加坡科研诚信声明》（*The Singapore Statement on Research Integrity*，2010）、《蒙特利尔声明》（*The Montreal Statement*，2013）、《荷兰学术诚

---

① Ontmoetingsdagen，http：//www. vcwi. be/ontmoetingsdagen.

信行为守则》（*The Dutch Code of Conduct for Academic Integrity*，2018）[①]。

二、鲁汶大学的科研诚信建设

鲁汶大学成立于 1425 年，是当今比利时最大最著名的大学，也是欧洲最古老、最著名的大学之一。作为欧洲领先的研究型大学，与牛津大学、剑桥大学、莱顿大学、爱丁堡大学、日内瓦大学、海德堡大学和巴黎大学等 12 所大学一起建立了欧洲研究型大学联盟（LERU，现已扩展到27 所大学）。大学建有 14 个学院，学生人数超过了 30000，并且其中有3000 多学生来自 120 多个不同国家。该校有超过 5000 名教授和学者，按照国际最高标准进行顶级研究，同时他们之间有着良性的互动、合作和交流。

鲁汶大学高度重视科研诚信建设。科研诚信是该大学制度化研究政策的一个组成部分。在它看来，诚信原则是所有科学工作的基础，研究应符合最高标准"我们的目标很明确：鲁汶大学的研究应符合最高标准，正确的科学行为是鲁汶大学的常态"[②]。推进良好的科学实践或负责任的研究理所当然成为鲁汶大学的科研诚信建设的核心任务；及时地调查和处理科研不端行为，则是对不符合科研诚信的行为直接而有力的打击，也是任何一个重视科研诚信建设的科研机构不应该忽视的，鲁汶大学也高度重视；教育和培训是传播科研诚信观念和相关知识的简单而有效的途径，也已为世界上许多高校与科研机构采用，鲁汶大学高度重视科研诚信教育和培训并进行了多方面的探索。

---

① Internationale context van wetenschappelijke integriteit，http：//www. vcwi. be/internationaal.
② RESEARCH INTEGRITY，https：//www. kuleuven. be/english/research/integrity.

（一）积极推动良好的科学实践

对于良好的科学实践或负责任的研究，鲁汶大学并没有给出一个确切的定义，但从其网站公布的内容来看，该校对良好的科学实践的理解是通常意义上的，即不包括人体研究和动物保护的科研伦理的内容。在"处理不端行为的程序"网页，开篇写道"鲁汶大学积极推行研究诚信政策。首先，鲁汶大学赞同由四个比利时学院制定的国家道德准则——比利时弗拉芒皇家科学与艺术学院，比利时弗拉芒皇家医学院及其各自的法语国家学院和由全欧学院（ALLEA）起草的《欧洲科研诚信行为准则》。鲁汶大学还制定了一些自己的指导方针，其中包括负责任的署名，数据管理以及博士研究员和监督员的章程"[①]。在科研诚信网站——"良好的科学实践"栏目中，该栏目开辟了五个模块：监督和指导、出版和署名、数据管理、图像处理、披露利益冲突。

监督和指导。在监督和指导模块，网站提供了《博士生和导师章程》的链接。章程概述了导师和博士生在学生攻读博士期间中的角色、导师和博士生的共同期望和责任，为有效监督和富有成效的科学合作提供了基础。章程要求，导师和博士生在合作开始时，就以此为基础，对科学监督做出必要的安排；还要求导师创造一个有利于科研诚信行为的研究环境，并明确告知博士生哪些是不诚实的行为。如果出现问题，导师应与博士生协商采取适当的行动。网站还为导师提供了在实验室和研究团队中推进科研诚信的五种具体途径，导师应当：①容易接近并且平易近人，因为团队成员想从导师那里学习；②评估原始数据，导师对自己团队的数据诚信负责；③彼此交流和了解各团队成员的期望，成员平等以预防误解；④为博士生提供训练和引导，避免对任何人的技能或知识做出假设；⑤知晓科研

---

① PROCEDURE FOR HANDLING MISCONDUCT，https：//www.kuleuven.be/english/research/integrity/procedures/index.

诚信专员的信息，为质疑科研不端行为做好准备。①

出版和署名。鲁汶大学重视研究成果的署名诚信，公布了《署名诚信政策》，设置了供大学所有成员使用的咨询网站，并建议各学院或部门配备调解员。《署名诚信政策》对作者身份、署名顺序做出了具体要求，对发生署名争议应采取的行动，以及各学院或部门的执行要求都做了详细规定。根据《署名诚信政策》作者应满足以下四个要求：①对概念和设计、和/或研究数据的收集、和/或研究数据的分析和解释做出重大的智力贡献；②对起草稿件做出了重要的实质性贡献，和/或对其内容进行实质性的批评性修改；③批准将要出版的稿件的最终版本；④同意对工作的所有方面负责，以确保适当调查和解决与工作任何部分的准确性或完整性相关的问题。除了对他或她所做的工作部分负责外，作者还应该能够确定哪些共同作者负责工作的其他具体部分。此外，作者应该对其他共同作者贡献的诚信有充分的信心。顾问、共同体、资助者、个人、赞助商或其他人等不符合作者标准的所有贡献者和合作者的工作应在出版物中得到适当的承认，如在致谢中注明。②

数据管理。随着科学研究范式演化为数据密集型范式，科学数据存储与保存的意义日益凸显。合理、规范的数据保存和使用，不仅有利于预防数据伪造、篡改等科研不端行为，而且有利于以后的学者查阅和二次利用，有益于研究的长远发展。鲁汶大学高度重视原始数据的记录和保存规范化管理，设有专门部门负责从事数据管理工具的开发、服务，数据保存规范的制定，以及提供专业的咨询服务。中央 IT 办公室 ICTS 和研究协调办公室 DOC 负责开发用于良好管理数据生命周期中研究数据的指南和工具，鲁汶统计研究中心（Lstat）负责提供统计数据处理专业咨询服务。③

---

① 5 WAYS SUPERVISORS CAN PROMOTE RESEARCH INTEGRITY，https：//www. kuleuven. be/english/research/integrity/practices/goodpromotor.

② PUBLICATION AND AUTHORSHIP，https：//www. kuleuven. be/english/research/integrity/practices/publication-and-authorship/index.

③ Data management，https：//www. kuleuven. be/english/research/integrity/practices/data-management.

图像处理。图像处理技术可以帮助人们更直观、更形象、更客观、更准确地认识世界，在今天的科研论文和著作中被越来越多的使用。但是因为图像处理过程中经常采用图像增强和复原、图像分割等技术手段，以及预处理、后处理过程中采用的形态学滤波、细化和裁剪，为科研不端行为留下了可能的空间。明确图像处理技术使用的种类、范围和界限，规范图像处理行为，对于培育科研行为、预防科研不端行为具有越来越重要的意义。鲁汶大学对出版物中的图像处理提出了具体规范，提供了学习图像处理技术和规范的网站链接。鲁汶大学对图像处理的规范性要求如下：

"①图像中的特殊特征不得被增强、遮挡、移动、移除或引入。

②如果将亮度、对比度或色彩平衡应用于整个图像，并且只要它们不模糊，消除或歪曲原件中存在的任何信息，则可以接受调整亮度、对比度或色彩平衡。应尽可能使用彩条，表示阈值和范围。

③来自相同胶片的不同部分或来自不同胶片，视野或曝光的图像的分组必须通过图形的排列（例如分界线）和图像的文本清楚地表达。

④非线性调整必须在图像中公开，或者在图中旁边的定量颜色条中清楚地表示。

⑤如果期刊要求，请始终提供原始的、未更改的文本。如果您无法生成原始文本，期刊可能会拒绝您的提交。您还应该能够准确地解释对图像所做的更改（即使用的软件和特定工具）。

⑥如果您监督任何其他能够在提交之前更改图像或图形的研究人员，请确保他们知道哪些类型的图像处理是可接受的，哪些是不接受的"①。

披露利益冲突。在科学技术日益一体化的今天，大学的科研人员接受私人资助或参与私人企业研发的机会日益增多。私人资助可能会影响职业判断，从而影响研究方法甚至是研究结论。为避免上述情况的发生，鲁汶大学规定大学成员接受私人资助需要向大学的相关部门披露利益冲突，否

---

① KU LEUVEN GUIDELINES FOR LABORATORY ANDCLINICAL IMAGE PROCESSING，https：//www. kuleuven. be/english/research/integrity/practices/image-processing.

则就会出现诚信问题。如果发现未披露的冲突或管理不当，相关研究人员的诚信就会受到质疑。大学的研究协调办公室在组织研究评估时，对利益冲突采用严格的内部规则予以评估。参与研究评估的同行必须确认他们没有参与任何形式的利益冲突。鲁汶大学还制定了《关于校企利益冲突和参与冲突的行为准则》，对校企筹建、运行以及分拆过程中可能存在的利益冲突的上报、调节和管理说明了适用范围，规定了具体程序。

（二）调查和处理科研不端行为

及时调查和处理科研不端行为，是治理科研不端行为的必要手段。而对科研不端行为定义的宽与窄，直接关系到调查和处理的范围。鲁汶大学对科研不端行为定义是广义的，不仅包括科研不端行为的核心内容，即伪造、篡改和剽窃，还包括通常被称为有问题的科学实践行为。有问题的科学实践行为包括：出版物署名中的客座作者、馈赠作者或幽灵作者，重复出版和拆分出版，根据直觉删除观察或数据点，与研究项目有关的记录保存不足，以及未披露利益冲突[①]。

为及时调查和处理科研不端行为，鲁汶大学发布了《处理诚信问题的科研诚信委员会程序》（以下简称《程序》），设立了专门的科研诚信委员会（CRI）。科研诚信委员会负责对科研不端投诉展开调查，以及提供有关科研诚信的政策和建议。此外，鲁汶大学还设置了接受科研不端投诉、提供建议和年度报告的专门岗位，协助科研诚信委员会的工作，即科研诚信报告台（科研诚信专员）。科研诚信报告台是鲁汶大学研究协调办公室（DOC）的一部分。

鲁汶大学科研诚信委员会的成员构成很有特点，是一个由三组、十九名成员构成的大委员会。委员会的成员都是教授，主席1人，其他成员18人分成三个小组，每组选出一位担任委员会的常任副主席。此外成员

---

① DEFINITION OF RESEARCH MISCONDUCT，https：//www. kuleuven. be/english/research/integrity/definition/index.

的构成要求：LUCA 艺术学院任命 1 名；LRD（鲁汶研究与开发）行政委员会任命 1 名；UZ 鲁汶行政委员会任命 1 名；AC（学术委员会）的 ABAP（初级学术人员）任命 3 名；法律服务领导；负责研究诚信报告台的协调员。科研诚信主席团由主席、法律服务领导；负责研究诚信报告台的协调员共计 3 人组成；当主席出现与当事人的利益冲突时，由副主席替补。

《程序》对可疑行为做了界定，对程序出台的目的、受理范围、遵循的首要原则，以及报告和处理科研不端行为投诉的具体程序做了说明。文件把"保密性"作为处理科研诚信问题的首要原则，并对保密责任的主体、对象、违反保密性原则的行为性质，允许违反保密原则的特例都做了具体规定。当然，该程序的重点是对举报和处理涉嫌科研不端行为程序的具体说明。调查分为两步，即初步调查和实质性调查：

初步调查：举报人将可疑行为的报告提交给科研诚信报告台。报告台工作人员在与科研诚信主席团协商后，确定报告是否可以受理。在特殊和紧急情况下，主席可以与研究政策副校长讨论，考虑到研究的利益引入临时措施。如果报告不可受理，报告台会通知举报方。通常情况下受理实名举报，匿名举报在特殊情况下也可以受理，但须获得研究政策副校长的批准。受理后，如果发现举报明显没有根据，则不启动调查，并通知举报方该报告明显没有根据，不通知被举报人。否则将启动调查。

实质性调查：主席委托调查委员会进行实质性调查。报告台将启动调查的消息以及调查委员会的成员组成告知举报方。举报方有 7 个日历日可以提供更多信息，以进一步证实报告。同时，举报方可以对调查委员会的成员构成提出任何异议。报告台在与 CRI 主席团讨论后，向调查委员会提供所有与调查新报告相关的信息，调查委员会负责调查并得出最终报告。

调查委员会则根据需要由科研诚信主席设立，其中至少由三名科研诚信委员组成。调查委员会在调查报告时享有完全独立性，但要通过报告台定期向科研诚信主席团反馈调查情况。如有必要，主席可以要求采取其他调查措施。诚信委员会的成员对于要调查的举报有任何利益冲突，不得参与调查委员会的工作，并且自己应主动向主席通报。在与调查委员会成员协商后，主席可邀请鲁汶大学相关学科的专家，或在没有专业知识或存在利益冲突的情况下，聘请外部专家为调查委员会提供咨询意见，外部专家不参与实际的决策过程。主席应核实被邀请的专家与报告相关人员不存在利益冲突。

调查结果：如果调查委员会认为没有理由证明被告损害了科研诚信，则认为举报毫无根据。在这种情况下，调查委员会从研究诚信的角度起草一个合理的无可疑行为陈述。如果调查委员会认为被告损害了科研诚信，则认为举报是有充分根据的。在有充分根据的举报中，对轻微的不端行为和严重的不端行为进行区分。轻微的不端行为在科研诚信委员会主席的监督下进行纠正；严重的不端行为，调查委员会将上报校长，然后由校长将其调查结果告知相关学术机构，以便这些机构能够考虑采取进一步措施。[①]（调查流程见图 3.3）

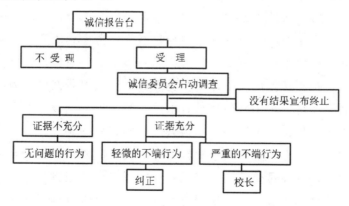

图 3.3　鲁汶大学调查流程

调查报告：在科研诚信主席和主席团批准后，报告台将调查报告草稿发送给举报方和被告。举报方和被告有权在收到服务台报告后的第 14 个

---

① PROCEDURE FOR HANDLING MISCONDUCT，https：//www.kuleuven.be/english/research/integrity/procedures/index.

日历日内向报告台发送答复。如果他们做出答复，主席应与调查委员会成员讨论他们的答复，然后起草最终报告。最终报告发送给调查委员会成员，并再次通知举报方和被告，但他们不再行使答复权。科研诚信委员会的每份最终报告，其理由陈述都应提及弗拉芒科研诚信委员会制定的程序。

《程序》最后强调，调查委员会在调查报告时收集或起草的所有文件，除本条例所述的合理陈述外，即除了研究政策的副校长、科研诚信委员会主席、报告台成员以及参与报告处理的调查委员会的任何顾问外均应视为严格保密，在任何情况下均不得传达给人。

（三）科研诚信培训

鲁汶大学高度重视对科研人员特别是年轻科研人员的科研诚信培训。科研诚信培训是使科研人员能够知晓负责任研究行为、科研不当行为与不端行为的差异，并防止犯错误的重要途径；是培养科研人员对科研诚信行为进行反思、并养成警觉和敏感意识的重要途径。鲁汶大学强调"科研诚信应成为所有科学家教育和培训的一个组成部分"①。

鲁汶大学的科研诚信培训包括三种形式：

讲座。鲁汶大学要求，所有新的博士研究人员以及生物医学科学的所有（不仅是新的）博士研究人员都必须参加科研诚信讲座。这一讲座时长3小时，每位新的博士研究人员在博士一年级都必须完成，如有特殊情况如在国外访学或研究，需要补修。

研讨班。博士生在三年级的时候必须参加一个由研究生院组织的科研诚信案例讨论班。

科研诚信政策落实。高级研究人员需要参与科研诚信政策的落实。鼓励各系的领导每年组织一次科研诚信研讨班，在具体的工作环境中落实科

① RESEARCH INTEGRITY AS A CULTURE, https://www.kuleuven.be/english/research/integrity/training.

研诚信政策，应用科研诚信的在线工具。

科研诚信的在线工具"鲁汶制度化科研诚信——文化和自我反思（LIRIcs）"由托莱多共同体提供。该在线工具介绍科研诚信的含义以及与研究行为相关的关键职责。该工具有五个不同版本，分别适用于生物医学、自然与物理科学、工程与技术、艺术与人文科学、社会与行为科学。该工具最初开发时旨在帮助年轻科研人员和博士研究人员了解负责任研究行为的标准，以及如何处理他们可能发现自己的复杂情况；现在已拓展为一个供所有科研人员使用的在线课程，用以帮助研究人员更好地了解他们的义务和责任，并提供处理他们可能遇到的复杂情况的实用建议。在人文与社会科学、生物医学科学、科学与技术团队，还对年轻科研人员进行了培训。[①]

①   RESEARCH INTEGRITY AS A CULTURE，https：//www. kuleuven. be/english/research/integrity/training.

第四章 科研机构主导调查和处理的国家

第一节 德国

德国是德语国家中科研不端治理的典范，在 20 世纪末就建立起以国家科研资助机构起引领作用的科研不端治理体制。在各个被资助机构任命专门的科研诚信专员是德国科研诚信建设体制中的一个鲜明特点，该制度已被其他德语国家以及芬兰、挪威等北欧国家关注和学习。此外，德国发布的科研不端调查程序中明确说明了对不端行为处理所依据的各项法律也是该国科研不端治理的一大特色。德国的科研不端治理体制对临近的欧洲国家，特别是德语国家产生了较大的影响。

与美国等几个国家不同，德国科学界认为，维护科研诚信是大学与科研机构的责任，政府的管理不仅是不必要的，而且是效率低下的。为积极预防与应对科研不端行为，需要大学与科研机构联合起来进行科学自我管理。

一、德国科研不端治理制度进展

德国应对科研不端源于两次"浪潮"，第一次是 1997 年的肿瘤专家赫尔曼、布拉赫的数据造假事件，第二次是 2011 年高级政客的博士论文事件。即 1997—2011 年之间，德国研究联合会（Deutsche Forschungsgemeinschaft，简称：DFG，德国国家科学基金委）、德国大学校长联席会（Die Hochschulrektorenkonferenz，简称：HRK）等制定的规则对大学和机构均有一定的指导意义，根据以上两个机构出台的规定，德国科研不端案件的调查和处理由各大学和科研机构承担。第二次浪潮后，德国研究联合会、德国科学委员会（Wissenschaftsrat，简称：WR）、德国大学校长联席会等针对变化的情况，及时修订了各自规章制度，完善应对科研不端事件、推进科研诚信的政策措施。特别是德国研究联合会在其修订《应对科研不端的程序》（2016）中指出，联合会有权随时介入科研不端案件的调查，这在德国科研诚信建设史上是一个重大的突破。

1997 年肿瘤专家赫尔曼、布拉赫的数据造假事件被揭发以后，德国研究联合会迅速成立了包括外国科学家在内的 12 人国际委员会，授权该委员会从科研体制上研究产生学术不端行为的原因，制定防范措施。另外，德国研究联合会还设立了专员职位以专门处理科研不端行为投诉事务。此外，在德国还出台了三个应对科研不端行为的重要法规：一是，1996 年 12 月 11 日德国联邦最高行政法院的判决制定的处理科学不端行为的法律规范（Bundesverwaltungsgericht：Urteil vom 11，12，1996）；二是，1997 年 11 月 14 日马普学会（Max-Planck-Gesellschaft，简称 MPG）的评议会通过了《质疑科研不端行为的诉讼程序》（*Verfahren bei Verdacht auf wissenschaftliches Fehlverhalten*）；三是，1998 年 1 月 19 日德国研究联合会"学术自我管理"委员会详细阐述的《关于提倡良好的科学实践》（*Vorschläge zur Sicherung guter wissenschaftlicher Praxis*）。在德国研究联合会的建议下，高校校长联席会以《确保良好的科学实践建议》为样本，出台了《应对科研不端的程序模型》。许多高校和科研机构根据这个建议，制定了自己的纲要；个别高校和科研机构还设立了科研诚信办事处（专员）。如海德堡大学于 1998 年通过了《确保良好的科学实践、应对科学中的不端行为章程》，并成立了科学自治委员会；乌尔茨堡大学于 2000 年制订了《确保良好的科学实践、应对科学中的不端行为纲要》，并设立了科研诚信专员与独立的科研不端调查委员会等。

2011 年高级政客的博士论文事件后，德国科学委员会于当年修订了
《确保博士论文质量的要求》并出台了《评价和控制科研成果的建议》；于
2015 年发布了《科研诚信建议》。德国研究联合会也陆续修订了《确保良
好的科学实践备忘录》（2013）、《应对科研不端行为的程序》（2011、
2016）。高校校长联席会下属组织"具有博士授予资格的高校校长联盟"
于 2012 年通过新的建议：《博士学位授予程序中的质量保证》。普通院系
联合会、院系联合会、德国高校联盟于 2012 年 7 月发表总立场文件《撰
写科学资格论文良好的科学实践》。德国国家法教师联合会于 2012 年 10
月发布《公法中的良好的科学实践纲要》。德国 U15 大学联盟于 2013 年 4
月通过了文件《博士学位授予程序中良好的科学实践原则》。2013 年 5 月
德国高校校长联盟在第 14 届联盟成员大会上通过了新的总决议《德国高
校良好的科学实践》，对德国高校确保良好的科学实践，预防和治理科研
不端明确了方向，也提出了新的更高的要求。德国各主要学会如马普学
会、弗朗霍夫学会、霍尔姆霍兹学会、莱布尼茨学会作为科学机构联盟主
要成员，推动该组织做出了一系列重大举动，如 2010 年连续出台了两个
文件《处理科研数据的基本原则》《著作权新规定：对第三篮子的要求与
渴望》；2011 年在德国研究联合会召集下召开的"良好的科学实践"会议
等。大学的行动更是积极，纷纷出台或修订各自的应对科研不端的文件，
增设或完善诚信调查专员（调查处）。如慕尼黑工业大学于 2013 年 12 月
以德国研究联合会 1998 年出台的《良好的科学实践》（2013 年修订）为
蓝本发布了自己的《确保良好的科学实践与应对科研不端行为纲要》；弗
莱堡大学于 2013 年 4 月 30 日第一次重新修订了《弗莱堡大学确保良好的
科学实践纲要》；波恩大学 2014 年 9 月 1 日正式实施《波恩大学确保良好
的科学实践纲要》；慕尼黑大学于 2014 年 9 月 30 日第三次修订《慕尼黑
大学科学自治纲要》等等。德国的科研不端治理可以说又向前推进了一
大步。

（一）科研不端行为调查程序

德国研究联合会制定的《处理科研不端行为的程序规则》（*Verfahren-sordnung zum Umgang mit wissenschaftlichem Fehlverhalten*，2001 年首版，2011 年、2015 年分别进行了修订）[①] 与马普学会发布的《质疑科研不端行为的诉讼程序》（Verfahrensordnung bei Verdacht auf wissenschaftliches Fehlverhalten，1997 年首版，2000 年修订）[②]，都要求设立专门的委员会调查科研不端行为，调查过程又分为预审和正式调查两个阶段。

两个文件对审查委员会的人员构成、任职年限的规定都有些类似。如审查委员会的主要成员都是本单位的成员，任期一届都是 3 年，如果不出现问题的话可以连任 1 次；委员会可以邀请涉案专业的专家或有处理这类事件的经验和能力的人作为顾问。不过也存在着细微的差别。如马普学会的决议要求委员会的常任主席必须是外聘的，即不是马普学会的成员；科学自我管理委员会（德国研究联合会设立的研究预防和治理科研不端行为的组织）的建议则没有这样的要求；此外马普学会的决议对委员会的队伍结构要求更严格，委员会由常任主席、副所长、3 名调解顾问、3 个不同科研单位的成员，以及'人事与法律部'的部长组成；科学自我管理委员会的建议规定，在委员会中高校教师占多数。委员会可以由自己高校的 3—5 个有经验的教授、2 个校外的成员组成，其中一人具有法官职务的能力或庭外调解的经验。

关于预审和正式调查的规定则非常相似。

（1）预审是由监督委员会来负责的，监督委员会的成员（科研诚信专员）通常是德国研究联合会的成员，大学的教师。预审要求：

检举人提供的信息必须是书面的，如果是口头的信息需要进行书面记

[①] Deutsche Forschungsgemeinschaft. Verfahrensordnung zum Umgang mit wissenschaftlichem Fehlverhalten. www. dfg. de/formulare/80 _ 01/80 _ 01 _ de. pdf.

[②] Verfahrensordnung bei Verdacht auf wissenschaftliches Fehlverhalten-beschlossen vom Senat der Max-Planck-Gesellschaft，am 14. November 1997，geändert am 24. November 2000.

录或有支持它的证据；委员会要遵守保密原则、保护检举人及其对这个事件进行调查的高校委员会的相关人员；委员会要给予涉案人员 2 周的发表自己意见的时间，在此期间不公开涉案人员的名字；期限过去之后，委员会在 2 周内就此做出决定，审查程序结束还是转入正式调查程序；预审的结果要告知所在科研机构、人事部门、校长或机构领导，同时也要告知涉案人员，如有要求也告知检举人。

（2）正式调查是由审查委员会来完成的。正是审查规定：

审查委员会以非公开地口头地形式商讨，是否对涉嫌科研不端行为展开调查；应给予受指控的科学家发表自己意见的机会；受指控的科学家还可以参与听证会，可以请他信任的人帮助；如果不公开检举人，涉案人员不能进行符合实际情况地辩护，特别是因为检举者的证据对于证实不端行为意义重大时，则可以公开检举人；委员会根据调查的结果做出一个判断，并以报告的形式呈给高校或科研机构的领导，结束调查还是进一步展开调查，报告的内容应当包括结论以及支持结论的根本原因；同时还要书面告知涉案人员与检举人；正式调查的文件应当保留；不允许从内部提出反对委员会决议的异议。

（二）制裁科研不端行为的措施

德国研究联合会制定的《处理科研不端行为的程序规则》中规定的科研不端行为的制裁措施，包括劳动法、民法、刑法、学术规则方面的制裁，但没有给出具体的解释。马普学会发布的《质疑科研不端行为的诉讼程序》则在附件中，详细列举了制裁科研不端行为的具体办法。

"A 按照劳动法，可以警告、编外解聘、解聘、解除合同或撤销职务

B 按照学术规定，可以进行校内处理、校外处理或收回发表的成果。校内处理包括：免去学术地位，如果公开发表的成果是伪造的，或其他奸诈行为获得的；免去教师资格。校外处理指的是，科研不端行为应当告知案件涉及的科学组织与科学协会，或涉案人员所在的科学组织与科学协

会，以及促进组织和决议委员会。

C 按照民法，涉案人员交出盗窃的科学资料、消除或放弃著作权、人权、专利权、竞争权、撤销（奖学金等）、对大学或第三者在人权和其他方面的伤害进行补偿

D 按照刑法，如果发生下述情况大学校长有权做出判断，是否或在何种程度上大学就这件事进行刑事指控：伤害著作权、伪造证件（包括伪造技术草图）、破坏事实（包括篡改数据）、破坏财产和能力（如盗窃、骗取促进材料）、伤害他人生活与隐私、伤害他人的生命与身体。发生上述行为将按照刑法进行处置"。①

此外，"2000 年第 50 届高校联盟大会决议"还规定对被证实为犯有科研不端行为的人员，取消其高校联盟的成员资格②。

上述严厉的法律法规制裁措施事实上就使具有科研不端行为的人不仅结束了学术生涯，而且名誉扫地、身败名裂。可见，德国大学与科研机构对科研不端行为态度是十分坚决的，制定了综合的、全方位的惩治各种可能的科研不端行为的措施，不给具有科学不端行为的人留有任何侥幸获免的机会。具有科研不端行为的人必须为之付出巨大的代价，即社会成本，这就较好地对科研不端行为起到震慑作用。

二、德国科研诚信建设实践概况

要全面获悉科研不端治理体制建设的实践情况是一个非常棘手的问题，需要进行复杂的系统性设计和大量的考察研究，但是通过以下几个方面可以获得大概的了解：

---

① Verfahrensordnung bei Verdacht auf wissenschaftliches Fehlverhalten-beschlossen vom Senat der Max-Planck-Gesellschaft，am 14. November 1997，geändert am 24. November 2000.

② Selbstkontrolle der Wissenschaft und wissenschaftliches Fehlverhalten，Resolution des 50. Hochschulverbandstages 2000，http：//www. hochschulverband. de/cms1/532. html.

（一） 高校和科研机构对应对科研不端行为纲要与程序模型的知晓与应用情况

高校和科研机构对应对科研不端行为纲要与程序模型的知晓与应用的大致情况。德国高校校长联席会 2013 年通过的《高校良好的科学实践》的知晓度是最高的，达到了 64.4%，但实际的应用程度不高，只有 17.0%；排在第二位的是，德国研究联合会 2013 年修订的《确保良好的科学实践备忘录》，达到 46.4%；德国研究联合会的《应对科研不端行为的程序规则》达到 43.2%，位居第五。从实际的应用来看，德国研究联合会 2013 年修订的《确保良好的科学实践备忘录》应用程度最高，达到 40.2%；排在第二位的是《应对科研不端行为的程序规则》（德国研究联合会，2011），达到 32%。综合知晓度与应用度两个数据来看，德国研究联合会制定的相关规章规定对各大学和科研机构的实际影响力最大。

（二） 良好的科研实践教育情况

各大学和高等院校对良好的科学实践的介绍或者说宣传教育几乎贯穿于各个教育阶段：从学士和硕士培养阶段直到教师、科研人员的继续教育，只有 9.8% 的被调查单位对此事不知道；但是教师、博士阶段和博士后阶段受教育比重不高，比重最高的是学士和硕士培养阶段，占比 57.2%。这表明各大学和高等院校对良好的科学实践的教育还有提升的空间。

（三） 高校层面的科研诚信办事处（专员）设置情况

高校层面的科研诚信办事处设置情况。大学设置科研诚信办事处（Ombudsstelle）的，已达到 90% 以上；没设置的只有 0.6%，不知道和没有答复的共 8.9%。高等院校设置科研诚信办事处的，最低达到了 60% 以上，没设置的占 28.6%，不知道和没有答复的共 14.3%。在大学中科研诚信办事处工作人员 2—3 人的比例最高，占 35.0%，而高等院校中科研诚信办事处工作人员 1 人的比例最高，占 37.1%。综合分析这两点可以看出，截至调查时间（2015 年），德国的绝大多数大学和大多数高等院校都设置了科研诚信办事处，大学设置科研诚信办事处的积极性高于高等院校。

三、杜塞尔多夫大学科研诚信制度建设

杜塞尔多夫大学，即杜塞尔多夫海因里希·海涅大学（Heinrich-Heine-Universität Düsseldorf）是德国的一所非常年轻的综合性大学，拥有医学、法律、哲学、数学、自然科学和经济学等学科。该校 1966 年成立，由一所医学院发展而来，医学和日耳曼学现在仍是其优势学科，注册学生 2 万多人。无论从其地位还是从其历史来讲，杜塞尔多夫大学都只是德国的一所普通大学。

高校和科研机构作为科研活动的主要场所，在治理科研不端行为中担负着主体责任。2011 年以前国防部长古滕贝格为起点，前教育部长沙万、欧洲议会副会长梅林等一批高级政客，被披露博士论文抄袭事件后，引发德国第二次科研不端行为浪潮。在这次浪潮之后，德国高校也普遍意识到自身在科研诚信制度建设方面的相对滞后（相对于德国的主要学会，马普学会，莱布尼茨学会等）是导致科研不端事件发生的重要原因，为此德国高校如恐不及，积极开展科研诚信制度建设。杜塞尔多夫大学身陷其中，因而极为重视科研诚信建设，并于 2014 年修订了原有的《确保良好的科学实践准则条例》①，并着重加大了执行力度，迄今为止已建立起一个较为完善的科研诚信制度体系：颁布确保良好的科学实践行为准则；制定调查与处理科研不端行为程序；设立科研诚信办事处（专员）和良好的科学

---

① Ordnung über die Grundsätze zur Sicherung guter wissenschaftlicher Praxis an der Heinrich-Heine-Universität Düsseldorf. http://www.uni-duesseldorf.de/home/fileadmin/redaktion/Oeffentliche_Medien/Presse/Pressemeldungen/Dokumente/Ordnung_-_gute_wissenschaftliche_Praxis.pdf.

实践中心，开通电子咨询和举报系统；开设科研诚信教育课程；制定研究数据保存规范、建立电子保存系统；规范科研团队的建构和成果发表。

（一）颁布科研诚信行为准则

科研道德规范把科研活动伦理原则和道德要求提升为制度规范，告知科研人员应当实施的正确行为、应当避免的错误行为，与应当履行的责任义务，对于预防和治理科研不端行为具有重要的指导意义。杜塞尔多夫大学非常重视科研道德规范在治理科研不端行为方面的重要作用，在2002年就颁布了第一个科研诚信规范，2014年又参照德国研究联合会、高校校长联席会、普通院校联合会、院校联合会、德国高校联盟、马普学会、北威斯特法仑州的教育法进行了补充和修订，即《确保良好的科学实践准则条例》（*Ordnung über die Grundsätze zur Sicherung guter wissenschaftlicherPraxis an der Heinrich-Heine-Universität Düsseldorf*）。该条例包含了五个方面的内容：良好的科学实践准则、科研不端行为的定义、科研诚信办事处（专员）与调查委员会的任务和构成、质疑科研不端行为的程序、科研不端委员会的调查程序。

《条例》中关于科研诚信行为准则部分，其特点有两个：

（1）涵盖内容全面、表述简洁，规定清晰。行文仅用9页，而其内容可以说囊括科研诚信规则的所有方面：总则；预防和避免科研不端行为；科学后备军与科学、科技人员的教育；学术资格论文产生的准则；确保博士质量的准则；确保大学执教教师资格质量的准则；工作团队的构成，科学出版物的著作权；基本数据保存与存档义务。但具体规定却很清晰，易于操作：如对"科学后备军与科学、科技人员的教育"要求如下：①对大学生从大学学习生活开始就要传授科学活动规范与良好的科学实践活动准则。②对科学、科技人员的教育采取讨论班的形式，教授科学活动规范与良好的科学实践活动准则。

（2）特别强调学术资格论文的质量保障

德国科研不端行为治理的第二次浪潮是由时任德国国防部长古藤贝格、时任德国教育部长沙万和时任欧洲议会副议长梅林的博士论文抄袭事件引发的。事件发生后，德国政府、科研资助机构、科研机构、各大学会和学术团体都纷纷高度重视这些事件，有关机构立即展开了调查，并深入讨论和反思这些事件发生的原因。讨论结果普遍认为，德国科学文化传统与科学活动管理中存在着的漏洞是造成这些事件发生的主要原因：一方面，德国比世界其他国家都更重视博士身份，使得德国人不论是科学家还是政客都以取得博士学位为荣；另一方面，德国博士指导过程与论文答辩程序存在漏洞。杜塞尔多夫大学作为科研不端事件涉事人员所在单位理当高度重视事件发生原因的探讨，以及规避事件发生的制度措施的探索。在做了广泛的调查和分析后，该大学在重新修订的良好的科研实践行为准则中，补充了学术资格论文的质量保障条例：9 条中有 3 条是针对这一内容的，即 4、5、6 条。第 4 条是确保学术资格论文的质量总条例；第 5 条是确保博士资格论文质量条例；第 6 条是确保大学教师执教资格论文质量条例[①]。

（二）制定调查及处理科研不端行为程序

《条例》同时对科研不端行为的定义、质疑以及调查科研不端行为的程序做了明确规定。

1. 科研不端行为的定义

《条例》对科研不端行为的定义与德国研究联合会 2011 年修订后的《应对科研不端行为的程序》定义形式虽有差异，但内容实质基本相同，包括虚假陈述、知识产权侵害与共同责任。不同之处在于增加了对科研诚

---

① Ordnung über die Grundsätze zur Sicherung guter wissenschaftlicher Praxis an der Heinrich-Heine-Universität Düsseldorf. http://www.uni-duesseldorf.de/home/fileadmin/redaktion/Oeffentliche _ Medien/Presse/Pressemeldungen/Dokumente/Ordnung _ - _ gute _ wissenschaftliche _ Praxis. pdf.

信调查员与工作团队领导或导师的责任，即①科研诚信调查员如果自己草率地处理对科研不端行为的质疑，特别是收集不正确的不利于更好的知识的质疑被认为是科研不端行为；②工作团队领导或导师严重疏忽监管责任被认为是科研不端行为。

2. 调查及处理科研不端行为程序

德国科学界的调查科研不端行为程序通常分为预审和正式审查。杜塞尔多夫大学的调查科研不端行为程序也包括预审和正审两步，但在此之前还有一个立案环节。具体来说，通常如下：

立案：举报人向科研诚信办事处（专员）举报可疑的科研不端行为，科研诚信办事处在收到举报后先行对举报进行分析和取证，对举报的具体内容、重要性及其可能的动机进行排查。如果认定举报不成立则不予以立案；如果认为举报成立，则向校长提议开启调查程序或直接向调查机构提议开启调查程序。

预审：调查机构在收到校长或科研诚信办事处的指令后，即开启预审程序。预审通常是由科研不端调查委员会的执行委员会实施的。执行委员会通常由调查委员会的主席和 2 名调查委员会成员（校 5 个院系推荐的，每个院系 1 名教授，然后从这 5 个推荐名单中选出的）构成；调查委员会的主席是调查委员会的成员中推选出来的，负责召集会议、主持调查直至最后形成决议。预审期限通常为 6 周，假期为 10 周，在预审期限内调查小组听取被举报人的证词，并对事实真相按照规定进行调查研究，考虑到被举报人的罪证和可能减轻罪责的情况，据此做出终止调查还是进入正式审查的决定。

如果举报人不同意终止审查的预审结果，可以在 4 周内（假期为 6 周）以口头或书面形式向调查委员会提出异议。调查委员会主席须再次听取被举报人证词，然后对举报人的异议进行解释，并做出决定。决定结果要告知举报人和被举报人。

正式审查：正式审查是由科研不端调查委员会实施的。调查委员会成员通常有 7 名或 9 名。其中 2 名是由该校 5 个院系推荐的（每个院系 1 名教授，然后从这 5 个推荐名单中选出的）；还有 2 名是由校评议会推荐的评议代表，另外 3 名即执行委员会成员，有时还会引入 2 名顾问（通常是不端行为学科领域的资深专家或有处理科研不端程序经验的人）。科研诚信专员不能成为正式审查小组的委员，但是可以作为顾问发表意见。正式调查开启后，调查委员会主席通知被举报人，并告知校长。调查委员会主席主持正式调查，以非公开会议的形式商讨，自由地对证据进行审查，判断是否构成科研不端事实。为了实现上述目的可以在事实或法律所允许的情况下，向被举报人取证，听取被举报人（团队或被举报机构）意见，被举报人可以委托律师代理。如果调查委员会不能证实被调查事件构成科研不端行为，则终止调查程序，并告知校长，由校长公布终止调查决定，并由调查委员会主席出具文字解释，为无科研不端行为人解除负担；如果证实被调查事件构成科研不端行为，则应向校长书面陈述调查结果，并对后面的处理提供建议，由校长宣布处理决定。校长根据调查委员会的调查结果和建议，决定采取一项或多项措施对所有直接和间接的不端事件涉事人员进行惩处。惩处措施包括：取消学术资格、按照劳动法、服务法、民法、公共法或刑法轻罪法制裁。

（三）设立科研诚信办事处（专员），开通电子咨询和举报系统

德国高校的科研诚信办事处通常是根据德国研究联合会的要求成立的一个独立的科研诚信咨询机构，机构成员通常只有 1—3 人，负责对本校成员就科研不端行为提供咨询、解释、教育，并接受该校的不端行为举报。

杜塞尔多夫大学的科研诚信办事处有 2 名成员，这 2 名成员是从 5 个院系推荐的 5 名人员中推选的，任期 3 年，可以连任。科研诚信专员的姓名和通信地址都在该机构网站和科研诚信教育网站予以公布。该办现任负责人是校务长办公室校理事会办事处成员，此外还有一位专职人员。科研诚信办事处除了对本校成员就科研不端行为提供咨询、解释、教育，并接受该校的不端行为举报外，还要负责不端事件的立案，并与其他咨询处合作①。

学校还开通了电子咨询和举报系统，负责接受对科研不端事件的咨询和举报。该系统只对校内成员开放，在校内可以自由登录，在校外要经过申请通过密码登录。该系统由该校良好的科研实践中心负责，该中心是海涅研究中心（与院系平行的机构）的一个下属机构。良好的科研实践中心还负责该校的科研诚信规章制定、信息发布、协调全校科研诚信教育等②。

（四）　开设科研诚信教育课程

为了预防科研不端行为的发生，杜塞尔多夫大学根据不同人群、不同院系的不同特点开设了多种科研诚信教育课程。

从授课形式上来讲，主要分为两大类 5 个模块。第一类，博士生良好的科学实践课程，下设 4 个模块，分为：校博士生良好的科学实践课、数学自然科学院良好的科学实践课、医学院良好的科学实践课和哲学院良好的科学实践课。以上课程主要针对各自学院的博士生，校内其他人员也可免费学习。第二类只设 1 个模块，即博士后与青年科研人员良好的科学实践课程。所有课程都是小班授课，通常是 28 人左右，按照报名先后顺序确定听课名单。授课语言以德语为主，部分课程双语授课（德语、英语）。

从授课内容来说，也分为两大类。第一类，校博士生、博士后与青年科研人员良好的科学实践课程，内容主要包括存档，对自己的工作与对剽窃的批判性思考，良好的科学实践的重点内容，个人对个人所在团队的其他人员所负的责任，个人的义务与权利，思考这个问题对工作的用处，避

---

①　Die Ombudsperson der HHU. http：//www. uni-duesseldorf. de/home/universitaet/weiterfue-hrend/ombudsperson. html.

②　Heine Research Academies（HeRA）. http：//www. hera. hhu. de/.

免不必要的额外负担的方式方法，预防和处理科研不端问题的方式方法。第二类，数学自然科学院、医学院和哲学院的良好的科学实践课程，内容主要涉及：良好的科学实践定义，潜在的问题与冲突，科学中的科研不端行为、处理科研不端行为及其可能的结果，科学数据的提取与保存；发表、出版与合作研究，监管与组织文化，人体研究，动物研究，在日常科学工作中预防与处理问题与冲突的战略。从授课内容上来看，两类课程的核心内容是相同的，都涉及良好的科学实践的主要内容，即良好的科学实践定义、科研数据的保存、科研不端问题的预防与处理、个体与团队的责任与义务；不同的是数学自然科学院、医学院、和哲学学院增加了人体研究与动物研究即科研伦理的内容[①]。

（五）更新研究数据保存规范、建立电子保存系统

研究数据的记录和保存已是国际科学界的基本惯例，德国科学界也一直重视科研数据记录与保存，但是伴随科技的发展，科研数据的记录与保存方式、保存期限的长短及意义已发生了重大变化，但是不同科研机构对相关事项的规定存在着不少的差异。为了预防和更有效地查处科研不端行为，也为以后的研究提供可供查阅的数据，便于重复实验和二次利用；德国科学界非常重视研究数据保存的新规则规范的建设，以及新的保存手段、保存系统的开发和建设。应德国科学委员会、德国研究联合会等的要求与倡议，杜塞尔多夫大学更新了研究数据保存规范，并建立了电子保存系统。

以 2014 年高校校长联席会建议为基础，2015 年 11 月 26 日杜塞尔多夫大学回应了 2014 年通过的《确保良好的科学实践准则条例》对保存研究数据的要求，制定了《杜塞尔多夫大学研究数据纲要》（以下简称《纲要》）。《纲要》内容既有宏观的说明，也有具体的规定。宏观方面涉及：

---

① Kurse in "Guter Wissenschaftlischer Praxis" für promovierte Wissenschaftler/innen an der HHU. http://www. hera. hhu. de/veranstaltungen-und-kurse/promovierende. html.

研究数据的内涵，研究数据管理的基本原则、依据的规范，对各专业数据管理的基本要求；具体的规定包括：数据记录的内容，如研究周期、使用的工具、程序等；数据的所有权、使用权，数据保存的工具、内容、期限，数据的获取和传播；以及第三方资助的研究数据保存问题。作为对《纲要》的支撑，大学还提供了数据保存服务平台，即信息与媒体技术中心。①

（六）规范科研团队的建构和成果发表

科研基层机构的内部环境对机构内成员个体科研诚信行为具有重大的影响，这已为不少研究所证实，也受到了不少科学研究、管理及资助机构的高度重视。德国科学界高度重视基层科研机构的内部环境建设，杜塞尔多夫大学同样高度重视这是一问题。不考虑投入和产出，对于一个组织机构的内部环境来说，重要的是组织结构和运行，以及文化和道德氛围。无论从组织机构的运行，还是从道德氛围来讲，领导的态度和行为都至关重要。杜塞尔多夫大学也认识到这一点，在《条例》的关于科研团队的建构部分，特别强调了领导的责任：团队的领导对恰当的交流文化和体制负责，恰当的体制是保障清楚地分配领导、监督、冲突调节和质量确保任务，以及任务实施的基本保障。其次，团队的领导要保障对大学生、博士和博士后的恰当监管。最后，科研团队要对团队集体创造的科研成果的使用进行清楚记录。

在《条例》中，还对科研成果的署名做了细致的规定，原则上凡是真正参与提出问题、研究计划、计划的执行、调查、成果与发现的提取和意义解释的人，以及对内容进行筹划和批判性修改的人，都可以作为成果的参与人。科研成果发表时，所有作者都要确认签字，并对自己贡献部分负

---

① Forschungsdaten-Richtlinie der Heinrich-Heine-Universität Düsseldorf. http：//www. wiwi. hhu. de/fileadmin/redaktion/Fakultaeten/Wirtschaftswissenschaftliche _ Fakultaet/Dekanat/Forschung/2015 _ Forschungsdaten-Richtlinie. pdf.

责。如果成果使用了他人没有发表的成果内容，必须经被使用人同意，或作为合作者。此外，《条例》还特别规定有几种情况不能作为合作者：承担获取资助的组织责任的人，提供标准研究材料的人，提供标准方法指导的人，仅提供数据提取技术的人，仅提供单纯的技术的人，纯粹的数据组转让，阅读书稿内容但没有实质性贡献的人，以及研究所的领导。

四、案例："两次浪潮"事件

在德国科研诚信体制建立的过程中，"两次浪潮"起了推波助澜的作用。第一次浪潮即 1997 年的肿瘤专家赫尔曼、布拉赫的数据造假事件，第二次浪潮是 2011 年高级政客的博士论文事件。

（一）赫尔曼、布拉赫数据造假事件

在德国科研不端行为中影响最大的一起事件是 1997 年肿瘤专家赫尔曼（Friedhelm Hermann）、布拉赫（Marion Brach）的学术造假事件。他们曾被认为是 90 年代德国顶级的科学家。他们二人在哈佛大学开始科研合作，返回德国后，曾先后一起在美因茨大学、弗莱堡大学、德尔布吕克分子医学研究中心、乌尔姆大学工作。后来二人关系破裂，布拉赫出任吕贝克大学分子医学研究所的负责人。

1997 年，曾在德尔布吕克分子医学研究中心工作，后又离开该中心的分子生物学者黑尔特（Eberhard Hildt）博士发现赫尔曼、布拉赫的研究数据要借助于电脑的帮助才能获得，后来他得到了他们的原始数据，他曾经与赫尔曼、布拉赫当面对质，但无果而终。后来他求助于自己的博士导师，他的博导与其同事一起对黑尔特提供的材料进行了审查，发现数据是伪造的。他把这件事告知了赫尔曼、布拉赫所在的大学。黑尔特还声称，其实他早就知道二人伪造数据一事，但是由于他们长期担任实验室的领导，并以破坏他的科研生涯威胁他，所以他一直不敢举报二人。收到举

报后，乌尔姆大学、德尔布吕克分子医学研究中心、美因茨大学和弗莱堡大学分别成立了临时调查委员会，负责调查二人在不同时期的研究及他们发表的论文是否存在科研不端行为，同时还成立了一个总的联合委员会负责协调和评估多个临时调查委员会的调查结果。1997 年夏，联合委员会提交了最终报告，指出二人有超过 30 篇论文存在着数据伪造和篡改的可能性。事件引起了媒体的广泛关注，主管的科技部长对此做出回应。随后，德意志研究联合会成立了专门的国际调查委员会，授权该委员会从科研体制上研究产生科研不端行为的原因，制定防范措施。随着调查的展开，举报不仅被证实而且被揭示的伪造的做法与数目越来越多。调查发现，他们合写的 170 多篇论文中有 58 篇被认为具有重大的造假嫌疑，在此期间赫尔曼、布拉赫还滥用职权驳回了调查申请。夏末，布拉赫辞去了吕贝克大学教授的职务，赫尔曼也被迫停职。1998 年 9 月，赫尔曼辞去了教授职务。同时，调查组还要求二人撤销 52 篇已发表的被证实含有数据伪造和篡改的文章。德意志研究联合会声明，追回赫尔曼从联合会获取的 44 万美元的研究资助。此外，许多合作者被卷入这个事件，他们大多数宣布自己是荣誉作者，对研究内容不清楚。他们的同事迈尔特斯曼（Roland Mertelsmann）是医学领域的著名教授，就是其中具有代表性的一位，但是人们发现，他没有与上面两位学者合著的论文也有几篇被认为存在造假行为。此外还有迈尔特斯曼的另外两名同事也因此而被取消博士资格[1]。

　　事件引起了德国科学界的震惊，击碎了德国科学界相信科学自律完全可以避免科研不端行为的美好梦想。德国研究联合会，马普学会、德国大学校长联席会等陆续开始制定良好的科学实践准则、调查处理科研不端行为的程序规章，成立科研诚信委员会应对再也不可轻视的科研不端行为。

---

① Fröhlich G. Betrug und Täuschung in den Sozial-und Kulturwissenschaften. Wie kommt die Wissenschaft zu ihrem Wissen?Band 4：Einführung in die Wissenschaftstheorie und Wissenschaftsforschung. Hohengehren：Schneider-Verlag，2001，261—276.

（二）高级政客的博士论文事件

1. 古滕贝格博士论文抄袭事件

古滕贝格（Karl-Theodor zu Guttenberg）德国前国防部长。他于 1992 年至 1999 年在拜罗伊特大学学习法律。2000 至 2007 年，在拜罗伊特大学攻读法律博士学位，他的主导师是海伯勒（Peter Häberle），副导师是史特拉恩茨（Rudolf Streinz）。博士论文的内容是关于宪法和宪法条约的。2007 年 2 月 27 日古滕贝格博士论文答辩取得优异成绩，2007 年 5 月 7 日，他正式获得"法律博士"学位。

2011 年 2 月 12 日，不来梅大学法律学者莱斯卡诺（Andreas Fischer-Lescano），对古滕贝格博士论文的审查中发现，有九处大多是逐字逐句的复制，没有参考文献。他在古滕贝格发表的其他文章中发现也存在同样的问题。他认为这些抄袭违反了拜罗伊特大学的博士学位规定，并告知了论文的两位评阅人。① 他还联系了南德意志报的编辑普罗伊斯（Roland Preuß）。2011 年 2 月 16 日，他的同事舒尔茨（Tanjev Schultz）在南德意志报发表了对古滕贝格的指控。在法兰克福总汇报（FAZ）和南德意志报报道的当日，一位匿名的博士生发现古滕贝格大篇幅地抄袭了 1997 年政治学家则恩芬尼希（Barbara Zehnpfennig）发表在法兰克福总汇报的文章。周日报的主编米勒（Felix E. Müller），发现古滕贝格从 2003 年新苏黎世报出版的周日报（NZZ am Sonntag）的一篇文章中抄袭了 97 行，没改一个字，因此是故意的没有注明出处，不是偶然的疏忽。②

当日，古滕贝格在柏林公开表示反驳这一指控，他表示："谴责我的论文是剽窃的言论是有深意的。"他"愿意检查是否有超过 1200 个脚注和

---

① Ulrich Schnabel. Ich wollte es nicht glauben "Zeit Online. 24. Februar 2011. Abgerufen am 28. Januar 2012.

② Schweizer Chefredakteur fordert Entschuldigung. Focus Online. 16. Februar 2011. Abgerufen am 19. Dezember 2011.

475 页零星的脚注不应该标注或没有正确标注，并将在新版本中考虑到这一点。"①

当天，拜罗伊特大学科学自治委员会监察员克利佩尔（Diethelm Klippel）启动调查。委员会成员包括 4 名教授。第二天，大学校长鲍曼（Rüdiger Bormann）公开要求古滕贝格在两周内就这些指控发表意见。同一天，被抄袭的新苏黎世报出版的周日报的文章的作者奥博米勒（Klara Obermüller）也要求古滕贝格道歉。上面提到的匿名博士生创办的网上平台"GuttenPlag 维基"提供了自愿搜索古滕贝格的博士论文及其同时期的文章抄袭情况的网络平台。② 2 天后，南德意志报和多家媒体报道了古滕贝格博士论文的抄袭情况。"GuttenPlag 维基"连续发布了 7 份报告，报道古滕贝格博士论文的抄袭情况。

2011 年 2 月 21 日，古滕贝格承认他的博士论文存在"严重错误"，要求撤销他的博士学位，但否认主观欺骗和故意误导。当天，他辞去了国防部长的职务。③ 校长鲍曼在同日发表评论说，古滕贝格自愿放弃学位并不能免除大学对抄袭指控的调查。2011 年 2 月 23 日，鲍曼宣布大学取消古滕贝格博士学位。因为古滕贝格违反了大学的博士学位规定，多处文献和资料来源不明确。博士委员会一致表示，古滕贝格"严重违反了科学义务和科学工作原则"。依据《行政程序法》（Verwaltungsverfahrensgesetz）第 48 条，即使没有欺骗意图，也可以而且必须撤销博士学位。④ 巴伐利亚州科学、研究和艺术部作为该大学的法律监督机构审查了这一程序，并

---

① Fußnoten-Streit：Dr. Guttenberg nennt Plagiatsvorwürfe abstrus. In：Spiegel Online，16. Februar 2011. Abgerufen am 21. Februar 2011.

② Oliver Neuroth. Internetprojekt GuttenPlag："Schwarmintelligenz" im Kampf gegen Plagiate. In：tagesschau. de，19. Februar 2011. Abgerufen am 21. Februar 2011.

③ Plagiatsaffäre：Guttenberg will auf Doktortitel verzichten. In：Spiegel Online，19. Februar 2011. Abgerufen am 22. Februar 2011.

④ Universität Bayreuth. Universität Bayreuth erkennt zu Guttenberg den Doktorgrad ab（PDF；66 kB）23. Februar 2012. Abgerufen am 18. Januar 2016. https：//www. uni-bayreuth. de/de/universitaet/presse/archiv/2011/040-037-gutten. pdf.

确认其合法。

2011 年 5 月，拜罗伊特大学的科学自治委员会确定古滕贝格的行为属于欺骗行为。霍夫（城市）的检察官办公室认为，古滕贝格博士论文的23 段文字存在侵犯版权的行为。2011 年 11 月，古滕贝格支付给一个非营利组织 20，000 欧元，结束了初步调查。①

2. 沙万博士论文抄袭事件

2011 年 12 月德国一家专门揭发科研不端事件的网站"猎手"披露，时任德国教育部长的沙万（Annette Schavan）的博士论文存在着严重地抄袭现象，并要求沙万获取博士论文的学校杜塞尔多夫大学博士委员会对论文进行调查。此消息一经披露就引起了《明镜》日报的关注。2012 年 5 月，杜塞尔多夫大学利用查重软件进行网上查重，结果认为存在抄袭嫌疑。随后沙万取得博士论文所在的哲学系主任首先对被举报论文进行了审查。6 月 27 日，系主任委托博士学位委员会主席（前系主任）主持调查，9 月 27 日，调查委员会就预审形成决议：被调查部分论文的基本框架和有实质性学术贡献的部分存在着严重的故意欺骗。12 月，博士学位委员会建议系委员会开启正式调查，2013 年 1 月 22 日，哲学系委员会，以 14 票赞成，1 票弃权，0 票反对，通过决议：在 12 月底公布博士学术委员会的决议，取消沙万的博士头衔。沙万对此决定表示反对。在《时代》杂志的一次采访中，沙万承认自己有两处引用属同一来源没有注明，还有一处根本没有注明来源。自己的论文只是存在疏忽的错误，并无故意抄袭或欺骗。2 月 5 日，哲学系委员会就调查结论再次进行投票，以 13 票赞成，2 票弃权，0 票反对通过调查结论：论文中大量引用没有标注，就整体而言，论文存在系统的、故意的抄袭企图，沙万的反对无效，取消博士学位及以后的所有学位头衔。2 月 9 日，总理默克尔发言，表示很痛心沙万辞

① Plagiatsaffäre Guttenberg. https：//de. wikipedia. org/wiki/Plagiatsaff％C3％A4re ＿ Gutten-berg.

去部长职务。沙万解释说，自己的论文既没有抄袭也没有欺骗，为避免因自己的职务对调查造成压力故辞去部长职务。随后沙万提起上诉，2月20日，杜塞尔多夫法院审理沙万的上诉。当天，杜塞尔多夫大学通知沙万可以选择公布书面证据，但沙万拒绝了。3月，杜塞尔多夫法院审理沙万的另一起论文抄袭举报，法院认为，沙万在2008年发表的论文《追问上帝与人》中引用了神学家皮特·沃特（Peter Walter）的文章没有注明来源。2014年3月20日，杜塞尔多夫法院驳回沙万的上诉，认为杜塞尔多夫哲学系委员会的决议无误。2014年4月10日，法院通知沙万"不准申请上诉"。2014年6月，杜塞多夫大学在学年总结报告中，哲学系主任布利克曼（A. B. Bleekmann）表示，对沙万的调查进行了有利于沙万的调查，在被邀请的调查人员中没有持反对立场的人，调查组充分尊重了公众意见，并征询了大学校长联席会、马普学会、德国科学机构联盟的意见与建议。德国科学机构联盟对大学调查人员的诚实与严肃性进行了查问，并审查了大学的责任。①

　　对前教育部沙万的博士论文抄袭事件的调查处理过程进行分析，可以发现在此次调查事件过程中杜塞尔多夫大学在政策的执行层面存在漏洞：未设立专门的科研诚信办事处（专员），没有专门的科研不端调查委员会（通常有相对固定的队伍），也没有专门的科研不端决策机构（通常由校领导负责）。因此事件发生后，该大学哲学系不得不临时组织系学位委员会进行预审，后又组织系委员会进行正式审查。调查组织不规范，决策不具有权威性，这也是该调查组织需进行二次投票和后来移交法院的内在原因（打破了德国科学界主张的"科学自治"的理念）。此外，从《确保良好的科学实践准则条例》的内容来看，修订前的《条例》缺乏学术资格论文的质量保障条例。

---

① https：//de. wikipedia. org/wiki/Annette _ Schavan.

五、德国科研不端治理制度建设的未来走向

德国科学委员会（Wissenschafsrat）作为德国联邦政府和各州政府的科研政策咨询机构，其提供的建议对德国科研具有指导性作用。2014年德国科学委员会对本国的科研不端治理的文件（纲要、规范等）进行了搜集整理，并进行了国际比较；就"良好的科学实践纲要"在全德的执行情况进行了问卷调查。基于对问卷的统计分析和国际比较，德国科学委员会认为，德国科研不端治理体制建设过程中还存在着文件执行不力、科研诚信教育有待加强、研究数据与出版实践仍存在提升空间、科研不端行为的调查与处理仍需落实、科研成果监督和评价机制过于注重数量指标等问题。为此德国科学委员会强调，德国科学界必须强化科研不端治理体制建设，出台了文件《科研诚信建议》（2015）①。

根据德国科学委员会的意见和建议，德国科研不端治理制度建设的未来走向，应当在以下五个方面加大工作力度：

（一）科研诚信教育

德国科学委员会认为，从大学一开始就传授与训练良好的科学实践是确保质量与促进科研诚信的根本性要素。获得科研诚信的品行与能力不只是在以后的研究生涯是必须的，并且在所有的职业领域都是适用的，因此应当被看作是每个学习阶段的目标，并加以促进。因此德国科学委员会建议从大学一开始就在课程安排上设置传授与训练良好的科学实践是一种义务。在入学大会上就告知新生，违规行为的可能后果、学校对学生的课程论文与毕业论文进行剽窃与造假审查。

德国科学委员会建议，在大学开始时就必须具有整个研究过程需遵循

---

① Empfehlungen zu wissenschaftlicher Integrität（2015-06-05）http：//www. wissenschaftsrat. de/download/archiv/4609-15. pdf.

的科学标准意识，如数据调查方法与数据要保存，实验、准确的方法知识与应用技巧要存档。由于科研仪器、成果的使用与解释的复杂性，以及与新技术、新媒体、新方法打交道的复杂性，要选择适当的时机在学业教育以及继续教育中进行培训。如果良好的科学实践的教育和引导没有系统地保证是导师教导层面的疏忽；如果没有相应的机构、过程与资源可以支配，应看作是机构的过失。①

（二）数据保存与出版实践

研究的质量与诚实、真诚、彻底性，以及研究能力紧密相关，不诚信的行为可能会发生在研究过程的各个阶段，研究过程中那些难以明确基本条件的部分最容易发生不诚信行为。其中，首先是数据保存与出版实践。

关于数据：研究成果的可重复性应当特别引起注意，这是专业研究共同体的责任，在重复性研究中为了能够独立地检验研究成果，基本数据应当是可获取的。研究数据必须按照国际标准进行相应地筛选，以便于长期保存并为以后的研究使用。德国科学委员会建议 Nestor（德国数字资源长期保存与可支配性网络）、信息基础设施委员会与国际组织紧密合作，在考虑到数据保护与著作权的前提下，针对不同数据类型的长期保存与使用具体的技术措施制作出数据管理模型。坚守科研诚信必须考虑到基本数据对重复实验以及未来研究的透明与可获取性。②

出版实践：科研体系中研究过程的加速影响到了出版行为，表现出由于量化指标引起的出版压力。科学内部确保质量的程序是强化科研诚信的核心条件，当基本条件改变时，必须对它的功能的有效性进行检测，以便有针对性地进行调整。当前出版物的数量之大已经破坏了出版的真正意义，科学共同体应致力于恢复最初的科学交流与可重复检验。科学委员会

---

① Empfehlungen zu wissenschaftlicher Integrität（2015-06-05）http：//www. wissenschaftsrat. de/download/archiv/4609-15. pdf.

② Empfehlungen zu wissenschaftlicher Integrität（2015-06-05）http：//www. wissenschaftsrat. de/download/archiv/4609-15. pdf.

建议出版社的编辑进行改革以促进质量主导的成果评价，采用新的评价程序，如开放-评议程序或出版后-评议。所有的出版物都应当建立并遵守清晰的规范，这些规范应当由专业学会与院校联盟确定，并且方案开始时应在每个研究团队中广泛交流、听取意见。①

（三）科研不端事件的调查处理

调查科研不端的科研诚信办事处与科研诚信委员会的设立表明在高校与科研机构加强科研诚信文化的责任。对科研不端的冲突与质疑的调查与咨询是科研诚信文化的核心要素。它保证了程序的正确、公平以及对嫌疑人与举报人的保护。独立的科研诚信办事处是机构成员获得科研诚信相关问题的咨询、支持和教育的重要机构。高校应当在行政的支持下扩大科研诚信办事处，并使之专业化、制度化，保证它的持续性与专业性，并尽可能地改善科研诚信办事处之间的合作。总的来说，重要的是完成任务的秩序、足够的资源与程序的透明。这应当由科研诚信专员通过定期的工作报告与科研诚信委员会在调查程序结束后匿名公布科研不端事件来推动。

尽管德国研究联合会与德国大学校长联席会已经出台了调查科研不端行为的程序，但是还应继续应用和推广这一程序，特别是对科研不端行为的调查与制裁。这涉及对质疑进行调查的基本规范的评价、过程、结构与程序，以及机构中责任与权力的分配、对科研不端行为的制裁。这里程序标准的合理性是关键。它支持高校与科研机构制定适合自身情况的具体程序建议，并坚决要求在高校与科研机构中大力推广。对科研不端行为实施制裁的最有力的角色是领导层。对科研不端行为的处理能力必须看作是高校与科研机构的功能结构与高质量标准的标志。德国科学委员会建议，将来要把处理科研不端的功能结构与程序看作是高校体系认证与科研机构评估的条件，同时也是高校与科研机构获得经费资助的条件。

---

① Empfehlungen zu wissenschaftlicher Integrität（2015-06-05）http：//www. wissenschaftsrat. de/download/archiv/4609-15. pdf.

　　科学委员会建议在国家层面设立制度化的平台机构，服务于高校与科研机构的科研诚信专员与参与人的信息共享与联网。长期来看它应作为致力于程序标准化与一致性的制度化的论坛。这个平台支持学习系统，通过这个平台，已有的判定被匿名收集、存档、传播、查阅。其次，它有利于对科研不端行为的规范性的评价，以及保证制裁的一致性。再次，它还有利于专业团队，如专业论坛与会议、院校联盟与学会等，继续制定良好的科学实践的清晰规范，或给科研不端行为下定义。最后，它还可以为单个机构提供有关确保质量体系的建议和咨询服务。①

　　高校与科研机构的科研诚信调查员应当与这个新成立的平台进行定期地交流。这样的平台本质上是为了加强科研诚信文化。它必须是独立的、开放的、所有行为者都可以加入的。这个新成立的平台应当在功能上不同于德国研究联合会制定的科研诚信专员"三人原则"，它是独立的、开放的。为了实现这一目标，所有联盟组织、大的研究资助机构、大学、高校、院所联盟与学会都必须加入。新成立的平台的核心任务是通过行为者的联网与标准的制定加强科研诚信。这种超出单一资助机构的国家平台，在几乎所有的欧洲国家与全球都建立了，如美国、丹麦、欧盟、奥地利，德国也应该建立这样的一个平台。②

（四）研究成果的监督与评价标准

　　研究成果的激励系统与评价操纵着科学的发展方向，影响科学工作的质量与科研诚信。成果导向的科研经费分配体系（LOM）在经费分配中关注的首先是数量指标，因而引起了意想不到的后果。原则上国际科学竞争的大气候带来的应当是质量的提高，但是过度的竞争引起的过大压力带来的却是质量的丧失与对科研诚信的威胁。

---

　　①　Empfehlungen zu wissenschaftlicher Integrität（2015-06-05）http：//www. wissenschaftsrat. de/download/archiv/4609-15. pdf.

　　②　Empfehlungen zu wissenschaftlicher Integrität（2015-06-05）http：//www. wissenschaftsrat. de/download/archiv/4609-15. pdf.

科学委员会的任务是促进科研文化在科研成果的评价中不论是对机构还是对个人的评价均使用质量标准。对成果的质量评价不能仅看引用指标，而是多种指标综合运用。单一的引用指标可能导致歪曲，如诱发引用联盟或引用操纵；因此还要看出版物与科学成果的内容。此外，还要考虑其他指标，如专利、获奖、创新、在该领域的重要科研机构访学、国际学术活动等。对成果的评价来讲，出版物的质而不是量才是决定性的。许多专业把引用指标作为决定性的指标是不恰当的。在充满竞争的科学体系中必须注意，意想不到的副作用对科研诚信的威胁，必须制定相应的规则将副作用降到最低。科研机构采取适当的、高效的手段，使竞争促进科研诚信，这应被看作是机构的一项任务。资助的首要条件当然不是诚信，但是应当与机构的声望、配置一起作为资助的基本条件与高质量的标准。公共与私人提供的资助都应具有加强科研诚信的措施，在与国家、质量导向的资助分配、体系认证的协议书中都应有体现。科学委员会还建议采用精神激励机制。①

（五）行为者的责任

科研诚信文化建设是一个持续的、共同的构造过程，依赖于个体与机构的具体化与执行，各行为者必须履行好自己的职责。

①科研人员视角色与职位不同承担不同的责任。普通教师有自己履行并告知学生良好的科学实践规则的责任；领导除了履行普通教师的责任，还要推动整个团队理解和践行良好的科学实践。②高校与科学机构中的领导层对促进科研诚信的功能性结构承担主要责任；不同的院系应该根据自己的专业特点制定规则，设置良好的科学实践课或实践培训，出台透明的招聘程序，制定合理的评价指标等等。③高校与科研机构的政策制定者、

---

① Zum Umgang mit wissenschaltlichem Fehlverhalten Abschluss bericht Abschussbericht Ergebniss derersten Sechs Jahre Ombudesman Mai 1999-Mai. 2005 . S12-17. 2005. http：//www. om-budsman-fuer-die-wissenschaft. de/···/Abschlusser.

联邦和州作为资助者必须认识到，单纯的以数量为标准的成果评价的副作用以及对科研不端行为的可能的推动作用；采用透明的、功能性的结构强化科研诚信等等。④研究资助者须强化以质量为标准的成果评价标准；鉴定人的选择要避免偏见、积极支持成果评价的问题意识；申请机构应当有透明的、功能性的结构处理冲突事件和科研不端事件等等。⑤高校的委托方与机构的评价领域的行为者应当按照②对所在科研机构促进科研诚信的结构和措施进行检查等。⑥科学出版社与杂志：出版社与杂志有责任在出版中不选用、阻止科研不端行为；为了避免剽窃、控制数据操纵应当检查签名；鉴定人员的选择要重视除了专业，还要无偏见；确保质量和伦理出版标准应当持续更新、发展等等。①

补充说明：

德国的科研诚信不包含科研伦理的内容。2015 年，德国科学委员会在《科研诚信建议》中明确表明了本文件所讨论的科研诚信的内涵。科研诚信应当理解为在科学中诚实和对质量负责的一种文化意义上的伦理意识。科学诚信不包含研究题目和研究对象的伦理问题，如军备研究与动物实验；同时也不涉及腐败、商业委托研究以及歧视。它强调科研诚信贯穿于学习、科学训练与科学生涯所有阶段的整个研究过程。

第二节 瑞士

瑞士是世界公认的国际科研中心，它在科技上的成功与科技管理体制包括治理科研不端的机制具有重要的关系。瑞士的科研不端治理模式是以科学界自我管理为主导的单层管理模式，国家科技基金会与各大学、各科

---

① Empfehlungen zu wissenschaftlicher Integrität（2015-06-05）http：//www. wissenschaftsrat. de/download/archiv/4609-15. pdf.

研机构根据自身的具体情况制定相应的规章制度，并成立独立的执行机构对本单位的科研不端事件展开调查。与北欧国家强调"统一治理"的理念不同，瑞士的科研不端治理体系中没有类似与国家科研诚信办公室这样的顶层治理机构，甚至瑞士的大学联席会也没有像德国与奥地利大学校长联席会那样出台共同的应对科研不端的指导性方针。瑞士科研不端行为的治理是由科研机构与科研资助机构自行担负的。瑞士国家科技基金会作为瑞士官方的最高资助机构，对其资助的科研项目可能出现的科研不端行为进行自主管理；各大学和科研机构也根据自身的实际情况制定相应的规章制度。

尽管如此，瑞士科学界在科研不端行为的界定、调查过程和机构、处理办法中的原则性问题上并不是杂乱无章、彼此冲突的，而是基本趋同的。如对科研不端行为基本上采用了广义上的定义，比美国、德国、澳大利亚等国对科研不端行为的定义都要宽泛，即不仅包括科研不端行为的核心要求，禁止"伪造、篡改和剽窃"；而且包括了"发表与署名""同行评议""合作研究"，以及"阴谋破坏活动""原始数据的保留"等在一些国家被认为是科研诚信的内容；此外还包括财务责信的内容，即在多数国家被认为是学术腐败的内容，如把"公开的或秘密的酬谢研究所之间的熟人或做出科学审查结果的人"也包括在科研不端行为之中。①

在调查过程与机构方面，通常各大学或科研机构聘请独立的协调员（科研诚信专员）负责对有关科研不端行为的咨询、初步调查，设立独立的调查机构负责对科研不端事件进行深入调查取证，并把调查结果和处理意见告知单位的领导，最后由单位的领导做出处理决定。调查过程通常采取保密形式，注重对举报人与被举报人的保护。此外，还要求调查成员与举报人、被举报人没有亲戚、朋友或同事关系，对举报人、被举报人没有偏见。

---

① 　Broschüre Wissenschaftliche Integrität -Grundsätze und Verfahrensregeln. http：//www. akademien-schweiz. ch/index/Schwerpunktthemen/Wissenschaftliche-Integrität. html.

在处理办法上，调查结果通常只告知举报人、被举报人与被举报人依托单位的领导，对社会不公开。具体制裁措施遵循已有的法律或预先制定的措施。允许举报人与被举报人在规定期限内提起上诉等。

瑞士国家科技基金会在 2013 年才成立了专门的科研诚信委员会，制定了科研不端行为调查程序——《科研不端行为规章》（*Reglement über wissenschaftliches Fehlverhalten*），但是作为国家资助机构，其科研不端处理精神和办法一旦出台就对全国各大学和科研机构起了一定的引导和示范作用。

而瑞士国家科技基金会治理科研不端行为的精神和办法，除了借鉴国际标准和德国的经验以外，在国内主要是借鉴瑞士科学院的做法①。瑞士科学院在治理科研不端方面在瑞士科学界处于领头羊的地位，其地位在国际上得到认可。因此下文将对瑞士国家科技基金会、瑞士科学院和瑞士的大学治理科研不端行为的机制展开介绍和分析。

一、瑞士国家科技基金会

（一）科研诚信委员会的成立和主要任务

瑞士国家科技基金会（Schweizerische Nationalfonds zur Förderung der wissenschaftlichen Forschungs，SNF）是瑞士最重要的基础研究资助机构。它由基金理事会与委员会、国家研究理事会、瑞士高校研究委员会、秘书处、国际咨询委员会 5 个部门组成。基金理事会与委员会是基金会的最高机构战略决策，下设指导委员会和内部审计 2 个部门。国家研究理事会负责对递交的基金申请书进行评审，决定是否予以资助；下设人文社会科学，数学、自然科学和工程科学，生物学和医学与项目研究四个部门，四

---

① Wissenschaftliche Integrität. http：//www.snf.ch/de/derSnf/forschungspolitische _ positionen/wissenschaftliche _ Integrität/Seiten/default. aspx）.

个部门分别评估各自领域递交的基金申请并决定是否予以资助。瑞士高校研究委员会设于各高校，作为各高校与基金会的中介机构，对自己所处高校的申请进行评价并提出意见。秘书处主要负责对基金理事会、研究理事会以及高校科研委员会的日常工作地支持和协调。国际咨询委员会由分别来自英格兰、荷兰、瑞典和瑞士的五名来自不同领域的、有影响力的人组成，负责就基金会如何长期发挥其作用和战略提供意见和建议。

2013 年 9 月 17 日，国家研究理事会同时发布了《科研诚信委员会章程》（2016 年进行了修订）与《科研不端行为规章》（2016 年进行了修订）两个文件，设立了科研诚信委员会和剽窃控制小组委员会，并正式启动科研诚信委员会对科研不端事件的调查程序。根据《科研诚信委员会章程》规定，科研诚信委员会主要负责调查可疑的科研不端行为，其成员由主席与研究理事会的部门和专门委员会的代表组成。科研诚信委员会与剽窃控制小组的成员任期均为 4 年，科研诚信委员会的主席可以连任 1 次。科研诚信委员会的任务，除了负责调查可疑的科研不端行为外，还负责：组织和程序问题，以及与科研诚信有关的基本问题的咨询；补充和更新法律基础和科研诚信标准；定期向研究理事会主席团报告委员会和剽窃控制小组的活动。诚信委员会至少每年召开一次会议，就上述问题进行讨论。剽窃控制小组主要负责审查提交给基金会的申请中的可能的剽窃行为，并予以协调；该小组由办公室的 8 名成员组成，他们来自研究理事会和法律服务处的四个部门和三个专门委员会，其中法律服务处成员有固定代理人。[①]

（二）科研不端行为的定义

根据《科研不端行为规章》（2016），科研诚信委员会采用的科研不端行为的定义与瑞士科学院对科研不端行为的定义基本相同，但是增加了"剽窃"与"出版列表中的虚假陈述"两项新规定。

---

① Reglement der Kommission für wissenschaftliche Integrität，http：//www. snf. ch/SiteCollectionDocuments/organisationsreglement _ kommission _ wiss _ Integrität _ d. pdf.

科研诚信委员会对科研不端行为从 3 个方面进行了界定。一是，对科研不端行为的一般规定。如果故意或疏忽就存在科研不端行为，具体表现为：把他人的劳动成果和认识结果放在自己的名下（剽窃）；虚假陈述和伪造；侵犯他人的知识产权或以其他方式干扰他人的研究活动；违反科研诚信规则和良好的科学实践的其他方式。二是，对科研不端行为的具体类型的枚举。文件参照瑞士科学院对科研不端的定义在附录中列举了 16 种科研不端行为。三是，关于参与科研不端行为。例如知道他人的虚假陈述或假冒行为，假冒出版物的共同作者，隐瞒科研不端行为，疏忽或违反监督责任。①

对"剽窃"的定义，区分了剽窃与轻微的违规行为。剽窃包括：以自己的名义提交他人作品；翻译外文文本不注明来源；从他人作品中使用部分文本而不注明引用来源；从一个或多个他人作品中使用文本，并进行轻微的文本修改和更改，而不指明引文来源；接受来自他人作品的部分文本而在文章中不直接注明所使用的文本来源，而是仅在作品结束时注明。轻微的违规行为是指：只缺少一些来源；与整个文本相比，未注明的文本数量较少；或未注明的文本内容涉及普遍的知识或研究状态。②

"出版物列表中的虚假陈述"也分为虚假陈述与轻微的违规行为。虚假陈述包括：与出版物上的作者次序相比，出版物列表上的作者次序发生了变化；在出版物列表中没有提到在出版物中出现的作者；出版物列表中不包含其他作者在出版物本身中出现的平等参与的信息；出版物列表包含申请人既不是作者也不是共同作者的出版物。轻微的违规行为是指出版物列表中只有少数几个错误陈述。③

---

① Reglement über wissenschaftliches Fehlverhalten，http：//www. snf. ch/SiteCollectionDocuments/ueb _ org _ fehlverh _ gesuchstellende _ d. pdf.

② Reglement über wissenschaftliches Fehlverhalten，http：//www. snf. ch/SiteCollectionDocuments/ueb _ org _ fehlverh _ gesuchstellende _ d. pdf.

③ Reglement über wissenschaftliches Fehlverhalten，http：//www. snf. ch/SiteCollectionDocuments/ueb _ org _ fehlverh _ gesuchstellende _ d. pdf.

（三）科研不端事件的调查和处理

涉嫌使用瑞士科技基金会资助的科研不端行为通常由不端行为人所在科研机构负责调查；如果基金会认为所在机构的调查程序和结果不充分，基金会会执行自己的调查程序，并对查证的科研不端行为予以适当的制裁。基金会员的调查和处理，采取调查权和裁决权相分离的原则：由科研诚信委员会实施调查，由研究理事会做出最后裁决。

科研诚信委员会在收到满足程序要求的科研不端行为指控时，委员会根据案件所属的专业组建临时的负责调查具体案件的科研诚信委员会。调查委员会通常由主席、研究理事会专业委员会和相关部门的代表、办公室剽窃控制小组的成员、剽窃控制小组的法律服务成员或其代理组成。对于无法明确分配给某个部门或专业委员会的案件，则由与该问题的主题或组织关系最为密切的委员会代表和剽窃控制组成员负责调查。如果研究理事会专业委员会和相关部门的代表与案件当事人存在利益冲突，主席应在代表中指定负责该程序的成员。如果主席缺席将由副主席代替。调查委员会可以从相关的国内外机构或个人那里获取信息，并根据法律要求向这些机构或个人提供信息。调查过程中委员会还可以根据需要邀请内部或外部专家参与调查。如果调查结果表明没有科研不端行为，则应终止诉讼程序。终止诉讼程序应以适当方式公布。如果存在科研不端行为，委员会应撰写一份报告，并向研究理事会主席团提出建议。建议的内容包括三个方面：制裁的类型和程度、委员会的决定是否公布、该决定是否应通知所在机构。

研究理事会主席团根据违规的严重程度和造成危害的程度实施以下制裁：书面通报；书面警告；减少、暂停或追回资助；在一段时限内禁止申请资助，禁止申请资助的最长期限为 5 年。研究理事会主席团决定是否通知不端行为人所在机构，并以适当形式将该决定传达给相关人员。

在整个调查过程中，被举报人有权发表意见、查阅档案、提交证据、提出申请；委员会的组成也将告知被举报人。调查委员会需保留各个程序步骤的书面记录。程序是保密的。被举报人可以在收到决议 30 天内向联邦行政法院提交上诉。举报人有保密的权利，没有参与权，也没有权利获得调查过程中的相关信息。如果举报没有根据或违背更好的知识原则，则基金会会将调查结果告知举报人[①]。

根据科研诚信委员会发布的年报，剽窃控制组使用软件分析的研究计划表明，自 2013—2017 年以来，每年提交的申请在 200—270 件之间不等（2017 年有 254 个申请）；怀疑存在科研不端行为，进行详细审查的在 50—100 件之间不等（2017 年有 83 份申请）。剽窃控制组使用软件分析和详细审查的案件数量相对稳定。诚信委员会在 2013 年处理了 4 起案件，0 件上诉，0 件制裁；在 2014 年处理了 6 起案件，5 件上诉，1 件制裁；在 2015 年处理了 4 起案件，1 件上诉，3 件制裁；在 2016 年处理了 12 起案件，5 件上诉，6 件制裁；在 2017 年处理了 4 起案件，0 件上诉，4 件制裁。除 2016 年外，诚信委员会每年处理和制裁的案件数量基本稳定。

二、瑞士科学院科研不端治理机制的形成和发展

瑞士科学院是主要由瑞士自然科学学院、瑞士人文与社会科学学院、瑞士医药科学学院、瑞士技术学院四个学院组成的综合性科研机构。其中瑞士医药科学学院比较早地关注科研不端行为，并积极地探索预防和治理科研不端行为的途径。

（一）瑞士医药科学学院的探索

早在 1943 年瑞士医药科学院就成立了旨在传授实践中的科学医药知识与解决伦理问题的医药研究促进会。1999 年 11 月，在医药科学院评议

---

① Reglement über wissenschaftliches Fehlverhalten, http://www.snf.ch/SiteCollectionDocuments/ueb _ org _ fehlverh _ gesuchstellende _ d. pdf.

会召开 125 次会议之际，大会讨论通过了《医学、生物医学研究中的科研诚信》章程，并建立专门的委员会。此外会议还通过了《对精神障碍患者进行绝育手术的医学伦理纲要》，以及扩充评议会的医学专业社团代表的提议。会议指出，日益激烈的职场竞争以及争夺研究经费的世界范围内竞争使得科研不端行为的风险加大。面对这种可能的情况，大会认为，医药专业必须成立专门的委员会，负责起草评判科研不端行为的标准，并作为可疑的科研不端案件的决策中心。大会通过了新修订的章程，并选举了委员会的主席和成员。此外，大会还对 1981 年通过的《对精神障碍患者进行绝育手术的医学伦理纲要》进行了补充修订，强调了患者与家属及社会的协调，增加了患者的自由与知情同意权。为了促进医学人员之间的交流，伯尔尼的医药档案机构致力于成立"以证据为基础的医学研究中心"。最后大会认为，对评议会来讲代表性原则高于效率性原则，因此大会通过了扩充评议会的成员的决议。[1] 2002 年医药科学院正式颁布《医学、生物医学研究的科研诚信与不端事件的程序纲要》[2]。

（二）科研不端治理体系的形成和发展

2006 年，瑞士科学院成立科研诚信委员会，以密切关注国内国际形势的发展，就科研诚信的原则问题发表自己的基本观点[3]。2007 年 6 月 28 日瑞士科学院全体代表大会通过了《科研诚信与处理科研不端行为备忘录》（以下简称《备忘录》）。它主要声明以下六点内容：①科研诚信对于研究者与科研机构是绝对必要的。没有科研诚信，科学的进步会受到威胁。②知识分子的诚实是科学与社会可持续交流的前提。科学是社会的一

①　H. Amstad. SAMW will Fehlverhalten in der Wissenschaft bekaempfen. Schweizerische Arztezeitung. Bulletin des medecins suisses/Bollettino dei medici svizzeri，2000. 81（1）：38－39.

②　Emilio Bossi. Wissenschaftliche Integrität，wissenschaftliches Fehlverhalten. http：//www. akademien-schweiz. ch/index/Schwerpunktthemen/Wissenschaftliche-Integrität. html.

③　Wissenschaftliche Integrität. http：//www. akademien-schweiz. ch/index/Schwerpunktthemen/Wissenschaftliche-Integrität. html.

部分，根本上科学从社会中获取资源。③科学的诚信行为要求真实与公开。④科研不端行为是有意或疏忽引起的欺骗行为。⑤确保科研诚信是瑞士科学院的中心任务之一，瑞士科学院为科研诚信全力以赴。鼓励各科研机构制定完善自己的规则。⑥大学、高等院校、公共与私人科研机构有义务进行调整以确保科研诚信、应对科研不端行为。⑦教育与继续教育中有义务积极地促进思想教育，促成好的工作氛围①。

2008年2月28日，瑞士科学院全体代表大会通过《科研诚信：瑞士科学院章程》（以下简称《章程》）。它是以医药科学院2002年颁布《医学、生物医学研究的科研诚信与不端事件的程序纲要》为蓝本，借鉴国际经验特别是德国经验，加以修改补充而形成的。它对科研诚信的原则、研究项目的计划、研究项目的实施、科研不端的定义、科研不端行为的调查和处理等内容进行了明确地说明②。2008年底，《备忘录》与《章程》以手册的形式结集出版，即后来的《科研诚信基本原则与程序规则》③。至此，瑞士科学院关于预防与处理科研不端的体系可以说确立起来了。此外，瑞士科学院非常重视知识产权问题，侵害知识产权被看作是最严重的科研不端。面对在科学出版物中合作者增多、作者来自不同国家，以及最近十年作者署名习惯的改变，2013年瑞士科学院科研诚信委员会又通过了《分析与建议：科学出版物的著作权手册》，强调了在科学出版物中作者的准确排名及其依据的标准，以避免对研究团队中成员的主观评价，并给出了确定科学出版物中著作权的基本原则与规则。④

---

① Broschüre Wissenschaftliche Integrität -Grundsätze und Verfahrensregeln. http：//www. akademien-schweiz. ch/index/Schwerpunktthemen/Wissenschaftliche-Integrität. html.

② Reglement der Akademien der Wissenschaften Schweiz zur wissenschaftlichen Integrität. http：//www. akademien-schweiz. ch/index/Schwerpunktthemen/Wissenschaftliche-Integrität. html.

③ Broschüre Wissenschaftliche Integrität -Grundsätze und Verfahrensregeln. http：//www. akademien-schweiz. ch/index/Schwerpunktthemen/Wissenschaftliche-Integrität. html.

④ Broschüre Autorschaft bei wissenschaftlichen Publikationen-Analyse und Empfehlungen . http：//www. akademien-schweiz. ch/index/Schwerpunktthemen/Wissenschaftliche-Integrität. html.

（三）瑞士科学院治理科研不端行为的机制与特点

瑞士科学院应对科研不端行为的策略、措施主要体现在 2008 年颁布的《章程》之中。这里主要依据《章程》的内容，对瑞士科学院应对科研不端行为的机制与特点作一介绍和分析。

1. 定义的多角度

《章程》对科研不端行为的界定，是多角度的，同时又是谨慎和留有余地的。它不仅从内涵、外延方面对之进行了界定，而且做了描述性的解释与补充说明。在内涵方面，它声明，科研不端行为在于有意或疏忽导致的对科学团体与社会的欺骗。当一个行为伤害了熟知的一般的或专业的审慎义务时属于疏忽。煽动、容忍、隐瞒错误都属于不端行为。在外延方面，它明确表明，这里所说的科研不端行为仅限于科研项目的设计、实施与评价中的科研不端行为。伤害有关的法律条文的科研不端行为，如刑法、民法、著作权法、专利法、医疗法、移植法、环保法、基因技术法、动物保护法，因为这些违法行为可以得到法律的制裁，不适用于它规定的科研不端行为的规则。具体来讲，科研不端行为主要是指：①违背科学利益的科研行为：伪造研究结果；故意地篡改数据、错误的陈述，故意迷惑性地处理研究结果，随意地加权平均数据；没有申明、没有事实依据剔除数据、认识结果（篡改、操纵）；不注明数据来源；在规定的保留期限内清除数据、原始资料；拒绝提供数据供资助方合理地审阅；②违背个人利益的科研行为：在研究项目的设计与实施中，未经项目负责人的同意、不以项目为目的拷贝数据（数据盗窃），伤害或阻碍他人的、自己研究团队内或外的研究活动，损害慎重的义务，疏忽了监管的义务；在研究结果出版中：剽窃，复制或盗窃知识产权的其他形式，没有真正做出贡献却具有著作权，没有真正署名对项目有真正贡献的合作者、真正署名的是没有做出真正贡献的合作者，没有真正署名其他作者的真正贡献，故意地错误引用，不正确地说明自己的作品的出版状况（如盖章），以及当签名还没有被认可的时候；在鉴定与评估中：真正地掩盖利益冲突，伤害审慎的义务（保密的义务），疏忽大意地或有意地误判项目、规划或签名，为了获得自己或第三方利益没有根据地做出判断。[①]

2．基层机构自治

在组织上，强调基层机构自治。如它规定，对违背科研诚信的质疑应当通过专门的程序进行调查，而程序的实施首先是依托单位的义务，因为依托单位最熟悉该机构的关系。再如协调员（科研诚信专员）与诚信委员会成员都是由依托单位任命的。

3．程序的客观性与独立性

在程序上，强调程序的客观性与独立性。如它强调，章程中的程序规则独立于法律部门通过的相关法律条文。诚信保护组织的成员在处理不端案件时是独立的等等，都是保证程序的独立性的体现。决策机构可以是个人但不是依托单位的成员；倾听被举报人的辩护，被举报人可以委托他人或申请法律援助；每个程序步骤都要记录、留档；在程序执行中公开拒绝有成见的人（亲戚、朋友或敌人）的参与等等，都是保证程序的客观性的措施。

4．程序流程的层次性和动态性

程序流程具有鲜明的层次性和动态性特点。从协调员的初步鉴定到诚信委员会成员组织调查，再从调查机构的调查真相到决策机构的事实判决，程序流程的推移是以科研不端行为的是否事实存在、严重性以及是否对鉴定结果存在争议为依据的；随着程序流程的推移科研不端事件的真相

---

① Reglement der Akademien der Wissenschaften Schweiz zur wissenschaftlichen Integrität. http：//www. akademien-schweiz. ch/index/Schwerpunktthemen/Wissenschaftliche-Integrität. html.

也就逐步揭示开来。其程序流程的中的任意一步如果被否定整个流程就可以宣布结束；而如果其中任何一步存在争议，则程序可以重新开启，或者进行上诉。（见图4.1）

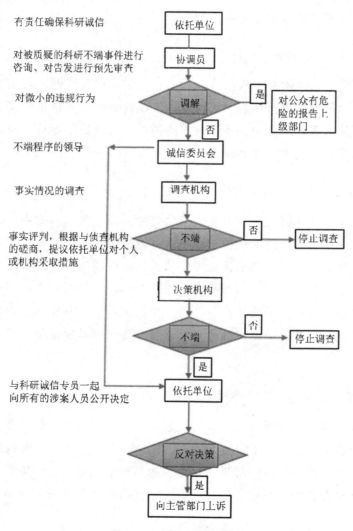

图 4.1　程序流程图[8]

三、苏黎世联邦理工学院面向科研诚信的学术伦理氛围建设

治理科研不端行为是一项艰巨而复杂的任务，需要政府和学术界的通力合作，共同努力。已有的调查研究已经表明，在世界范围内，不管是已建立了完善的科研不端治理体系的国家，还是政府性资助机构出台了科研不端治理政策的国家，又或是建立了独立机构处理科研不端问题的国家，都重视大学和科研机构的主体作用。大学和科研机构承担教育、调查、惩戒和良好学术伦理氛围建设的主要责任，已成为主要国家推进科研不端治理的典型模式①。瑞士是科研不端治理机制建设起步较晚的国家，瑞士的政府和资助机构行动迟缓；但是，瑞士的大学和科研机构表现相对突出。

苏黎世联邦理工学院是瑞士联邦政府资助和管理的两所联邦理工学院中最重要的一个，也是瑞士最有名的大学，连续多年位居欧洲大陆理工大学翘首，享有"欧陆第一名校"的美誉。荣誉和成就的取得基于科研能力，但仅仅有能力是不够的，在科学实践活动中，需要有相互信任的伦理氛围来支撑。②该学院领导对这一点认识深刻，积极采取实际行动推进学术伦理氛围建设。

（一）制定政策规章，建立科研诚信办

培育一种负责任的研究氛围，需要科研机构有一套对新研究人员来说清晰明了的行动指南。高校与科研机构的领导有责任制定出一套倡导科研诚信行为政策规章，并搭建恰当的途径，确保这些政策规章的有效实施。

---

① 主要国家科研不端治理研究制度与管理比较研究课题组：《国外科研诚信制度与管理》，科学技术文献出版社 2014 年版，第 8 页。

② ETH Zürich. Richtlinien für Integrität in der Forschung. 2011. https：//rechtssammlung. sp. ethz. ch/Dokumente/414. pdf＃search＝Integrit％C3％A4t％20in％20der％20Forschung.

1. 出台科研诚信政策规章

2007年，苏黎世联邦理工学院就以德、英两种文字同时出台了第一个科研诚信规章《苏黎世联邦理工学院科研诚信与良好的科学实践纲要》（以下简称《纲要》，2011年进行了补充修订）。《纲要》清晰地阐明了推进科研诚信建设的重大意义、该文件的适用范围、个体科研工作中的诚信、同行评议中的诚信，以及对违反诚信行为的指控、调查和制裁。

关于个体诚信，主要有三个特点：①强调项目负责人的职责。文件第7条"项目负责人的义务"规定，项目负责人在项目的框架中应对年轻科学家予以积极地领导和监督。尤其是有责任使参加该研究的所有人认识到科研诚信。②注重原始数据的保存。文件第11条对原始数据的收集、记录和存储、访问权限、销毁都做了细致、具体、明确的规定。③重视署名问题。文件对作者署名的要求和署名顺序都做了具体规定，对作者身份与致谢对象身份做了具体说明。

关于同行评议的诚信，文件强调同行评议的客观性、公正性和保密性，并要求专家严格自律。文件规定"a. 只要作者没有发表，就将所有信息视为机密信息；b. 未经任用他的主管机构同意，不得作为专家提供咨询意见；c. 在作为专家的活动过程中，不得使用被评审材料的秘密信息；d. 必须提供及时、公正、建设性的和行之有效的专家意见，不得做出情绪化、贬损或伤害性的言论"。①

2. 设置科研诚信办事处（专员）

学院的科研诚信专员与监察员属于同一部门，共同组成监察员与诚信员办公室（Ombuds-und Vertrauenspersonen），该办是与校领导层平行的非行政性的独立的监督检查机构。该办有2名科研诚信专员，这2名成员是

---

① ETH Zürich. Richtlinien für Integrität in der Forschung. 2011. https：//rechtssammlung. sp. ethz. ch/Dokumente/414. pdf＃search＝Integrit％C3％A4t％20in％20der％20Forschung.

由全校教师会选举经校领导班子批准的。科研诚信专员负责科研不端行为相关问题的咨询、服务和教育，并对疑似科研不端事件进行预审。在有根据的情况下，要求学校领导班子设立科研诚信调查委员会。如经调查，怀疑没有根据，可以自行决定是否中止调查。

3. 开通"反剽窃"网页，印发宣传单

剽窃和不规范引用是科研不端行为中的主要类型之一，学院严肃对待剽窃问题。《纲要》第15条"引用、剽窃"是针对抄袭问题的专门条款，此外文件还在附录二中就剽窃问题做了专门规定。明确陈述了引用的基本原则、剽窃的定义、类型以及对剽窃行为的惩治措施；此外，还对如何自我检测论文是否存在剽窃提供了十个具体方法。学院还为学生建立了专门的"反剽窃"网页①，网页刊登了反剽窃的意义、预防剽窃的措施、剽窃的定义和类型；为老师建立了"质疑剽窃的纪律程序"网页②，网页对举报剽窃的程序做了明确说明；另外在网页上本院老师可以直接连接"反剽窃"网页，免费下载查重软件和《剽窃举报表》③。学院还印发了针对老师的《处理剽窃宣传单》④ 和针对学生的修订版《处理剽窃宣传单》⑤，以及《苏黎世联邦理工学院管理、技术、经济系硕士生反剽窃信息单》⑥《原创性声明单》⑦ 等预防和处理剽窃的文件。

---

① Plagiate. https：//www. ethz. ch/studierende/de/studium/leistungskontrollen/plagiate. html.

② Disziplinarverfahren bei Plagiat. https：//www. ethz. ch/services/de/lehre/lehrbetrieb/leistungskontrollen/plagiate-disziplinarverfahren. html.

③ ETH Zürich. Plagiatsmeldung. https：//www. ethz. ch/content/dam/ethz/main/education/rechtliches-abschluesse/leistungskontrollen/plagiat-meldeformular. pdf.

④ Der Lehrkommission der Universität Zürich. Merkblatt für den Umgang mit Plagiaten. 2007.

⑤ Merkblatt für Studierende zum Umgang mit Plagiaten. 2008.

⑥ MAS MTEC Anti-plagiarism Information Sheet. www. mas-mtec. ethz. ch.

⑦ Eigenständigkeitserklärung. https://www.ethz.ch/content/dam/ethz/main/education/rechtlichesabschluesse/leistungskontrollen/plagiat-eigenstaendigkeitserklaerung. pdf.

（二）鼓励学院成员相互尊重

科研机构要营造一种旨在提倡科学家个人的负责行为以及加强道德建设的环境，就必须出台促进相互尊重和信任的法定政策，通常是与下列事务相关的政策：骚扰、职业健康和安全，就业机会、工资和福利待遇上的公平，保护研究对象，受到电离子辐射，以及与科研不端行为的投诉相关的公正程序①。早在 2004 年学院就针对在业绩评估中的不诚实行为，剽窃行为，扰乱学院组织的讲座或活动的行为，对学院有意或由于重大过失造成损害的行为，威胁或骚扰学院成员的行为，滥用身份证或作为学院成员享有的福利行为制订了《苏黎世联邦理工学院纪律守则》②。

为了应对不当行为、支持学院的行为原则，学院自 2004 年起发起"尊重"行动。该行动由校长亲自签署，由人力资源部与机会平等办公室、校沟通办公室具体负责。下设机会平等办公室、人力资源人员与组织部、安全健康与环境部，分别负责有关歧视和性骚扰、欺凌、威胁和暴力的咨询和支持服务。他们通过开设网站、组织运动、教育教学、开设杂志专栏、印发宣传单等多种形式宣传其原则、宗旨、具体政策和活动。为便于宣传和引起重视，该行动还提出了明确的口号"请尊重他人"。

"尊重"网站的首页设置了五大版块，分别是：行动原则、不当行为、联系和专家办公室、讲座信息、尊重运动。

"行动原则"主要有四点：遵守彼此尊重和专业地活动的行为准则；不论出身、教育、宗教、信仰、种族和性别地尊重和负责；公开公平的沟通和解决冲突的文化；科研诚信和诚实。

"不当行为"主要有四类：歧视、性骚扰、欺凌、威胁和暴力。

"联系和专家办公室"公布了针对不同类型的不当行为的具体的咨询

---

① 美国医学科该学院，美国科学三院国家科研委员会：《科研道德：倡导负责行为》，北京大学出版社 2007 年版，第 52 页。

② Disciplinary Code of the Swiss Federal Institute of Technology Zurich. https：//rechtssammlung. sp. ethz. ch/Dokumente/361. 1eng. pdf.

和支持部门，及其联系方式：邮箱、电话。

"讲座信息"有具体的讲座题目、时间、地点、教育形式、参加要求等具体信息。讲座按授课对象群体的不同大致分为五类，分别适用于新职员、普通职员、大学生、管理人员的讲座以及普适性的讲座。按授课形式主要有：问答讨论式、网络视频式、论坛式、与领导讨论式、实践案例式、活动引导式、能力培训式。

"尊重运动"简要说明了开展尊重运动的原因、宗旨及其具体负责部门。[①]

（三）进行人体和动物研究伦理审查

1. 颁布系列规章制度

要营造一种任何人在违反人体和动物研究的指导原则，立即能意识到这是一种违规行为，并予以纠正，高校与科研机构要做的，就不仅仅是张贴联邦、州及地方正的相关条例，以及在发现违规现象时提供"补救措施"和正式的惩戒。[②] 高校与科研机构只有根据本单位的实际状况把联邦、州及地方正的相关条例转化为具体可操作的规章条例时，才能对本单位的相关行为提供强有力的指引。

2012 年，苏黎世联邦理工学院针对动物保护问题出台了《苏黎世联邦理工学院实验动物研究政策》[③]。文件对动物保护的基本态度、基本原则、立场、教育培训、负责机构都做了明确规定；对执行委员会、动物保护主任、动物设施负责人、研究小组负责人的责任也分门别类地做了说明。

---

① respekt. http：//www. respekt. ethz. ch/.

② 美国医学科该学院，美国科学三院国家科研委员会：《科研道德：倡导负责行为》，北京大学出版社 2007 年版，第 64 页。

③ Policy der ETH Zürich zur tierexperimentellen Forschung. https：//rechtssammlung. sp. ethz. ch/ _ layouts/15/start. aspx＃/default. aspx.

2014 年，院通过了针对科研活动过程中人体研究的伦理问题的《人体研究法通告》①，该文件对制定人体研究的法律依据、原因、目的、作用，人体研究、临床研究、非临床研究、健康干预的定义，适用人体研究伦理审查的范围，以及不适用人体研究伦理审查的范围，提交伦理审查的时限等重要问题，都做了具体说明。②

2. 设立支撑机构

政策规章的制定是指导、规范和约束相关行为的基础性工作，政策规章的执行往往难度更大，会受到多种因素的干扰，执行部门的建设状况是其中的一个关键性要素。为了保障上述政策规章的有效执行，学院成立了配套机构予以监督执行。学院分别设立了专门的负责人体研究的伦理委员会与负责动物保护的动物保护委托办公室。其中，前者属于学校组织机构"机构、大学团队与委员会"的一个重要分支机构，后者是在最近几年刚刚成立的；两个机构的负责人直接向负责研究与经济的副校长汇报工作。

(四) 调节和管理利益冲突

学院重视对利益冲突的调节和管理。2007 年针对披露利益冲突，遵守法律义务，滥用资金，滥用设施、设备和人员，违反内部规定（如财务条例，职业规定）的问题，专门颁布了《苏黎世联邦理工学院成员关于法律和道德不当行为的指令》③。

同年颁布的《纲要》中也多次涉及"利益冲突"问题。《纲要》的核心内容，即第二部分"科研活动的诚信"和第三部分"同行评议的诚信"，

---

① Informationen zum Humanforschungsgesetzes. https：//www. ethz. ch/content/dam/ethz/main/research/pdf/ethikkommission/HFG _ FAQ _ V02. pdf.

② 2013 年 12 月 31 日以前，该学院还没有充分意识到这个问题的重要性，在涉及人体研究的伦理问题，一直由州伦理委员会审查。参见：Ethikkommission. https：//www. ethz. ch/de/die-eth-zuerich/organisation/gremien-gruppen-kommissionen/ethikkommission. html.

③ Weisungen betreffend Meldungen von Angehörigen der ETH Zürich zu rechtlich und ethisch unkorrektem Verhalten. https：//rechtssammlung. sp. ethz. ch/Dokumente/130. 1. pdf.

都有专门条款要求披露利益冲突。第二部分"科研活动的诚信"中第 9 条"利益冲突"规定：负责项目的有关各方应向研究和经济上的资助者或副总裁披露与研究项目有关的任何利益冲突①。第三部分"同行评议的诚信"中第 18 条"披露利益和利益冲突"规定：学院的研究人员如果为与自己的工作有直接竞争关系的研究提供专家意见，则必须拒绝请求，或者披露现有的利益冲突。如果有必要，可以延请其他专家。②

2014 年，针对学院内部之间，以及与外部、国外人员或机构之间合作研究可能引发的利益冲突问题，学院制定了《苏黎世联邦理工学院合作行为守则》③。2015 年，学院对研究活动中可能出现的，以上述问题为主的几个重要问题，进行综合、梳理和改进，出台了《守规指南》④。该指南图文并茂、简洁生动，并且新增了咨询和服务人员名单及其联系方式，方便了科研人员了解相关情况并采取行动。

（五）及时调查和惩治科研不端行为

治理科研不端必须有章可循，这已是国际学术界的基本共识。该学院也非常重视专门的规章制度的制定，在 2004 年颁布了由领导班子集体通过了《苏黎世联邦理工学院质疑科研不端行为的程序条例》⑤（以下简称《条例》）。《条例》对制定该条例的目的，适用范围，科研不端行为的定义，程序的启动、运行、结果和裁决等调查和处理科研不端行为的重要问

---

① ETH Zürich. Richtlinien für Integrität in der Forschung. 2011. https://rechtssammlung. sp. ethz. ch/Dokumente/414. pdf♯search＝Integrit％C3％A4t％20in％20der％20Forschung.

② ETH Zürich. Richtlinien für Integrität in der Forschung. 2011. https://rechtssammlung. sp. ethz. ch/Dokumente/414. pdf♯search＝Integrit％C3％A4t％20in％20der％20Forschung.

③ Finanzreglement der ETH Zürich. https://rechtssammlung. sp. ethz. ch/Dokumente/245. pdf♯search＝Integrit％C3％A4t％20in％20der％20Forschung.

④ Compliance Guide. https://rechtssammlung. sp. ethz. ch/Dokumente/133. pdf♯search＝Integrit％C3％A4t％20in％20der％20Forschung.

⑤ Verfahrensordnung bei Verdacht auf Fehlverhalten in der Forschung an der ETH Zürich. https://rechtssammlung. sp. ethz. ch/Dokumente/415. pdf♯search＝Integrit％C3％A4t％20in％20der％20Forschung.

题都有明确的规定。

1. 科研不端行为的定义

《条例》对科研不端行为的定义如下："（1）如果良好的科学实践规范受到侵犯，特别是如果故意地错误陈述、故意疏忽损害他人的知识产权或他人的研究活动，则存在着不端行为。如果蓄意参与违反其他严重忽视监督职责的情况，也可能存在不端行为（例如见附件一）。（2）如果积极参与侵犯他人的出版物，知道伪造他人的出版物，作为伪造出版物的共同作者或严重疏忽监督，可能会引起共同责任"①。

从这个定义可以看出学院关于科研不端行为的定义是宽泛的，不仅个人直接做出的不端行为，而且参与或对他人的不端行为知情不报都是科研不端行为；更重要的是，《条例》还规定，凡违反良好的科学实践规范或科研诚信规范的行为都被视为"科研不端行为"。这一点在 2007、2011 年通过的《纲要》中得到了印证。《纲要》的第四章"最后条款"第 19 条第 2 点规定"违反这些准则可以视为科研不端行为"。照此推理，此定义不仅远远超出了以美国为代表的狭义的科研不端行为定义，即科研不端行为的核心内容"伪造""篡改""剽窃"；也超出了以澳大利亚为代表的广义的科研不端行为定义，即包括了"财务责信"内容的科研不端行为定义，因为学院的科研诚信规范包括了原始数据的保存、项目负责人的责任以及披露利益冲突的内容。《条例》的附录也证明了这一点，附录一是对科研不端行为的举例。其中就包括了，如"在一般的保留期限之前删除存档的数据或者在第三方已经请求访问这些数据之后删除这些记录""蓄意隐瞒利益冲突"等②。可以看出，学院对科研不端行为的预防和惩治强调的是

---

① Verfahrensordnung bei Verdacht auf Fehlverhalten in der Forschung an der ETH Zürich. https: //rechtssammlung. sp. ethz. ch/Dokumente/415. pdf ♯ search ＝ Integrit％ C3％ A4t％ 20in％20der％20Forschung.

② Verfahrensordnung bei Verdacht auf Fehlverhalten in der Forschung an der ETH Zürich. https: //rechtssammlung. sp. ethz. ch/Dokumente/415. pdf ♯ search ＝ Integrit％ C3％ A4t％ 20in％20der％20Forschung.

多维度的综合治理。

2. 科研不端调查程序

《条例》的重点是规定科研不端调查程序。瑞士科学界的调查科研不端程序通常分为预审和正式审查。苏黎世联邦理工学院的调查科研不端程序通常也分预审和正式审查两步，但也可以直接进入正式审查，具体如下：

预审：举报人向科研诚信专员或校领导班子直接举报可疑的科研不端行为。如果是向科研诚信专员举报的，科研诚信专员要对举报的内容进行预审，如果认定质疑不成立则不启动下一个环节；如果认为质疑成立，则向校领导班子申请，组建一个科研诚信调查委员会。如果是直接向校领导班子举报的，则校领导班子直接下令组建一个科研诚信调查委员会。

正式审查：正式审查是由科研不端调查委员会全面实施的。调查委员会成员至少有 4 人。其中一位是有关部门的主席，还有一位是该部门的一名成员，此外还有两位外部专家。正式调查开启后，调查委员会进行全面审查，并让被举报人有机会查看档案，就举报全面发表意见，提交证据，并申请进一步的调查。同时，调查委员会还必须倾听举报人的意见。最后将审查结果形成书面报告递交校领导班子。

中止或裁决：如果调查委员会的调查结果表明举报是毫无根据的，应该立刻向学院领导班子提出中止该程序；学院领导班子停止调查程序，给出中止该决定的原因。如果调查委员会认为举报成立，学院领导班子必须亲自与举报人和被举报人面谈，而后根据调查委员会提供的文件和举报人与被举报人双方的陈述做出决定是否进行重新审理和个人听证。如果被举报人和举报人对调查结果无异议，则学院领导班子下达裁决结果，并给出相应的理由。裁决结果是否向公众公布，要视该事件是否被已被公众知晓或被举报人是否要求公布而定。（调查程序见图 4.2）

程序的一般要求：《条例》要求调查期限应控制在合适的时间内，其

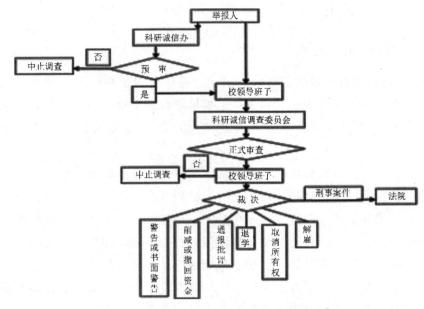

图 4.2 苏黎世联邦理工学院调查程序图①

次，要求每个程序步骤都将保留书面记录，保存期限为至少 10 年。此外，还要求调查须遵守保密和无偏见原则，在苏黎世联邦理工学院领导班子发布最终决定之前，整个程序都应保密；调查委员会的组成应告知被举报人，举报人也可以以委员会中有成员偏袒为由向委员会成员提出质疑。

四、案例：两起"轻微的"违规行为

实践与政策的一致，是使政策深入人心，形成良好的科研道德氛围的更根本的力量。"当科研人员认为恪守道德标准要放在首位、对违背道德行为的惩戒要坚持如一的时候，一种支持负责的研究行为的道德氛围就形

---

① 该流程图系作者根据《条例》内容绘制。

成了"。① 规章条例制定后，其效果如何，取决于对科研不端行为的调查和处理是否得力、公正。瑞士调查和处理科研不端行为的实践状况如何，可以通过近年来的两个真实事例得以窥豹一斑。

第一个事例与人尽皆知的"科学神童"舍恩伪造篡改数据案有关。苏黎世联邦理工学院的物理学家巴特罗格（Bertram Batlogg）曾经是舍恩（Jan Hendrik Schön）团队的领导，在舍恩的被调查的许多包含虚假数据的文章中，人们发现了巴特罗格的名字。苏黎世联邦理工学院的领导层对此做出积极反应，于 2003 年委托诺贝尔奖获得者理查德·恩斯特（Richard Ernst）成立一个工作组研究事件的起因，并探求预防和惩治类似事件的机制。该工作组制定了《苏黎世联邦理工学院的科学工作纲要》和《处理科学不端行为的指导方针》。并由校领导层通过，于 2004 年 5 月 1 日正式生效。此外，苏黎世联邦理工学院还编写、印制了引导科研诚信行为的宣传册《苏黎世联邦理工学院的研究文化》和《怎样当一名科学家》，并分发给学校的所有研究人员。有关科研不端的系列讲座也在这之后陆续开展起来。②

另一个事例是苏黎世联邦理工学院生物学教授佛意奈特（Olivier Voinnet）被指控操纵图像数据事件。佛意奈特自 2010 年以来一直担任苏黎世联邦理工学院核糖核酸（RNA）生物学教授，是这个领域的重量级人物，获得了大量奖项，其中包括来自欧洲研究委员会（ERC）的两项拨款。在接到不端行为指控后，苏黎世联邦理工学院的管理部门指定一个调查委员会。调查委员会根据《条例》要求，由有关部门负责人、本部门另一名成员和两名外部专家组成。调查委员会审查和评估了佛意奈特在苏黎世联邦理工学院工作期间的来自 32 个研究项目的图像数据，发现：五个出版物中存在从图像数据的点缀到正确和错误的图像文件的简单混淆的错误；另外两处错误更为严重，图像数据部分处理供内部使用，却被错误地

---

① 美国医学科该学院，美国科学三院国家科研委员会：《科研道德：倡导负责行为》，北京大学出版社 2007 年版，第 76 页。

② Christoph Meier. Forschung auf Abwegen. Die Zeitung der ETH Zürich. 23，April 2004.

发布。但所有这些错误图像都有原始数据的支撑，因此调查委员会认为存在不当行为，但不存在不端行为。苏黎世联邦理工学院院长对他发出了警告处分。苏黎世联邦理工学院的副院长昆特教授（Detlef Günther）解释了学院领导的态度："出于这些原因，这些措施的重点是继续允许该组继续研究，消除在处理图像数据谨慎方面的明显缺陷。"对佛意奈特采取的具体和整改措施如下："①取消佛意奈特在国家科学研究中心的活动。把注意力集中在苏黎世联邦理工学院的小组上，以便他能充分集中于小组工作行为的变化。②错误的出版物应该得到有关作者的同意进行更正，或者在必要时撤销。③佛意奈特小组将得到外部专家的协助，对工作行为进行必要地改变。④苏黎世联邦理工学院的学校管理层在其实验室推广实验室电子记录册。这有助于收集、存储和提供研究数据的安全性和准确性，并支持完美的出版物。⑤未来的出版活动和各项措施的落实，都需得到部门和学校管理部门的积极监督和检查"。① 他本人根据委员会的建议撤回了近几个月提交的两份出版物，并在苏黎世联邦学院的在线科学论坛中公开致歉。

---

① Korrekt durchgeführt – fehlerhaft publiziert 10.07.2015. Medienmitteilung. https：//www. ethz. ch/de/news-und-veranstaltungen/eth-news/news/2015/07/mm-untersuchungsbericht-voinnet. html.

第五章 对我国科研诚信建设的经验借鉴

第一节 我国科研诚信建设的历程

我国对科研诚信问题的关注在理论上始于 20 世纪 80 年代。1981 年邹承鲁等 4 位中国科学院学部委员（1993 年改称"中国科学院院士"）致函《科学报》建议开展"科研工作中的精神文明"的讨论，这是我国学者以成文的方式关注和讨论科研诚信问题的标志性文本。1993 年邹承鲁等 4 位中国科学院院士联名撰文《科学报》，呼吁尽快制定"科学道德法规"[①]。

我国科研诚信制度化建设始于 20 世纪 90 年代。1992 年的李富斌事件的发生，对我国的科研诚信建设步伐起了催化作用。1992 年国家自然科学基金委员会开始资助科研不端行为问题的研究，1996 年中国科学院部成立了科学道德建设委员会。1999 年科学技术部、教育部、中国科学院、中国工程院与中国科协联合发布的《关于科技工作者行为准则的若干意见》，是我国发布的第一个关于科研诚信的专门政策性文件。这个时期也是我国真正开始关注科研诚信问题的时代。陈雨、李晨英、赵勇以 CNKI、CSSCI、万方和维普四个学术期刊数据库为信息源，采用文献计

---

① 李真真：《转型中的中国科学：科研不端行为及其诱因分析》，《科研管理》2004 年第 25 卷第 3 期，第 137—144 页。

量、政策文本分析和内容分析方法，量化分析了国内外科研诚信相关学术研究的发展概况，以及研究热点的变化，认为"我国真正开始关注科研诚信问题在 20 世纪 90 年代"①。

2002 年 1 月，媒体报道了北大教授王某抄袭事件引发了国内政府和学界对科研诚信问题的普遍关注。2002—2006 年，教育部、科学技术部、中国科学院、中国社会科学院、国家自然科学基金委员会等部门相继独立或联合颁发了系列专门文件，为本领域的科研人员和科研机构提供伦理行为指南或准则，推动了我国科研诚信建设。如教育部发布了《关于加强学术道德建设的若干意见》（2002）、中国社会科学院制定的《中国社会科学院关于加强学风建设的决定》（2002）、中国科学院制定的《中国科学院院士违背科学道德行为处理办法》（2004）、科学技术部发布的《国家科技计划实施中科研不端行为处理办法（试行）》（2006）等等。2007 年科技部联合教育部等多个部门成立科研诚信建设联席会议制度，标志着我国科研诚信建设进入新阶段。

2015 年以来，国外大型学术出版集团，英国现代生物（BMC：BioMed Central）、施普林格（Springer）、爱思唯尔（Elsevier）等先后大规模撤稿中国论文事件，特别是 2017 年施普林格旗下期刊《肿瘤生物学》撤稿 107 篇事件又激起了我国科研诚信体制建设的又一轮高潮。曾经连续几年没有召开工作会议的科研诚信建设联席会议制度，在撤稿 107 篇事件之后，才重新启动，对撤稿涉及成员所在单位进行联合处理，真正发挥了督促和指导工作落实等作用。国家政府部门连续下发相关政策文件。中共中央办公厅、国务院办公厅连续印发的《关于进一步加强科研诚信建设的若干意见》（2018）、《关于深化项目评审、人才评价、机构评估改革的意见》（2018），国家发展改革委员会、人民银行、科技部等 41 部门联合签署并发布的《关于对科研领域相关失信责任主体实施联合惩戒的备忘录》

① 陈雨、李晨英、赵勇：《内外科研诚信的内涵演进及其研究热点分析》，《中国科学基金》2017 年第 4 期，第 396—404 页。

（2018），三个文件更是把我国科研诚信建设推到了前所未有的前台位置。

然而，当我国政府和科研管理部门在高歌猛进的时候，我国的科研机构，特别是高校对科研诚信建设相关政策措施的落实却步履蹒跚。余文彩、张星在总结美国高校科研不端行为防范与处理机制对我国科研诚信建设的借鉴意义时谈到，我国在科研诚信建设方面也出台了一系列的法律法规和规范性文件，但具体落到实处的很少，说明缺乏相应的配套制度，而且相关规章制度没有根据时代的变化而不断跟进和补充[①]。白才进、王婷婷在谈到我国科研诚信建设中存在的问题及对策时也指出，"对于高校，其更是缺乏相应的科研诚信制度，很少有高校把科研诚信建设作为学校科研的一个重要组成部分，它们大都只注重科研成果，没有关于学术不端的认定、处理和惩罚措施"[②]。李真真、黄小茹在分析我国科研诚信面临的突出问题时指出，"国际科研诚信建设呈现了惩治－预防－保障三位一体的局面。而对我国科研诚信制度现存问题的剖析不难看出，三个方面均显不足且集诸多问题于一身"[③]。

针对当前我国科研诚信建设政策落实的实际状况，笔者与团队成员于2018 年进行了问卷调查。本次调查根据《中共教育部党组关于强化学风建设责任实行通报问责机制的通知》（教党函〔2016〕24 号）精神，把文件的四项总体要求细化为 9 项具体措施，自行设计问卷，展开调查。9 项具体措施分别为：学风建设真正作为考核领导班子的重要指标，制定学术不端查处细则，设立关于科研不端的学术委员会，公开学术委员会人员名单、联系方式，开辟学风建设专栏，公开学术不端行为调查处理结果，公开学风建设年度报告，设置科研不端相关的课程，职称评价体系。此外根据研究需要增加两个指标：单位类型与科研不端现象增减。

---

① 余文彩、张星：《美国高校科研不端行为防范与处理机制研究》，《重庆高教研究》2016年第 9 期，第 32—37 页。

② 白才进、王婷婷：《我国科研诚信建设中存在的问题及对策》，《高等财经教育研究》2018年第 8 期，第 14—18 页。

③ 李真真、黄小茹：《中国科研诚信面临的突出问题及解决路径》2017 年第 7 卷第 3 期，第 107—120 页。

调查采取随机调查的方式，采用 SPSS21.0 统计软件进行分析。问卷调查的采集时间是 2018 年春夏，调查对象主要是来自我国各地的近 200 所的医科大学、医院和综合性大学的医学伦理、科技伦理、科技哲学的从业者和研究者。采集样本 258 份，剔除无效样本 7 份，获得有效样本 251 份。

本调查于基本上反映了我国科研诚信建设政策落实的实际状况。调查发现：37.5％的调查对象认为本单位"把学风建设作为考核领导班子的重要指标"；63.7％的调查对象认为本单位"制定了针对科研不端的查处细则"；36.3％的调查对象认为本单位"设立关于科研不端的学术委员会"；41.0％的调查对象认为本单位"学术委员会人员名单、联系方式在学校网站公开"；32.7％的调查对象认为本单位"开辟了学风建设专栏"；42.6％的调查对象认为本单位"公开学术不端行为调查处理结果"；26.7％的调查对象认为本单位"公开学风建设年度报告"；26.3％的调查对象认为本单位"设置了科研不端相关课程"；41.0％的调查对象认为本单位"刚刚过去的一年科研不端现象减少了"。对于"您认为当前采取哪种职称评价体系更合理"一问，选择"代表作评价制度"占比 23.9％，"影响因子主导的量化指标"占比 24.3％，"以量评质的量化指标"占比 4.8％，"以刊评质的量化指标"占比 10.8％，"其他指标"占比 36.3％。

从调查数据可以看出，①相关单位对科研诚信的宣传和教育做的相当不够："设置了科研不端相关课程""公开学风建设年度报告""开辟了学风建设专栏"三个问题都是有关科研诚信的宣传和教育的，而这三项回答确定的比例最低，分别为 26.3％、26.7％、32.7％。②建设"设立关于科研不端学术委员会"的单位比例也有待提升，调查对象回答确定的仅占比 36.3％。③科研单位的领导重视不够，只有 37.5％的调查对象认为本单位"把学风建设作为考核领导班子的重要指标"。④科研机构在制定科研不端调查细则方面表现相对积极，63.7％的调查对象认为本单位"制定了针对科研不端的查处细则"。⑤单一的职称评价指标科研不能满足科研人员的需要，"其他指标"占比 36.3％，"代表作评价制度"低于"其他指标"，甚至是低于"影响因子主导的量化指标"。⑥"科研不端现象在刚刚过去一年是增加还是减少了"情况难以判断，在被调查对象中做出肯定判断的不足一半。

总而言之，经过了 20 多年的科研诚信建设，我国科研诚信体制逐渐走向成熟。科研管理和资助部门、许多高校和科研机构颁布了系列专门的科研诚信规范和指南，制定了系列科研不端调查和处理程序；科研管理和资助部门，以及部分高校和科研机构设立了专门的科研诚信委员会，负责科研不端事件的调查和处理；科研管理和资助部门积极推动科研诚信教育，组织编写教材与案例，高校和科研机构设置了有关科研诚信的报告会、讲座、论坛、研讨会，甚至是专门的科研诚信课程等等。

但是与科研诚信体制建设成熟的国家相比，我国的科研诚信建设仍存在着亟待解决的突出问题。李真真、黄小茹指出"当前我国科研诚信建设的核心问题"主要体现在惩治环节中的制度供给严重不足，需要建立一套公平透明的查处程序及规则；预防环节中诚信教育资源稀缺，需要构建制度化的职业道德教育体系；保障环节现有评价与激励机制难以撼动，需要培育倡导负责任研究的制度环境①。而笔者认为，我国当前以上三个核心问题的出现，其背后最主要的原因是科研机构主体责任落实不到位。因此，笔者下文将针对这四个方面的问题，即科研不端事件调查处理机制不完善、科研诚信教育明显不足、科研环境急需优化、科研机构主体责任落实不到位四个问题提出具体的可操作性的建议，为推进我国的科研诚信建设贡献绵薄之力。

---

① 李真真、黄小茹：《中国科研诚信面临的突出问题及解决路径》2017 年第 7 卷第 3 期，第 107—120 页。

第二节　我国科研诚信建设政策实施中的问题

一、调查处理机制有待完善

及时、公正、合乎程序地调查处理已曝光的科研不端事件，是科研不端治理和科研诚信建设中的关键一招。即使政策法规满天飞、相关机构、委员会鳞次栉比，面对一个研究生博士生的最简单的科研不端行为事件——论文抄袭都不能恰当处理的话，再多的政策文件、专门机构、宣传教育也只能是镜中花水中月，不能产生实际的震慑和引导力量。因此无论是美国，还是丹麦、德国等北欧及德语国家，都特别重视对被揭发的科研不端事件、特别是重大科研不端事件的调查和处理。

但是从我国近几年来调查处理的科研不端事件来看，还存在着调查处理不深入、程序不规范等问题，影响了结果的正义性，因而不能及时、有效地回应社会关切，甚至是影响科研机构本来就消极的调查处理态度和信心，更影响科研不端事件举报人的积极性。

"汉芯一号"事件是近几年来科研不端事件调查不深入的一个典型事件。2006年1月17日，举报人陈进发明的"汉芯一号"被公开指责造假。1月28日，科技部、教育部和上海市政府成立专家调查组，展开调查。专家调查组针对举报内容，采取与举报人、当事人和相关人员面谈、现场查验技术文档、分析对比有关技术资料、查验芯片演示系统和调阅相关音像资料等方式方法，对"汉芯"系列一至四号芯片的设计过程和性能指标等进行了全面调查与核实。调查结论认为：陈进在负责研制"汉芯"系列芯片过程中存在严重的造假和欺骗行为。2006年5月12日，上海交通大学向有关媒体发布处理结果：陈进被撤销各项职务和学术头衔，国家有关部委与其解除科研合同，并追缴各项费用。

"汉芯事件"的整个调查处理过程不能不说是近年来众多重大科研不端事件调查中的一个败笔。首先，是因为调查不够深入。专家调查组只针对陈进及其团队的造假行为进行了调查，却没有对他所在单位的相关领导、进行技术认定的"国内权威专家"等相关责任人和责任机构的工作程序、运行机制等可能诱发错误的鉴定结论和评价结果的因素进行深入挖掘。调查结论一经发布后，不少的个人或媒体表示这一调查结论不能服众。中国人民大学教授顾海兵指出，目前的处理力度很不到位，调查结果没有表明评审专家和相关部门各自应当承担什么样的责任。清华大学中国科技政策研究中心主任薛澜教授也不满意该事件的处理结果。他表示，"汉芯事件"反映出我国科技体制中的弊病，有关部门应当真正反思和挖掘这种弊病产生的原因，并从根本上予以解决。其次，惩罚力度不够。陈进利用伪造的"汉芯"系列芯片骗取了巨额科研经费，理应得到相应的法律制裁。朱邦芬院士认为，对"汉芯"事件等一些学术不端事件处理极轻是造成我国科研诚信问题严重的十分重要的原因之一。"陈进'汉芯'事件，涉及骗取国家巨额经费，不应仅仅以教授被除名这样的处理结果了结。陈进现在还开着自己的公司，继续生产'汉芯×号'芯片，日子过得很好。"①

北京大学的于艳茹事件、广东 H 大学博士李饶（化名）胜诉事件都暴露了上述两所高校在调查处理科研不端事件中严重的程序不规范等法律上的漏洞和救济途径不畅通等结构性问题。根据胡金福博士的分析，北京大学对于艳茹论文抄袭事件的调查和处理过程中，在六个方面存在问题：一是查处主体行使权力的程序制度供给不足。北京大学查处于艳茹抄袭事件所依据的《北京大学研究生基本学术规范》中没有明确的查处程序要求。也就是说，北京大学在行使行政管理权的时候，缺乏一套符合正当程序的查处规程可以遵循。二是调查程序与处理程序的衔接不当。对于艳茹

的最终处理决定与历史系的初步处理建议二者之间存在巨大的差异，校学位评定委员会没有另外展开调查，却推翻了历史系已有的调查结论和处理建议，做出了完全不同的处理决定，调查程序与处理程序之间的程序明显衔接不当。三是当事人的陈述申辩权和听证权被无视。北京大学撤销于艳茹的博士学位，对于艳茹的个人利益产生极其重大的影响。北京大学在做出撤销博士学位的处理决定前，未给予于艳茹充分的陈述申辩和表达意见机会，有违正当程序原则。四是当事人的救济途径和渠道不畅。在该事件中，于艳茹为了维护自己的合法权益，前后共经历了从校内申诉到行政申诉再到行政诉讼的三种救济途径，表明救济渠道不畅通。五是缺少向当事人提供据以做出处理决定的事实、理由及依据。北京大学在处理决定中未能列出所适用文件的具体条款，故可以认定其处理决定为没有明确的法律依据。六是媒体介入不当阻碍了程序正义。"舆论风波"，引发北京大学无法客观公正地去调查处理这一事件，影响了实体正义的实现。另外，北京大学在未向当事人送达并签收《撤销决定》前，通过媒体对外公开进行新闻通报，北京大学的披露程序不当，也属程序违法。①

据 2019 年 2 月 18 日央视网新闻报道的广东 H 大学博士李饶（化名）胜诉事件，在事件的查处过程中至少存在程序不规范、当事人的救济途径不畅的问题，这也是导致广东 H 大学败诉的直接原因。

据报道，李饶在博士毕业两年多后，H 大学根据揭发和举报文件开始调查其读博期间发表的几篇论文。校方的首次调查和二次评审均认为，李饶读博期间发表的 4 篇学术论文的核心内容均系翻译或抄袭自其他文献，应撤销李饶的博士学位。

李饶不服这一处理决定，向法院先后递交两轮行政起诉状，请求法院判决撤销《关于撤销 J 学院李饶博士学位的决定》。广铁中院二审判决认为，H 大学做出《关于撤销 J 学院李饶博士学位的决定》事实尚未查清，程序严重违法，应予撤销；鉴于本案李饶有学术论文抄袭行为，H 大学应

---

① 胡金福：《科研不端行为查处程序研究》，中国科技大学，2018 年。

当依法进行查处。二审判决撤销一审判决、撤销 H 大学做出的《关于撤销 J 学院李饶博士学位的决定》。

从法院的最终的判定结果中可以看到，学校在调查处理该起案件中存在着程序违法的问题。正如一审法院所做的处理结论中所陈述的那样，"本案中，被告学位评定委员会审核决定撤销原告李饶的博士学位前，没有通知原告，也没有向原告说明相关事实根据和理由、拟作出的决定，也未听取原告的陈述及申辩……"。本案中涉及博士学位撤销属于对当事人个人利益产生重大影响的行为，事前应当以书面形式通知当事人；事中应当给予当事人陈述和申辩的机会；事后要送达正式的决定书、给予当事人听证的救济途径。而学校在调查处理过程中显然忽视了前两点，违反了程序规定。另外，当事人李饶博士，也经历了从学校申诉到行政诉讼再到行政上诉的三种救济途径，表明救济渠道不畅通。①

孙平在谈到世界科研诚信建设的最新动向对我国科研诚信建设的启示时讲到，"我国主要科研资助管理部门都制定有科研不端行为处理办法，有些部门还及时公布对不端行为的处理情况。但从许多被举报的科研不端行为迟迟没有得到处理，或调查处理结果不透明的情况看，至少部分教育科研机构的相关制度和措施还未得到很好的落实。为此，我国有关部门应当大力推动调查处理工作的规范化和专业化，同时着力解决相关的观念、态度和采取预防与补救措施等方面问题"②。胡剑也认为，我国的科研诚信建设，还存在着"基层科研机构的处理程序和处理机制不清晰透明，处理过程中的地方保护主义思想客观存在"等突出问题③。胡金福对国际和国内科研不端调查程序的研究表明，国内对科研不端调查程序的理论研究也相当薄弱。"通过对已有文献梳理可见，国内关于科研不端行为的查处

---

① 广东一博士因论文抄袭被撤学位起诉学校胜诉，二审：程序违法 . https：//baijiahao. baidu. com/s？id＝16257859868028732 87＆wfr＝spider＆for＝pc.
② 孙平：《世界科研诚信建设的动向及其对我国的启示》，《国防科技》2017 年第 38 期 6，第 28—34 页。
③ 胡剑：《欧美科研不端治理体系研究》，博士论文，中国科学技术大学，2012 年。

规范的研究尚不充分，对科研不端行为查处实践中的阶段性查处程序制度进行系统性研究尚属阙如。科研不端行为查处程序规范的研究不足，远远不能适应目前国内查处工作的现实需要"①。

二、科研诚信教育明显不足

我国在本世纪初的政策文件中就已明确了科研诚信教育的重要性。早在 2002 年，教育部在其颁布的文件《关于加强学术道德建设的若干意见》（教人［2002］4 号）中，就明确提出"加强学术道德建设"的要求，指出"严守学术规范是师德的基本要求。必须加强对青年教师和青年教育工作者的自律和道德养成教育。"之后，教育部颁布的学术道德和诚信建设文件更是反复要求推进科研诚信教育。2005 年的《教育部关于进一步加强和改进师德建设的意见》（教师［2005］1 号）、2006 年的《教育部关于树立社会主义荣辱观进一步加强学术道德建设的意见》（教社科［2006］1 号）、2009 年的《教育部关于严肃处理高等学校学术不端行为的通知》（教社科［2009］3 号）、2011 年的《教育部关于切实加强和改进高等学校学风建设的实施意见》（教技［2001］1 号）、2016 年的《高等学校预防与处理学术不端行为办法》（教育部令第 40 号）、2018 年的《关于进一步加强科研诚信建设的若干意见》等一系列文件中都对学术道德和学术规范教育提出了明确要求。其中在 2009 年的《教育部关于严肃处理高等学校学术不端行为的通知》（教社科［2009］3 号）还明确要求"要把学术道德和学术规范作为教师培训尤其是新教师岗前培训的必修内容，并纳入本专科学生和研究生教育教学之中"。

但具体实施情况，并不是很令人乐观。根据笔者与团队成员在 2018 年春对来自我国各地近 200 家的医科大学、医院和综合性大学的医学伦理、科技伦理、科技哲学的从业者和研究者的调查表明，开设科研诚信相

---

① 　胡金福：《科研不端行为查处程序研究》，博士论文，中国科学技术大学，2012 年。

关课程的高校和科研机构占比 26.3％，没有开设的占比 39.8％，不知道的占比 33.5％，还有 0.4％的没有回答。根据中国科协创新战略研究院马健铨、刘萱依托全国 31 个省（区、市）504 个科技工作者状况调查站点，对"我国学术环境建设状况"进行的大规模的问卷调查表明，"关于科研道德和学术规范知识的了解程度"这一问题的回答，"非常了解"的占比 13.5％，"一般了解"的占比 48.1％，"不太了解"和"基本不理解"的共占比 38.4％。①

对于这样的调查结果，很多人不以为然。因为与及时公正、公开透明的调查与严厉的惩戒以及机构领导的重视等措施而言，教育的作用收效缓慢且成本昂贵；此外，不可否认，有些科研不端案件的肇事者并不是不知道科研诚信的原则和条例，而是明知故犯。关于教育对于预防科研不端的有效性问题、教育的投入与产出的收益相比是否划得来的问题，在学生学习课程任务越来越重和竞争压力越来越大的今天，成为政府和学界、特别是具体政策决策者和执行者最为烦恼的问题。正如国家自然科学基金委员会主任、中国科学院学部道德建设委员会主任陈宜瑜在 2011 年 7 月 29 日的"科研诚信教育座谈会"上指出的，"加强科研诚信建设需要进一步健全完善科研评价体系和监督惩处机制，但更需要加强科研诚信和科研行为规范的教育。对于当前中国科学发展来说，科研诚信教育，尤其是科研人员在入门阶段所接受的科研诚信教育，是至关重要的"②。

更为重要的是，我们似乎不应该忽略这一事实，与重视科研诚信建设的主要国家相比，我国的科研诚信教育状况还有较大的提升空间。

在国际层面，科研诚信教育的实施状况因国而异，很难做出一个精确的判断。但是从总的趋势而言，重视和真正开展科研诚信教育的国家、地区和高校与科研机构的数量呈增长趋势；并且多数情况下，经济和社会发展程度越高的国家科研诚信教育的开展状况也越好。

---

① 刘萱、王宏伟：《中国学术环境建设研究报告（2018）》，清华大学出版社 2019 年版。
② 《科研诚信建设应从教育抓起——科研诚信教育座谈会综述》，《中国科学基金》2012 年第 1 期，第 25—40 页。

　　美国是世界上系统地推行科研诚信教育（负责任的研究行为教育）最早的国家，它采用政策约束与项目支持相结合的方式，迅速有效地探索了科研诚信教育的模式、扩展了科研诚信教育的对象、规范了科研诚信教育的目标、内容和范围，使科研诚信教育逐渐走向具体化和规范化。到1998 年，根据美国学者马斯楚安尼和卡恩的调查，仅有 40％的被调查机构没有开展关于科研不端行为政策的教育，14％的科研机构没有署名权方面的教育[①]。在英国，根据 2013 年的调查结论，被调查对象中，只有16％的学生和 8％的教师没有接受过科研诚信方面的任何信息；45％的学生和 77％的教师通过工作坊、课堂、讲座接受过科研诚信教育，38％的学生和 79％的教师通过课程手册、学生指导手册了解相关信息，31％的学生和 51％的教师通过宣传单或指导说明了解相关信息，27％的学生和51％的教师通过网站了解相关信息，另有 18％的学生和 12％的教师通过其他方式了解相关信息。在抄袭方面被调查对象接受的教育比例总体来讲更高；没有接受抄袭方面的信息的学生虽 17％，教师却为 0％；73％的学生和 94％教师通过工作坊、课堂、讲座接受过教育，66％的学生和 93％的教师通过课程手册、学生指导手册了解相关信息，50％的学生和 68％的教师通过宣传单或指导说明了解相关信息，47％的学生和 72％的教师通过网站了解相关信息，另有 29％的学生和 14％的教师通过其他方式了解相关信息。[②] 根据德国科学委员会的调查报告显示，在获得答复的92.3％的问卷中，截至 2015 年，在被调查对象中，有 57.2％在学士和硕士阶段接受过科研诚信教育，41.2％的人从教师个人那里获得过诚信教育，博士学位期间 31.7％的人参加过诚信教育活动，19.6％的人在工作后接受过该方面的继续教育，仅有 9.8％的人回答不知道[③]。根据欧洲教

---

　　① 胡剑：《美国负责任研究行为（RCR）教育的演进、特点及启示》，《外国教育研究》2012年第 2 期，第 120—128 页。

　　② Impact of Policies for Plagiarism in Higher Education Across Europe，Plagiarism Policies in the United Kingdom. http：//plagiarism. cz/ippheae/.

　　③ Wissenschaftsrat. Empfehlungen zu wissenschaftlicher Integrität（2015-06-05） http：//www. wissenschaftsrat. de/download/archiv/4609-15. pdf.

育伦理、透明和诚信平台委员会（Council of Europe Platform on Ethics，Transparency and Integrity in Education，简称 ETINED）的调查结论，截至 2013 年，欧盟范围内，接受过学术写作规范教育的平均值为 65％①。

此外，一些国际组织也对科研诚信教育的开展做出了重要贡献。联合国教科文组织在 2004 年启动了旨在加强和提高各成员国道德教育方面的能力的伦理教育计划；其下的全球伦理观察网站把不同地区、不同国家开展的伦理教育活动情况收集起来，建立了伦理教育计划数据库，形成了一套开展培训的标准程序。② 欧洲科学基金会于 2008 年专门成立了组织成员科研诚信论坛，为其组织成员交流良好的科研实践经验并推动那些尚在起步的组织成员汲取相关经验提供了一个信息交流平台；2009 年欧洲科学基金会在法国举办的"负责任的科研行为：良好的科研实践和研究诚信培训"活动，邀请了来自美国科研诚信办公室、爱尔兰利默里克大学与美国明尼苏达大学的三位教授，分别从三个方面介绍了科研诚信培训，分享了来自美国和欧洲的科研诚信培训的经验、探讨了科研诚信培训的发展前景及其面临的挑战。

三、科研环境急需优化

从国内现有的资料来看，以治理科研不端行为为目标的科研环境研究，国外研究以美国医学院、美国科学三院国家科研委员会撰写的《科研道德：倡导负责行为》一书最为系统和深入。根据此书的观点，科研环境通常可以分为内部环境与外部环境。一个组织机构的内部环境由为机构运作提供资源的投入、反应机构运作的结构和运行，以及由科研人员、科研团队及其他相关的科研项目完成的机构活动的产出和成果组成，另外伦理

---

① Impact of Policies for Plagiarism in Higher Education Across Europe，Plagiarism Policies in the Czech Republic http：//plagiarism. cz/ippheae/.

② 主要国家科研诚信制度与管理比较研究课题组：《国外科研诚信制度与管理》，科学技术文献出版社 2014 年版，第 251 页。

文化与氛围也至关重要。外部环境则主要包括政府规则、科研经费、人力资源/就业市场、期刊的政策和实践科学学会的政策和实践，以及（社会文化、政治和经济）总环境。该著作还对内部环境特别是组织机构的结构与运行进行了更细致地分类与分析，将结构层面细化为：政策、程序和守则，角色和职责，决策措施，使命、目标和目的、策略和计划，技术条件；将运行层面细化为：领导，竞争，监督，交流，社交，机构学习。基于对上述科研环境对科研诚信的影响地考察，该书提出了的三个方面对策和建议：科研机构应该贯彻和执行各类推动科研诚信文化建设的政策、程序、教育和自我评估①。

国内学者围绕科研环境与科研诚信建设的研究和探讨，在理论和实践的两个方面都做出了不少有益的探索。不过同美国研究视角略有不同，中国学者并不打算一一罗列、分析与科研诚信建设相关的每个环境因素，而是主要致力于对科研诚信建设影响重大（或较大）的环境因素地考察和研究；在语言表达上主要表现为：科研不端（学术不端）的"影响因素""动因"等的分析和研究。

调查研究总是能最客观、最直接地反映问题。早在1997年，刘爱玲运用社会统计学方法对科技奖励中越轨行为产生的主要原因进行了分析，认为报奖者的名望与职权等权威的不恰当运用、科技奖励制度不完善、评价指标的模糊性是造成科技奖励中越轨行为的三大主要原因。② 李真真注重体制环境和现存制度对我国科研不端行为发生与蔓延的诱因分析，她认为："单位制度""官本位"现象，以行政手段干预利益冲突事件，以及科研组织、科研管理、科学评价的不完善都容易诱发科研不端行为的发生，此外作者还对诱因形成的社会文化背景进行了简要地分析。③ 常亚平、蒋

① 美国医学科学院、美国科学三院国家科研委员会：《科研道德：倡导负责行为》，北京大学出版社2007年版，第5页。

② 刘爱玲：《科技奖励活动中越轨现象探因》，《科学学研究》1997年第3期，第65—68页。

③ 李真真：《转型中的中国科学：科研不端行为及其诱因分析》，《科研管理》2004年第5期，第137—144页。

音播、阎俊基于多元回归分析研究认为，影响学术不端行为的个人因素有：同行中学术地位、教学工作压力、科研考核压力、个人了解相关规范和获更高职称的压力；影响学术不端行为的组织因素有：学校声誉、领导者对科研重视度、学校内部监督健全度和组织内学术道德风气是影响学术不端行为的显著因素①。张崎等人对访谈和问卷调查进行统计分析得出，在科研道德与学风问题中，浮躁现象最为普遍，并且它是科研失范、不端行为滋生的根源；而对于浮躁现象只能够通过创新文化建设入手来予以纠正②。马玉超等人在对以上等人的研究结论的基础上进行归纳提炼，运用结构方程模型进行调查和统计得出，个人压力、个人素质、组织制止和环境支持四个因素对科研不端行为的产生影响最大，并对这四个因素进行了进一步地调查分析，并提出了对策建议：应注重提升高校科研人员的学术诚信素质，制定可操作的学术规范，建立适度的组织惩戒和社会惩戒制度，并努力创建宽松的学术研究氛围③。

理论的分析往往能提升研究的深度和全面性，1997年，熊万胜就对科学组织对科研不端行为的影响进行了探讨，他从组织认可和组织权威影响力两个方面证明了实体性科学组织是科研不端行为的主要动因。④ 潘晴燕的《论科研不端行为及其防范路径探究》从心理学、社会学、管理学三个学科方向对科研不端行为产生的原因进行了探讨，对她列出的主要原因合并同类项大致可以归纳为以下几个方面：科学道德和科学精神的缺位、不合理的科研评价机制、科研管理体制的缺失（权威权力的不当运用）、普遍性规范的失范（同行评议制的弊端、论文审查制的弊端、重复实验的

① 常亚平、蒋音播：《高校学者学术不端行为影响因素的实证研究——基于个人因素的数据分析》，《科学学研究》2008年第6期，第1239—1242页；常亚平、蒋音播、阎俊：《基于组织因素的高校学术不端行为影响因素的敏感性分析》，《管理学报》2009年第2期，第264—270页。
② 张崎、王二平、孙建国：《科研道德和学风问题的现状与管理对策建议》，《科研办管理》2009年第4期，第144—153页。
③ 马玉超、刘睿智：《高校学术不端行为四维度影响机理实证研究》，《科学学研究》2011年第4期，第494—501页。
④ 熊万胜：《科学活动中越轨行为的动因分析》，《科学技术与辩证法》1997年第3期，第43—47页。

局限性)、缺乏监督机制和惩罚措施；此外还讨论了心理因素，以及科研环境与教育环境的影响。为此她提出的防范路径主要如下：倡导科研诚信理念和科学道德教育、完善科研评价制度、健全科学道德活动的自我监督机制、建立全方位的科研档案管理制度、强化科学共同体外部的社会监督、政法路径。国内学者在深层次的理论追溯方面尚处于起步阶段。[①] 赵君、鄢苗从计划行为理论探讨认为，资源和机会的获得是约束或激发科研不端行为的关键；从社会学习理论探讨认为，监督惩罚机制不完善时与外部风气不良时，容易诱发科研不端行为；从压力源-情绪理论探讨认为，过高的考核压力、不合理的考评制度、不公平的奖励机制都会导致个体对科研环境产生负面评价，进而引发个体的科研不端行为。[②] 此外还有对国外研究理论的梳理、比较和评述。[③]

对国内已有的代表性研究成果进行归纳总结，可以得出，当前导致我国科研不端行为的原因既有科研环境又有社会环境的影响；社会环境的影响更弥散、也更持久；科研环境的影响是相对直接和显著的（李真真、张崎）。科研环境又可进一步分为：内部环境（组织内环境）与外部环境（组织外环境）（美国医学科学院、美国科学三院），但内部环境与外部环境对科研不端行为的影响与相互作用关系非常复杂，很难简单地讲，内部环境比外部环境的影响更显著。因此国内学者更倾向于打破二者的壁垒，直接探求诱发科研不端行为的主要原因，按照诱发科研不端行为的相关性排列，诸核心因素相互影响、相互交织、共同构筑的环境或可称为"核心环境"。"核心环境"之所以"核心"，因为它对科研不端行为的产生或抑制起着核心的、决定性的作用。作者根据以上代表性研究成果的结论，找出当前我国科研不端行为的"核心环境"构成因素：科研不端监督惩治机

[①]　潘晴燕：《论科研不端行为及其防范路径探究》，复旦大学，2008年。

[②]　赵君、鄢苗：《科研不端行为的概念特征、理论动因与影响因素》，《中国科学基金》2016年第3期，第243—249页。

[③]　熊新正、胡恩华、修立军、单红梅：《科研诚信行为影响因素研究综述》，《科学管理研究》2012年第3期，第39—42页。

制不完善、科研评价机制的不完善、科研诚信教育的缺失、科研管理体制的不完善（权威权力的不当运用）、普遍性规范的失范、道德风气。上述诸"核心环境"构成因素，除道德风气具有特异性外，其他五项外均属体制、规范的原因，具有具体可操作性，可看作是"核心环境"构成因素的"硬件"；道德风气具有弥散性，可看作是"软件"。"硬件"与"软件"虽相对分离，但又相互支持、相互影响，共同制约着科研诚信建设。

四、科研机构主体责任落实不到位

治理科研不端行为，高校和科研机构处于主体地位，已是世界各国治理科研不端行为的基本共识。美国白宫科技政策办公室 2000 年颁布的《关于科研不端行为的联邦政策》规定"科研机构对预防和发现科研不端行为负有主要责任，并对与该科研机构有关的科研不端行为进行问询，调查和裁决。"[①] 德国科学委员会 2015 年颁布的《科研诚信建议》规定，"为了持续地强化科研诚信文化，这些（良好的科研实践）品行必须在高校与科研机构中得到训练和体验。制订出加强科研诚信的框架条件是科研机构的任务。"[②] 加拿大三大理事会颁布的《科研与学术中的诚信：三大理事会的政策声明》提出，科研机构负有对研究人员科研不端行为的指控进行调查处理以及推进科研诚信的职责。芬兰在其 2012 年修订的《负责任的研究行为与科研不端行为指控处理程序》中指出"维护良好科研行为和处理科研不端行为的指控的首要职责在于芬兰境内从事科学研究的机构"。[③] 2015 年，日本文部科学省颁布了《针对科研不端行为的指导》的修订版，文件新增了对大学等科研机构的主体责任的认定。文件指出，今

---

① 主要国家科研诚信制度与管理比较研究课题组：《国外科研诚信制度与管理》，科学技术文献出版社 2014 年版，第 63 页。

② Empfehlungen zu wissenschaftlicher Integrität（2015-06-05）http：//www. wissenschaftsrat. de/download/archiv/4609-15. pdf.

③ Responsible conduct of research and procedures for handling allegations of misconduct in Finland，2012，https：//www. tenk. fi/sites/tenk. fi/files/HTK _ ohje _ 2012. pdf.

后要加强大学等科研机构治理科研不端的责任，实现科研不端行为治理由个人主体向科研机构主体的转变。大学等科研机构需要承担防止科研不端行为发生的责任，强化扼制科研不端行为的环境建设，特别是组织内管理责任明确化，积极推行扼制科研不端行为产生的举措。我国教育部 2016 年颁布的《高等学校预防与处理学术不端行为办法》第一章第五条也明确规定："高等学校是学术不端行为预防与处理的主体。高等学校应当建设集教育、预防、监督、惩治于一体的学术诚信体系，建立由主要负责人领导的学风建设工作机制，明确职责分工；依据本办法完善本校学术不端行为预防与处理的规则与程序。"①

但是我国实际的落实情况却不容乐观。据近日网上不完全调查，我国仍是部分高校和科研机构设立了学术道德委员会（关于科研不端的学术委员会），通过了学术道德委员会章程关于处理科研不端行为的办法。如 2006 年北京大学、上海交通大学成立学术道德委员会，2008 年同济大学成立学术道德委员会，2009 年浙江大学、哈尔滨工业大学成立学术道德委员会并出台学术道德规范，2010 年河南科技大学成立学术道德委员会并通过学术道德委员会章程，西安交通大学则早在 2003 年就成立学术道德委员会并于 2012 通过了学术道德规范委员会章程，四川大学在 2006 年成立了学术道德监督委员会之后，于 2013 年又成立了学术诚信办公室，清华大学 2015 年通过了《清华大学关于处理学术不端行为的暂行办法（试行）》等。实际进行了规范的科研诚信教育与科研不端调查的高校与科研机构更是凤毛麟角，中国科学院、中国社会科学院、四川大学、西安交通大学等是其中的佼佼者。

而在笔者与团队成员于 2017 年共同进行的《关于高校教师对科研不端认识的问卷调查》（此次调查回收样本 180 份），其结果也基本反映了我国高校在治理科研不端的问题上主体责任的缺失。对问题："您的学校是

---

① 中华人民共和国教育部：《高等学校预防与处理学术不端行为办法》，教育部网站，www. gov. cn，2016-07-19.

否设置了有关科研不端相关的课程?"的回答结果如下: "有"占比 "20%","没有"占比"43.89%","不知道"占比"36.11%"。对问题: "您所在的学校是否设立关于科研不端的学术委员会?"的回答结果如下: "有"占比"28.33%", "没有"占比"26.67%", "不知道"占比 "47.22%"。

调查结果还为高校治理科研不端行为有效落实主体责任指明了方向。 对问题: "为了预防科研不端行为的发生,您认为高校应该采取什么样的 措施?"(此问题是多选题)的回答结果如下: "将学术规范和学术诚信教 育作为教师培训和学生教育的必要内容"达到"63.33%";"应该建立知 识产权查询制度,健全学术规范监督制度"达到"67.22%";"健全科研 管理制度,在合理的期限内保存研究的原始数据和资料,保证科研档案和 数据的真实性、完整性"达到"77.78%";"建立科学的学术水平考核评 价标准"达到"69.44%"; "建立教学科研人员学术诚信记录"达到 "57.78%"。

对这一问题的统计结果进行分析,可以看出: 首先,健全科研管理制 度,特别是原始数据的记录与保存制度是一个迫切的问题。当前我国大学 和科研机构对原始数据的记录和保存缺乏应有的管理制度和规范,缺乏对 学生和青年学者的指导教育,缺乏有效监管是这一问题的主要原因。我国 学者方玉东、陈越、常宏建、陈克勋 2014 年发表的《科学研究中原始数 据的记录与保存》的调查数据有效支持了这一观点。[①] 从国际范围来看, 各国也非常重视原始数据的记录与保存制度及其相关技术手段的建设, 美、英、澳、德等发达国家的高校普遍制订了科学数据保存政策或相关条 款。我国高校在这方面投入动力不足,既有认识上的原因,也有管理上的 缺陷。科研管理机构与资助机构应尽快出台相关措施,督促高校和科研机 构承担起规范原始数据的记录与保存的主体责任。

---

① 方玉东、陈越、常宏建、陈克勋:《科学研究中原始数据的记录与保存》,《中国科学基 金》2014 年第 7 期,第 276—280 页。

其次，建立科学的学术水平考核评价标准，也是高校教师的普遍呼声。学术水平考核评价标准问题在当前我国已成为一个学界和公众关注的焦点问题，这反映了当前我国科技工作领域考核标准的异化已是一个"普遍性"问题。对这一问题争论不休、举棋不定本身就说明了这一问题的复杂性和重要性，期望在这里找到对这一问题的标准答案也是不可能的。这里只提出几点值得警惕的现象：一，对现行考核标准特别是唯论文至上标准的诘难，主要来自医院、高职院校等服务性和应用性机构，即非研究性大学和科研机构；二，SSCI、C刊、影响因子本身没有错，错的是背后的权力滥用和利益输送；三，科研资助在越来越多的高校和科研机构评价体系中地位日升，但对资助项目评审和管理的不足也越来越多地引起争议；四，当前应谨慎使用"代表性成果"制度，而宜采取多种评价指标综合运用的综合评价制度。

排名第三的是对"健全学术规范监督制度"的呼吁。这一条的排名虽在大多人意料之中，但客观上讲在情理之外。因为从逻辑上来说，在被调查的5条当中，与科研不端行为预防和处理最直接相关的措施应该是这一条。所以不管是采用政府主导型治理模式，还是科研机构主导型治理模式的国家，都强调高校和科研机构应当实施对学术规范的监督职能。并且事实上，不仅是监督职能，而且受理调查和认定处理职能在大多数国家都交由高校和科研机构执行。即使在实行政府主导的治理模式国家，政府也往往只负责重大科研不端案件的调查处理。我国应进一步加强学术规范监督制度，将其置于应有的位置上。

将科研诚信的"课程设置问题""学术委员会设置问题""高校措施问题"三个问题联系起来思考，在高校科研诚信课程设置、学术委员会设置比例如此之低的情况下，被调查者仍把"健全学术规范监督制度"和"诚信教育"分列第三、第四，再次反映了我国高校和科研机构在预防和治理科研不端方面的任重而道远：治理科研不端高校和科研机构必须承担主体责任。总之，我国高校和科研机构在预防和治理科研不端方面还有许多工作要做。治理科研不端，高校和科研机构必须承担主体责任，从科研环境入手展开综合治理。

第三节 利用它国经验推进我国科研诚信建设

一、建立重大科研不端事件的长效调查机制

诚信是从事科研活动的基本准则，也是科学事业保持持续发展和创新的先决条件。对科研不端行为"零容忍"是我国政府和学界的基本态度。《关于进一步加强科研诚信建设的若干意见》是最近颁发的意在解决科研不端问题的标志性文件。然而与此同时，重大的科研不端事件仍然频繁发生，前有国外大型学术出版集团撤稿事件、后有南京大学梁莹404事件、贺建奎"基因编辑胎儿"事件，重大科研不端事件似乎越查越多。"头痛医头，脚痛医脚"的调查办法既不能回应国内关切，也不符合国际查处重大科研不端事件的普遍经验。

建立重大科研不端事件长效调查机制势在必行，笔者对此提出四点建议：

一是，高校与科研机构的调查与国家科研诚信办公室的监督、调查同步。重大科研不端事件可大致分为两类：一是涉事人知名度高或职位高；二是涉事群体大或违规行为种类多、时间长、牵连事件多。对第一类重大科研不端事件，因为涉事人的声誉与利益与所在科研机构的声誉或利益往往存在着千丝万缕的联系，所以所在科研机构不愿或不敢对其展开调查，因此国家科研诚信办公室的介入就非常重要。国家科研诚信办公室在要求科研机构自身展开调查的同时，组织人员予以监督或成立专门委员会展开同步调查，可以对科研机构构成直接压力，督促科研机构及时、有效、公正、透明地开展调查。世界上已有不少国家针对科研不端事件的调查、处理和监督成立了全国统一的科研诚信委员会（办公室）。丹麦、挪威、奥

地利设立了全国统一的科研诚信委员会对科研不端事件进行调查和裁决，芬兰、荷兰等国也设立全国统一的科研诚信委员会对科研不端事件的调查进行监督和复核，德国研究联合会在最新修订的《应对科研不端行为的程序》（2016）中规定，该联合会的科研诚信人员在必要是要介入到科研不端事件调查的全过程。

对第二类重大科研不端事件，因为事件往往会涉及多个科研机构，因而需要多个科研机构之间的联合调查。但是因为：一，我国的科研机构在调查和处理科研不端事件问题上往往积极性比较差，所以很容易出现推诿扯皮的现象，为防止此类现象发生，国家科研诚信办公室对之进行统一筹划、明确各个科研机构的调查权限、调查期限和范围等内容。二，我国各科研机构对科研不端行为的定义各不相同、对科研不端的调查程序没有统一规定，因此对各个科研机构的调查进行协调和监督就非常必要而且重要。这在国外也被视为较为有效的调查策略，如荷兰著名社会心理学家斯塔佩尔的论文数据造假案在蒂尔堡大学被受理后，就立即通知了他以前工作、学习过的阿姆斯特丹大学和格罗宁根大学，上述两个大学立即成立科研诚信委员会就案件展开调查。在此后的调查中，三个委员会的调查工作几乎是同步的，而且三个委员会之间保持了良好的信息交流和共享。这种联合行动高速有效地调查科研不端事件的实例对我国类似事件的调查提供了参照。我国 2018 年的"基因编辑婴儿"事件后，多个部门展开的联合调查也是这方面的一个很好的例证。

二是，调查结果的公布与调查活动过程同步。由于重大科研不端事件涉及的人比较重要，涉及事多、复杂或时间跨度长，社会关注度往往很高，及时开展调查并及时公开调查的阶段性成果以及最终结论就很必要。李连生、韩春雨事件被掀起一浪又一浪的关注热潮，一个很重要的原因，就是西安交通大学、河北科技大学对之从立案到调查都拖拖拉拉、遮遮掩掩。这与科学界和大众的期望存在着巨大差距，与国外对类似事件的调查也形成巨大反差。对荷兰著名社会心理学家斯塔佩尔的论文数据造假案的调查，参与调查的三个大学的科研诚信委员会考虑到涉及人多、面广、造成的社会影响大，就商定大约每个月在联合网站上公布一次调查阶段性结果，并且公布的材料非常详细，包括成果的名称、事件的性质和程度、调查的具体工作方法、程序、结论等。这种工作方法既可以减少对科学事业造成的直接损失，也可以减少公众对事件的不必要猜测和怀疑，维护社会的诚信文化，是非常值得我们思考和借鉴的。

三是，对重大科研不端事件的调查与对涉事人的调查同步。重大科研不端事件的背后是实施重大科研不端行为的个人或由个人组建的团队，对事件的调查仅仅停留在某件被检举的事件上，对事件的调查是不彻底的。对造成重大科研不端事件的个人或团队已有的所有科研成果、申报奖项及项目甚至是评职所提供的资料进行追溯性审查，彻底地查清有关个人或团队的科研不端行为，对于提升科研队伍道德素质、建设良好学术生态是一个很好的切入口。按照海恩法则，每一起严重事故的背后，必然有 29 次轻微事故和 300 起未遂先兆以及 1000 起事故隐患。这一法则应用在重大科研不端事件上，与"被检举的科研不端事件仅仅是冰山一角"这一事实恰好呼应，这提醒人们对重大科研不端事件的调查处理必须从严从深，浮光掠影、点到为止的调查和处理办法是不能回应群众的关切的，更不能从根本上纠正当下浮躁的学术风气。

四是，对重大科研不端事件的调查与涉事人所在团队的伦理氛围和研究文化的调查同步。已有的研究表明，科研团队的伦理氛围对该团队成员的科研行为具有重要影响，一个好的学术伦理氛围会抑制科研不端行为，而一个坏的学术伦理氛围会激发科研不端行为。一个重大科研不端事件很可能是整个团队的伦理氛围和研究文化的缩影，对涉事人所在团队研究文化进行深入调查，可能会更深刻、更全面地揭示事件的前因后果。斯塔佩尔案件、马基阿里尼事件调查委员会的调查均发现，案件之所以多次被举报却没有得到及时的立案调查，导致不端案件升级的原因，绝不仅仅源于涉案人及其合作伙伴的个人原因，而是与他们的工作环境、工作团队或机构的文化有着重要的不可忽视的联系。因此调查委员会在调查案件本身的同时，对促成案件发生的研究环境和文化进行同步调查，才能揭示案件发生背后的深层次原因和机制，进而对症下药，在根本上遏制科研不端事件的发生。

　　近年来，随着国际国内对科研不端事件关注的升温，我国各部委先后出台了一系列政策规章，虽然在一定程度上打击了科研不端行为，但是尚未对之形成全面遏制之势，究其原因与其复杂的影响因素有关：项目、职称、科研成果的评价机制不合理，科研诚信教育的缺失，以数据保存与处理为主的科研管理体制不到位，成果发表出版环节影响因素多，科研机构伦理氛围较差，研究文化浮躁等等，其中科研不端事件特别是重大科研不端事件得不到及时有效且公开透明地调查和处理是最为重要的原因之一。以重大科研不端事件为契机，建立完善的科研不端事件调查机制和科研诚信建设体制是国际范围内打击科研不端行为，加强科研诚信建设的普遍经验。我国的重大科研不端事件调查，如果能以此为契机，采取高校与科研机构的调查与国家科研诚信办公室的监督、调查同步，调查结果的公布与调查活动过程同步，对重大科研不端事件的调查与对涉事人的调查同步，对重大科研不端事件的调查与涉事人所在团队的伦理氛围和研究文化的调查同步的"四同步"原则，必能使我国的科研不端行为得到有效遏制，推动我国的科研诚信建设迈上新台阶。

二、大力推进科研诚信教育

　　大力推进科研诚信教育是国际范围的普遍经验，也是我国相关政策和实践的客观要求。当前在我国大力推进科研诚信教育，就要改变多年来以报告会、讲座、论坛或研讨活动为主的宣传教育模式，系统地开展负责任研究行为的培训，将科研诚信内容融入日常教育教学活动。正如时任中国科学技术信息研究所副研究员的孙平，在总结第二届世界科研诚信大会上所介绍的全球科研诚信建设取得的进展和今后的发展趋势，并结合我国的科研诚信建设实际，提出的体会与思考中谈到的，"目前，我国在科研诚信宣传教育方面的活动仍以报告会、讲座、论坛或研讨活动为主，在系统开展负责任研究行为的培训以及将科研诚信内容融入日常教育教学活动方面还比较欠缺。为此，有关部门和单位应争取早日将科研诚信内容纳入高等学校的教学大纲，并组织编写教材和案例、培训指导教师和进行教育培训效果的评估，以充分发挥教育培训在科研诚信建设中的重要作用"①。

然而，在科学技术迅速发展，学生的学习任务越来越重的情况下，加之我国科研诚信教育师资队伍严重不足、学生数量庞大、未经规范培训的科研人员数量巨大，科研诚信课程，对谁开设？谁来开设？开展什么性质的课程？以及如何调动高校、教师开课的积极性？等等问题都是一个值得深入探讨的问题。

（一）关于对谁开设和谁来开设的问题

关于对谁开设和谁来开设的问题，在理论上并不是什么难题，但在实践中却困难重重。

关于对谁开设的问题，从理论上讲，所有正在从事和将要从事科研活动的人员都应当接受相应的培训。但在实践中，从国际经验来看，在科研诚信制度化建设最好的几个国家，大都经历了一个从医学专业博士到所有专业博士、硕士、本科、教师或科研人员依次推进的过程。科研诚信教育从医学专业做起，可以说既有客观的必要性、紧迫性，也有主观上的可行性。这里所说的"必要性、紧迫性"既与医学领域的研究直接涉及人的健康和生命有关（学科特点），也与多年来医学领域的科研不端事件发生率居高不下有关（与其他学科领域相比）；而这里所说的"可行性"，是就国际国内医学领域的科研伦理教育比较成熟因而可以为科研诚信教育提供经验借鉴，甚至是师资等相关资源支持而言的。科研领域美国、英国、德国、奥地利等国的科研诚信教育都是从医学博士开始的，现在已经拓展到本科生和教师或科研人员。甚至个别国家提出把科研诚信教育特别是禁止

---

① 孙平：《科研诚信的挑战与应对策略——记第二届世界科研诚信大会》，《科技管理研究》2011年第22期，第219—222页。

抄袭的教育引入中学教育（马耳他）。

至于谁来开设的问题，理论上讲由掌握伦理和科学综合知识的学者或教授团队来担任是最理想的。他们可以带领学生深入细致地分析科学实践活动中出现的鲜活案例，同时又具有处理复杂的伦理问题的能力。但是在实践中，这样的人手本来就不多，愿意牺牲自己从事专业活动的时间而服务于科研诚信教育的人更是少之又少，不能满足对广大学生进行教育的要求。由伦理学家和科学家合作，联手设计教学内容或共同负责课程讲授，是一个非常不错的选择。对愿意从事科学诚信教育或相关服务工作的教师进行培训，也是应对师资队伍短缺的一个重要手段。美国早在 20 世纪 90年代的负责任的研究行为教育计划中就资助了 1 项旨在培训负责任的研究行为教育的教师，在 2010 年前后在地区级和国家级会议中开设了四个针对理学硕士生导师的培训工作坊；德国在 2013 年开启了首批教师培训项目①；奥地利科研诚信办公室也开发了"培训培训师"模块，作为其科研诚信培训的三大模块之一②；科学欧洲的科研诚信工作组基于 2014 年欧盟成员的调查结果建议，研究资助机构和科研机构应鼓励负责机构建立培训培训师的课程，以促进知识共享，保持培训标准③。

对我国来说，开展对（即将成为）科研诚信教育教师的培训，以解决师资力量严重不足的问题是一个非常紧迫的问题。我国虽然在有些高校已经开设科研诚信教育的课程，因而具备一些进行科研诚信教育的教师，但总体来说数量较小、质量参差不齐，要尽快解决师资队伍短缺和质量不高的问题，组织教师培训是一个快速而有效的办法。

---

① Steneck, Nicholas H；Mayer, Tony；Anderson, Melissa S. ；Kleinert, Sabine, Integrity in the global research arena, World Conference On Research Integrity，2015.

② Worum geht es beim Train-the-Trainer der ÖAWI? https://oeawi. at/training-train-the-trainer/.

③ Olivier Boehme, Nicole Föger, Maura Hiney, Tony Peatfield, Francien Petiet, Research Integrity Practices in Science Europe Member Organisations，2016.

（二）关于课程性质和机构开课的积极性问题

关于课程性质，在理论上，欧美国家的研究通常主张科研诚信教育不必由国家政府硬性规定；在实践中，欧美国家通常也是这么做的。无论是美国还是加拿大，也无论是英国、法国，还是丹麦、德国，还有澳大利亚和日本等等，都没有国家层面统一的强制性规定，但是还是有不少大学把科研诚信教育列为博士生的必修课，如美国的纽约医学院、佐治亚理工学院，德国的杜塞尔大学、丹麦的哥本哈根大学、比利时的鲁汶大学、芬兰的赫尔辛基大学等等。

虽然欧美国家没有把科研诚信教育列为必修课，但是在不少科研资助机构的政策文件中都指出开展科研诚信教育是科研机构获得资助的必要条件。美国国立卫生研究院（NIH）与酒精、药物滥用和精神卫生管理局（ADAMHA）修订的培训基金的资助政策，要求从1990年开始，在国家研究辅助基金（NRSA）申请中，必须包含正式或非正式的科研诚信培训项目。[①] 1995年，美国卫生与人类服务部（DHHS）的科研诚信委员会（CRI）在其报告中建议将拥有负责任的研究行为教育作为科研机构接受其资助的基本要求，鼓励开展针对本科生和研究生的全方位的学术伦理训练。[②] 1997年，美国国家科学基金会也在研究生教育和研究训练综合项目（IGERT）中增加了负责任的研究行为教育的要求。[③] 德国研究联合会制定的《关于良好的科学实践建议》（1998、2013、2016）明确指出，科研

---

① National Science Foundation. Integrative Graduate Education and Research Traineeship Program (IGERT). http：//www. nsf. gov/pubs/2006/nsf06525/nsf06525. htm，2005-12-23.

② National Institutes of Health，Alcohol，Drug Abuse，and Mental Health Administration. Requirement for programs on the responsible conduct of research in national research service award institutional training programs . http：//grants. nih. gov/grants/guide/historical/1989＿12＿22＿Vol＿18＿No＿45. pdf，1989-12-22.

③ Department of Health and Human Services. Integrity and Misconduct in Research：Report of the Commission on Research Integrity . http：//ori. dhhs. gov/documents/report＿commission. pdf，1995-11-03.

机构开展科研诚信教育是接受资助的必要条件之一。[①]

重视科研诚信建设的国家，受教育者的覆盖面与我国相比明显高得多。我国推进高校科研诚信教育的积极性差有许多主客观方面的原因，但这不是此处讨论的重点，此处关注的焦点是关于这一问题的解决方案。把科研诚信列为研究生的必修课是解决许多高校科研诚信教育积极性差的一个有效手段。对于这一点，看一下政策与实践的差距，其中道理就不言而喻。在政策层面，自世纪之初教育部下发的多个文件中反复强调科研诚信教育的重要性（见本章 2.2）；但在实践操作上，大部分高校至今仍然没有开设该课程，即使已开设的高校覆盖率也相当低。原因最主要的是，政策上并没有把科研诚信教育设为必修课。因此解决政策与实践相脱节的问题，目前来讲最简单有效的解决办法就是在政策上进行强制性要求，即把它列为必修课。

（三）关于调动教师开课的积极性问题

从国际经验来看，对教师和科研人员以项目支持的方式予以资助，是激发开课主体积极性的有效手段。美国科研诚信办公室于 2002 年启动的负责任研究的行为教育计划，先后投入了 150 万美元，资助了 50 个项目开展科研诚信教育产品。这些产品涉及数据的采集、管理、共享与所有权，利益冲突与履行承诺，人体实验，动物实验，科研不端行为，发表实践与作者责任，导师和学生责任，同行评议，科研合作 9 个专题。[②] 欧洲教育伦理、透明和诚信平台委员会基于对欧洲 27 个国家的调查提出的建议中对多数国家的政府都提出了资助本国的科研诚信教育的意见。我国的科研诚信教育才刚刚起步，大部分已开设的科研诚信教育往往作为学术写

---

① Deutsche Forschungsgemeinschaft. Empfehlungen "Sicherung guter wissenschaftlicher Praxis" (2013-09)，http：//www. dfg. de/download/pdf/dfg _ im _ profil/reden _ stellungnahmen/download/ empfehlung _ wiss _ praxis _ 1310. pdf.

② 郭祥群、廖晓玲、于嘉林、张振刚、宋恭华、彭建刚：《美国研究生负责任研究行为教育计划及启示》，《学位与研究生教育》2009 年第 5 期，第 65—72 页。

作和学术规范的一部分，或医学伦理（科研伦理）、工程伦理的一部分，把科研诚信作为专门课程的高校少之又少。适合我国学员实际的、权威的、专门的科研诚信教育的中文教材还没有出版，适合于我国学员实际的教学形式和手段等诸多问题还有待研究探讨，特别是实践中的探索。这些工作的推进需要政策上的支持，也需要适当经费的投入，需要对先行先试的个人和机构予以资助和奖励。

三、借鉴他国经验优化科研环境

治理科研不端行为应从科研环境入手的治理理念已是国际社会的基本共识，营造负责任行为的科研环境已成为科研诚信建设的一个有机组成部分。

国内学者的调查研究表明，当前我国影响科研不端行为的科研环境的核心构成因素有：科研不端监督惩治机制不完善（常亚平等、马玉超等、潘晴燕、赵君等）、科研评价机制的不合理（刘爱玲、常亚平等、马玉超等、潘晴燕、赵君等）、科研诚信教育的缺失（张崎等、常亚平等、马玉超等、潘晴燕）、科研管理体制的不完善（权威权力的不当运用，李真真、潘晴燕、熊万胜、赵君等）、普遍性规范的失范（潘晴燕、刘爱玲）、道德风气有待净化（常亚平等、马玉超等、张崎等）。上述诸科研环境的核心构成因素，除道德风气属软环境外，其他五项外均属体制、规范的原因，具有具体可操作性，是科研环境构成因素的"硬件"；"硬件"与"软件"虽相对分离，但又相互支持、相互影响，共同制约着科研诚信建设。

德国科学委员会基于对德国的科研不端治理状况的调查统计和国际比较，提出了针对德国科研环境的治理建议与我国的情况高度耦合，或许可以为我国的科研环境治理提供借鉴与启示。

1. 科研不端的调查和惩治应与对机构的评估、资助挂钩

我国要求调查和惩治科研不端的呼声已久，科协、中科院、科技部、

教育部等已相继出台了多个文件，并且对几件重大科研不端事件进行了处理。但是近几年的科研不端事件爆发频率、涉及人员之多、形式多样性不降反升，与我国科研不端调查和惩治机制不够完善有着直接关系。随着国际特别是国内科研管理和科研评价机制的转型、竞争性科研资助投入的迅猛加大，科研人员的急剧增多等因素的交互作用，使我国科研人员的竞争压力空前加大，加之浮躁的社会文化环境及其他一些不利因素的影响，科研不端的发生概率增大成为内在趋势，这急需政界学界的重视和作为，采取具体措施，推动和保障科研不端调查和惩治机制的建立。但是从我国的具体实施来看，只有部分高校和科研机构出台了科研诚信促进条例或科研不端治理办法，虽然有不少高校和科研机构成立了学术道德委员会（科研诚信委员会），但专门的科研不端调查处（专员）的设立几乎为零。教育部最近发布的《高等学校预防与处理学术不端行为办法》明确提出了，建立科研不端调查的"专门岗位或者指定专人，负责学术诚信和不端行为举报相关事宜的咨询、受理、调查等工作"。① 这一办法要落到实处，需有具体的措施和制度的保障，德国科学委员会提出的，把高校和科研机构预防和处理科研不端的机构建设与能力作为高校与科研机构评诂的条件，以及高校与科研机构获得经费资助的条件，是一个值得思考和借鉴的办法。

2. 对研究成果的评价应采用质量为主的综合评价指标

对科研人员个人的科研成果的评价本身就是一个比较复杂的问题，加之"关系评审""权威影响"等因素的影响，对科研成果的评审仅靠同行评议或专家评审是不可取的。对同行评议或专家评审的应用必须有相应地监督、约束机制或辅助手段。德国科学委员会建议，采用质量为主，多种指标综合运用的办法，除了看引用指标，还要看出版物与科学成果的内容和其他指标，如专利、获奖、创新、在该领域的重要科研机构访学、国际

---

① 中华人民共和国教育部：《高等学校预防与处理学术不端行为办法》，教育部网站，www.gov.cn，2016-07-19。

学术活动等。德国科学委员会早已在 2011 年出台的文件中要求用质量主导的指标代替数量主导的指标，质量主导的资助规则会得到科学委员会的支持。需要补充一下，德国科学界普遍采用的引用指标是 H 指数，而不是 SCI 论文数。我国学者提出的"代表性作品"质量评价法，较之单一的论文数的评价法是一个进步；如果与其他评价指标综合运用，如 H 指标、专利、获奖、创新、在该领域的重要科研机构访学、国际学术活动等，应当是一个更适宜的办法。

另外，需要特别强调的是，对不同类型的科研机构和科学工作者应当根据不同的工作性质采用不同的评价标准，这是在德国科学界特别是各大学会中做得比较好的地方。而我国在这一方面的导向和做法过于单一、不科学。如最近引发公众关注和热议的临床医生的业绩考核中的成果评价问题，此外还有诸如大学、科研机构的行政人员，以及以教学为主的大学或部门的教师业绩考核中的成果评价问题等，这些人员的主要工作是实践，临床实践、管理实践或教学实践等，而非科学研究，对这些人员的考评也以论文为主，不但增加了他们的工作负担，影响了对主要工作的热情和投入；而且增加了科研工作人员发表成果的压力，容易导致科研成果的低水平重复，浪费社会资源。

3. 科研诚信教育要有具体方式方法的保证

从德国科学委员会的文件要求以及德国科研诚信的教育实践来看，已有部分德国大学与科研机构开设了关于科研诚信的课程、讲座、研讨班、研讨会等各种形式的宣传教育，但是大多数的科研诚信教育是在入学大会与毕业论文写作时进行的。德国科学委员会认为这不够持久，而且为时太晚；它建议，从入学开始、课程结业论文写作、到毕业论文写作、入职工作的全过程都要有科研诚信的教育和引导。这对我国来讲也比较适用。我国除极少数高校与科研机构开设了科研诚信的课程外，大多数高校和科研机构都对科研诚信的教育与宣传都不重视，致使许多学生与青年科研人员对科研不端行为的严重性与危害没有足够的认识，更不用说如何有意识地预防与揭发科研不端行为，这无形中滋养了科研不端行为。要使科研诚信教育落到实处，相关高校与科研机构的领导必须重视，必须拿出专项经费、安排专门人员、形成有效机制激发教师、学生的工作和学习积极性，如通过纳入通识教育体系、安排必修课、选修课、讲座等方式。

4. 原始数据的保留必须有明确的规定和支持手段

随着科学研究范式演化为数据密集型范式，科学数据存储与保存的意义日益凸显。原始数据的记录与保存，作为科学实验的重要环节，是形成科研成果的重要基础；同时也是数据传播及共享的基础与数据的再利用与增值的必要条件。科学数据的保存已引起各类型相关科研机构的高度关注，美、英、澳等发达国家的高校普遍制订了科学数据保存政策或相关条款，一系列聚焦科学数据保存的国际组织纷纷成立、国际会议亦相继举办。然而据有关调查表明，当前我国科研领域存在着原始数据的记录和保存存在数据所有权认识模糊、缺乏对研究生的指导、缺乏制度和规范、缺乏监管等问题。这样的科学数据保存情况显然不利于查阅和二次利用，长期来看它降低了数据使用效率，造成资源的浪费，不利于科学的长远发展。尽快出台权威性的原始数据的记录和保存规范，设立专门部门负责监管数据的保存与维护，并开发相应的数据库，保障科学研究中原始资料的真实性、可靠性，促进数据共享，是我国相关管理机构与科学界亟待解决的问题。德国不但设立了专门的部门（信息基础设施委员会）负责监管数据的保存与维护，开发了相应的数据库 Nestor（德国数字资源长期保存与可支配性网络）；并且即将与国际组织合作，针对不同数据类型的长期保存与使用运用具体的技术措施制作出数据管理模型的做法值得我们学习和借鉴。

落实，落实，还是落实。我国科研诚信文化的建立缺少的最主要的不是规范、文件，而是落实，责任和权利的层层落实。德国科学委员会在文件中明确规定了各个行为主体的责任，非常值得我们思考和借鉴。只有各主体责任明确，又有相应的措施与手段的支持，科研诚信文化建设才能落到实处。科研诚信文化才能有望生根发芽，进而茁壮成长，蔚然成风。

四、多措并举激发科研不端治理主体积极性

近年来我国各界对科研不端行为关注度日益升高，政府各管理部门、科研资助部门和各学会组织也积极应对，但是效果并不如人意。2015 年以来国际期刊连续撤稿事件，我国科技部、教育部、卫生和计生委等各科技教育管理部门、重要科研机构与学会组织更是连续发行有关科研诚信建设和科研不端治理的文件。2018 年 5 月至今，《关于进一步加强科研诚信建设的若干意见》《关于深化项目评审、人才评价、机构评估改革的意见》《关于对科研领域相关失信责任主体实施联合惩戒的备忘录》三个文件更是把科研诚信建设推到了前所未有的前台位置。然而，与之形成鲜明对比是，以高校为主的各科研机构多数对科研不端行为的调查、惩处和预防仍"消极以待"。107 篇论文撤稿事件之后各论文作者所在单位并未对上述有不端行为作者的过往研究行为进行深入调查；韩春雨事件之后，河北科技大学也是迟迟未启动调查程序……

在政府各管理部门、科研资助部门压力之下，以各高校为主的科研机构为何仍行迈靡靡、中心摇摇？据私人之见，压力传导路径不畅通，各项措施不到位是其中最重要的一个原因。为此，政府各管理部门、科研资助部门还需共同行动，采取更具体的、更具操作性的措施，疏通关节，激发科研不端治理主体的积极性。

首先，国家自然科学基金委员会、国家社会科学基金委员会等各级科研资助部门，以资金管控为抓手，制定并执行具有强约束力的措施，促使以高校为主的科研机构积极进行科研诚信建设。国家自然科学基金委员会等科研资助部门可以效仿德国研究联合会和我国科技部的规定对科研诚信建设不达标的单位不予以资助；此外，对已证实具有科研不端行为的涉事人不仅要停止或追回资助，还要视情况要求所在的科研单位予以赔偿。要求所在的科研单位予以赔偿，这是与项目依托单位的监督和管理责任一致

的，如美国卫生研究院、德国研究联合会、瑞典心肺基金会等所做的那样，否则项目依托单位的监督和管理责任就落为一句空话。再次，科研资助机构还可以以项目资助的方式对积极进行科研诚信建设的机构予以经费的资助，补贴科研机构用于科研诚信建设所用的开支，或奖励其在科研诚信建设方面所作的努力。

其次，教育部及各地方教育主管部门在资格认证评估中，实实在在地把科研诚信建设作为评估的一项重要内容，不是只考察该校是否出台了科研诚信行为准则、设立了学术道德委员会（科研诚信委员会），而是应该根据文件要求《中共教育部党组关于强化学风建设责任实行通报问责机制的通知》中提到的具体措施一一核实，并对执行不力者予以强有力的惩戒，如限期整顿、评级降档、减少拨款等，而不仅仅是记录和通报。对科研诚信建设具体措施的核实之所以重要，是因为比出台文件、设立委员会更重要的是：高校领导班子真正重视，查处细则公开（特别是网络公开）、易查阅，科研诚信专员常设、易沟通，科研诚信年度报告公布、调查和处理科研不端事件及时公正。国际领域科研诚信建设的普遍经验都证实了上述几项措施在预防科研不端行为方面的重要作用；而本研究团队的调查表明了国内科研机构在上述几项措施的建设方面的严重不足，这与教育部及各地方教育管理部门在评估中对学风建设责任的落实、特别是上述几项措施落实的重视程度不够有重要关系。

再次，对科研机构进行持续的学术伦理氛围监测和评估。已有的研究证明，所在的科研机构的学术伦理氛围对机构成员的科研行为具有重要影响，实际的道德行为不仅仅是个体道德能力的产物，而是个体的道德能力与机构（集体）的道德特征之间相互作用的产物。在机构的学术伦理氛围好的情况下，个体的科研不端行为会显著减少；反之，在机构的学术伦理氛围差的情况下，个体的科研不端行为及其他各种非伦理行为会明显增加。培育良好的学术伦理氛围对于抑制科研不端行为、倡导良好的科研实践行为具有重要的意义。美国的学者、政府咨询机构以及教育部已就机构学术伦理氛围的监测和评估设计了多套调查方案，并在多所学校组织了调查，并根据调查结论为被调查的学校提供了调整、改进的建议。我们也可以根据自己国家的实际情况，借鉴他国的经验，编制适合自己的科研机构伦理氛围的调查问卷，对科研的伦理氛围进行持续的监测和评估，督促并帮助学术伦理氛围不良的科研机构采取切实措施改进伦理氛围。

最后，设立全国统一的科研诚信委员会，对以高校为主的科研机构关于科研不端的调查和处理进行监督、协调，提供咨询服务。设立全国统一的科研诚信委员会已成为不少国家预防和治理科研不端行为、倡导负责任研究行为的共同举措。丹麦、荷兰、挪威、芬兰、奥地利、瑞典、加拿大、澳大利亚等国都设立了全国统一的科研诚信委员会，当然它们行使的职能存在差异：丹麦、挪威、奥地利、瑞典的国家诚信委员会负责全国的科研不端行为的调查和处理；而荷兰、芬兰、加拿大和澳大利亚的国家科研诚信委员会主要负责监督各科研机构的调查是否合乎程序，并受理个人对科研机构调查程序或结论的上诉。我国设立全国统一的科研诚信委员会，负责监督并受理上诉，不仅必要而且可能。

之所以必要，首先是如上文所言，各科研机构在预防和治理科研不端行为问题上态度消极，行动迟缓，成立统一的科研诚信委员会行使监督职能，可以督促各科研机构积极行动，及时、有效地调查和处理科研不端行为；其次，统一的科研诚信委员会行使上诉职能，可以更好地为举报人和被举报人提供便利通道维护个人权益，促进科研机构公正、公平地对举报案件进行调查和处理；此外，统一的科研诚信委员会还可以为各科研机构，特别是科研诚信建设不完善的机构提供咨询和建议，为科研机构及时调查和处理科研不端行为提供理论和实践上的支持，如在科研机构提出申请的情况下可以帮助其制定和完善科研诚信准则、组建科研诚信调查委员会等。

其可能性体现在，我国建立全国统一的科研诚信委员会已具备了一定的组织基础和工作经验。我国科技部早在2006年就建立科研诚信建设部门联席会议制度，与教育部、中国科学院、中国工程院、国家自然科学基金委员会、中国科协等部门和单位，在改革科技评价制度、建立科技工作者行为准则、查处重大科技造假事件等方面进行了良好合作。2017 年撤稿 107 篇论文事件发生，就是由科技部会同相关部门成立联合工作组，协同配合，打出了系列"组合拳"，对撤稿论文进行了逐一审查和处理。反观其他国家的国家科研诚信委员会（办公室），不少也是从部分部门的合作逐步发展为全国统一的科研诚信委员会（办公室）。奥地利科研诚信办公室，是在奥地利科技基金会的与科研部的共同提议下建立的。成立之初，其成员包括 12 所奥地利大学，科学院以及维也纳科学-、研究-与技术基金，奥地利科学技术研究所及奥地利科技基金会。经过几年的发展，其成员包括了几乎所有的公立大学、高等专科学校以及大学之外的科研机构与促进机构。荷兰的国家科研诚信办公室创始机构只有 3 个：荷兰皇家艺术与科学院、荷兰大学协会和荷兰科学研究组织。后来不断有新的机构加入，到 2018 年新加入的机构有 12 个。

当前，由科技部负责自然科学论文造假监管，由哲学社会中国社会科学院负责科学论文造假监管的建制雏形已定，基本上可以代为履行全国统一的科研诚信委员会的任务和职责，但是其内在的问题却也不难发现。一、哲学社会科学领域的相关工作与自然科学领域的相关工作相比相对滞后的问题，如队伍、期刊、研讨会等。二、两个领域关于科研不端行为的认定不一致，以及可能导致的惩戒不一致的问题，特别是当同类事件发生在同一高校或科研机构时，这一问题就可能引发不必要的麻烦。如最新发布的《哲学社会科学科研诚信建设实施办法》与《关于进一步加强科研诚信建设的若干意见》中对"违背科研诚信行为"的认定就存在差异：《哲学社会科学科研诚信建设实施办法》中把部分学术腐败的内容也认定为"违背科研诚信行为"：如第二十三第四款"贿赂、利益交换等方式获取项目、经费、职务职称、奖励、荣誉等"，第二十三条第八款"利用管理、咨询、评价专家等身份或职务便利，在科研活动中为他人谋取利益"；但在科技部已颁发的相关文件《关于组织国家科技重大专项项目课题承担单位和参与人员签订科研诚信承诺书的通知》（2011）等，甚至中共中央办公厅、国务院办公厅颁发的《关于进一步加强科研诚信建设的若干意见》

中对"违背科研诚信行为"的认定均没有这样的规定；与之不同，科技部的规定突出了人体研究和动物实验（科研伦理）的内容。三、社科院既不是科研管理部门也不是科研资助机构，社科院与高校之间不存在监管与被监管、资助与被资助的关系，因此在政策执行过程中可能会存在着路径不畅通的问题。而建立全国统一的科研诚信委员会可以较好地协调和解决上述问题。

科研不端治理主体积极性不高，与我国科研机构的组织架构、办学体制等诸多因素有关，在短时间之内根除着实艰难。政府各管理部门和科研资助部门联合行动，采用资金管控、资格认证评估、伦理氛围监测、建立全国统一的科研诚信委员会等多项措施，必定会激发科研机构进行科研诚信建设的积极性。

附录：荷兰科研诚信体制建设

　　荷兰早在 2003 年就成立了国家科研诚信办公室。该办公室主要负责监督以及调查针对科研机构（包括高校）有关科研不端事件调查公正性的起诉，对荷兰各高校和科研机构的科研诚信建设具有监督和指导作用。荷兰国家科研诚信办公室的三大创始机构对推动荷兰的科研诚信建设发挥着不可替代的作用。荷兰皇家艺术与科学院（KNAW），荷兰科学研究组织（NWO）和荷兰大学协会（VSNU）不仅于 1995 年发表了一份《关于科学不端行为的联合备忘录》（*Notitie Inzake Wetenschappelijk Wangedrag*，以下简称《联合备忘录》），而且于 2001 年修订了《联合备忘录》。修订后的《联合备忘录》建议有关大学和科研机构承诺任命科研诚信顾问或委员会，制定行为守则，设立国家科研诚信委员会。2003 年国家科研诚信办公室建成，标志着荷兰科研诚信建设走向一个新阶段。三大创始机构在科研诚信建设方面既有共同的诉求，又各有特色。荷兰皇家艺术与科学学院发布了荷兰第一份"科研诚信投诉程序"（2001），荷兰大学协会制定了荷兰第一份"科学实践行为准则"（2004），荷兰科学研究组织则通过设立科研诚信在线服务台的方式推动对科研不端行为的举报和受理。荷兰的大学在斯塔佩尔事件之后也大大加强了本单位的科研诚信建设。

第一节　荷兰国家科研诚信办公室

一、荷兰国家科研诚信办公室的建立和发展

荷兰科研诚信建设的开端和发展，既受国际范围内科研不端治理进程的影响，也与国内学界、政府和公众对科研不端行为的关注分不开。

在国际范围内，在实践层面首先关注并采取措施应对科研不端行为的国家是美国。从 1981 年起美国国会举行了多次听证会，揭露了科研领域各种可疑的做法。到 1989 年美国国立卫生研究院（NIH）已设立了科学诚信办公室（OSI）和科研诚信监督办公室（OSIR），负责调查和评估生物医学科学中的不端行为水平。1992 年，美国卫生部设立了研究诚信办公室（ORI），取代科学诚信办公室与和科研诚信监督办公室对有关不端行为举报的调查和监督，促进对科研不端问题的研究，并采取行动预防科研不端行为。

在欧洲，丹麦是第一个设立国家机构以处理科研不端行为投诉的国家。1992 年设立的丹麦科研不诚实委员会（DCSD）后更名为丹麦科研不端委员会（DCRM），是丹麦调查和处理科研不端行为的最高国家机构，主要负责对重大科研不端案件的调查和裁决，并制定调查和处理科研不端案的具体执行细则。法国于 1994 年成立了全国科学伦理委员会（Comité d'éthique pour les sciences，英语缩写：COMETS），负责对科研不端问题的调查、咨询以及相关问题的科学研究。英国和德国也在 20 世纪 90 年代末，先后出台了关于良好的科学实践准则以及调查科研不端行为的程序；英国的研究理事会与德国的德意志研究联合会在各自国家的科研诚信中发挥着主导作用。

美国和欧洲诸国的科研诚信建设和科研不端治理进程影响了荷兰的科

研诚信建设步伐。拉夫勒特（Lafollete，1992）等人对国际科研不端行为治理机制的研究和介绍为荷兰科研诚信建设提供了经验基础。1995 年，荷兰皇家艺术与科学院，荷兰科学研究组织和荷兰大学协会发表了一份《关于科学不端行为的联合备忘录》。《联合备忘录》建议应制定一般程序和准则，以便在发现不端行为案件时，科研机构能够有可依据的程序和准则。《联合备忘录》还强调需要更加明确研究人员应遵守的规则。2001 年出版的《科学诚信备忘录》（Notitie Wetenschappelijke Integriteit，以下简称《备忘录》）对 1995 年的《联合备忘录》进行了补充和修订。修订后的《备忘录》建议有关大学承诺任命机密顾问（Confidential Counsellor，即科研诚信专员）或委员会，制定行为守则，并设立国家科研诚信委员会（Landelijk Orgaan Wetenschappelijke Integriteit，缩写：LOWI）[①]。2003 年荷兰成立了国家科研诚信办公室，颁布了《国家科研诚信办公室规定》（Het Reglement Landelijk Orgaan Wetenschappelijke Integriteit，以下简称《规定》），《规定》分别于 2009、2014、2018 年进行了补充和修订。2013 年修订后的《规定》对国家科研诚信办公室创办的时间、地点、创始机构、性质、任务、构成、受理上诉的范围、时限、当事人权利、入会条件等重要事项予以明文规定[②]。

　　国家科研诚信办公室是一个独立具有协会性质的机构，不具有行政属性。创始机构有 3 个：荷兰皇家艺术与科学院、荷兰大学协会和荷兰科学研究组织。后来不断有新的机构加入，到 2018 年新加入的机构达到 12 个：Sanquin 血液供应、人文研究大学、国家公共卫生与环境研究所（RIVM）、瓦赫宁根研究基金会（原 DLO 基金会）、荷兰卫生服务研究所（NIVEL）、阿珀尔多伦神学院（TUA）、Kampen 神学院（TU Kampen）、新教神学大学（PThU）、阿姆斯特丹房地产学院（ASRE）、Máxima 公主

① Scientific Research：Dilemmas and Temptations，https：//www. knaw. nl/shared/resources/actueel/publicaties/pdf/knawdilemmasandtemptations. pdf.

② REGULATIONS OF THE NETHERLANDS BOARD ON RESEARCH INTEGRITY (LOWI) 2013，https：//www. lowi. nl/en/files/LOWIRegulations2013. pdf.

中心的儿科肿瘤学、荷兰皇家气象研究所（KNMI）和 Nyenrode 商业大学（NBU）。

二、国家科研诚信办公室的调查程序

根据《规定》，国家科研诚信办公室的职责与丹麦、奥地利及挪威的科研诚信办公室的职能有很大不同，它并不直接负责对科研不端事件的调查和处理；而是主要负责监督和调查针对高校或科研机构有关科研不端事件调查公正性的起诉（与芬兰、比利时类似）。科研不端事件调查和处理的主体是各成员机构的科研诚信办公室。如果举报人和/或被告认为高校或科研机构的科研诚信办公室未正确处理投诉，则举报人和/或被告可根据《荷兰一般行政法法》（*Algemene Wet Bestuursrecht*）第 9 章向国家科研诚信办公室提出上诉；对国家科研诚信办公室形成的调查意见，举报人和/或被告不得投诉。

根据 2013 年修订的《规定》要求，2015 年该国家科研诚信办公室制定并通过了《国家科研诚信办公室程序》（*Regulations of the Netherlands Board on Research Integrity*）。根据文件规定，国家科研诚信办公室调查投诉遵循的基本程序如下：

如果科研不端事件的举报人或被告认为本单位科研不端调查委员会的调查程序或结论不公正，则可以在规定时间内（通常是本单位科研不端调查委员会做出决定 6 周内）以书面形式实名向国家科研诚信办公室秘书处提起上诉。办公室秘书在收到上诉后，应以书面或电子邮件向上诉人回复确认收到上诉；同时通知相关机构的董事会；并将上诉发送给对国家科研诚信办公室有关的执行人。此外，秘书在执行以上任务时，均要求对方承担保密义务。如果国家科研诚信办公室决定不调查或停止调查，办公室秘书应尽快以书面或电子方式通知上诉人、机构董事会和利益相关方，并说明做出决定的理由。如果国家科研诚信办公室认为上诉符合该办公室受理的范围，则相关机构的董事会有权在 4 周内向国家科研诚信办公室提交辩护声明。相关机构的董事会可以要求 2 周的一次性延期。在第一次交换书面文件后，国家科研诚信办公室将决定是否有必要举行听证会，或者是否将根据提交的文件对案件做出裁定。如果根据提交的文件做出决定，则上诉人可获得 2 周的时间，以书面形式向调查委员会的陈述和有关各方的反应做出（最终）答复。然后，机构董事会和当事人将获得 2 周的时间（以书面形式）回复上诉人的最终答复。如果举行听证会，双方（通常）有机会当面口头表达自己的观点。之后，委员会将举行一次信息交流会，在这样的会议上，将提交一份报告。会后，国家科研诚信办公室把形成的意见发给机构董事会，机构董事会遵循国家科研诚信办公室的意见形成最终决定。委员会在收到机构理事会的最终决定后 3 周内以匿名形式在国家科研诚信办公室网站上公布调查结论，但不得迟于国家科研诚信办公室的意见发布后 3 个月。在这个过程期间，不允许个人或法人实体就国家科研诚信办公室或其任何附属机构提出有关国家科研诚信办公室意见内容的投诉。他必须等待董事会做出最终决定。一旦他收到这一决定，他就可以遵循适当的法律程序起诉董事会。在这个环节上，他可以参考国家科研诚信办公室的意见，机构董事会的决定应遵循国家科研诚信办公室的意见①。（见下图）

---

① Procedures of the National Board on Research Integrity（LOWI）https：//www. lowi. nl/en/files/EnglishtranslationLOWIwerkwijze. pdf.

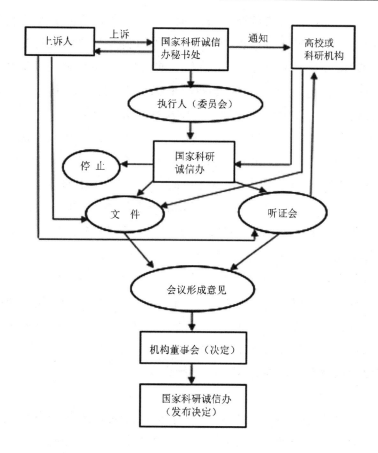

二、荷兰大学协会

　　荷兰大学协会 1985 年正式成立，其前身是学术委员会，主要功能是为成员提供咨询。它代表了荷兰内阁、众议院和欧盟的大学教育和研究，在国家媒体中发挥着大学喉舌的作用。荷兰大学协会最开始是由 10 所政府资助的大学，3 所特殊大学和荷兰开放大学组成的职业团体。

　　荷兰大学协会是荷兰国家科研诚信办公室的三大创始机构之一，对推动整个荷兰，特别是荷兰大学的科研诚信建设发挥了重要作用。1995 年，荷兰大学协会和荷兰皇家艺术与科学院、荷兰科学研究组织发表了荷兰第一份《关于科学不端行为的联合备忘录》。2004 年，荷兰大学协会又通过了荷兰的第一个"科研诚信行为准则"——《荷兰学术实践行为准则：良好的学术教学和研究原则》（以下简称《准则》）。该准则也是整个荷兰最权威的科研诚信行为准则，荷兰科学研究组织、荷兰皇家艺术与科学学院，以及荷兰的主要大学都明确声称本机构遵守该准则。

制定《准则》的主要目的是为高校的科研人员提供从事科研活动应遵守的基本伦理规范。《准则》先后于 2012 年和 2014 年进行了两次修订，现行的《准则》是 2018 全面改版之后的文件。2014 年修订的《准则》变化较大。主要的变化一是增加了一篇关于自引的条款；另一个是对两个科学实践中非常重要的原则："诚实"和"责任"的解释进行了调整。这一次修订基于本辛格（Bensing）委员会（正确的咨询函），阿各拉（Algra）委员会（关于科学信心的报告）和舒约特（Schuyt）（谨慎和道德地处理科学研究数据）的报告。[①] 修订后的《准则》以良好的科学实践的六条基本原则即诚实和谨慎、可靠性、可验证、公正、独立和责任分为六个主题，围绕这六个分主题列出了 36 条行为标准。这些标准涉及引用，署名，数据的记录、保存，利益冲突，人体研究和动物实验，合作，师生关系等方面的具体标准[②]。

2018 年大学协会对《准则》进行了全面改版，改版后《准则》原有的内容作为五大章中的一章保存了下来，新增的内容主要增加了两项：机构的监管义务、关于不遵守标准的措施与制裁。全面改版后的《准则》，由原来的只注重对科研人员的个体行为的规范，转向对科研实践活动的三方——研究人员个体、科研诚信委员会、高校和科研机构——行为的规范。"它起着三重作用。I. 对于研究人员、实习研究人员和学生，它提供

---

① VSNU past Gedragscode Wetenschapsbeoefening aan, https：//vsnu. nl/nl ＿ NL/nieuws. html/nieuwsbericht/173.

② The Netherlands Code of Conduct for Academic Practice 2004（version 2014），http：//vsnu. nl/files/documenten/Domeinen/Onderzoek/The％20Netherlands％20Code％20of％20Conduct％20for％20Academic％20Practice％202004％20％28version％202014％29. pdf.

了一个教育和规范框架（第 2 章和第 3 章），期望他们在研究活动中将其内化并作为指导。II. 对于科研机构的执行委员会和科研诚信委员会，在评估所谓的科研不端行为时提供了参考框架（第 3 章和第 5 章）。III. 对于机构而言，它规定了一些监管义务（第 4 章）"。①

高校和科研机构是科研诚信建设的主体，这在国际范围内已经成为基本的共识，但是把高校和科研机构的责任作为良好的科学实践准则的主题专门说明的文件并不多。荷兰大学协会把高校和科研机构的监管义务补入《准则》，可见，荷兰大学协会对于科研机构在科研诚信建设中的地位和作用的认识提高到了新的层次。《准则》主要从五个方面规定了科研机构的监管义务：培训和监督、研究文化、数据管理、出版和传播、伦理规范和程序。具体的要求主要有：①机构提供促进和保障良好研究实践的工作环境，确保研究人员能够在安全、包容和开放的环境中工作。②为研究人员、研究负责人和研究管理人员提供培训课程，并确保新入职的研究人员和博士生受到合格的监督。③确保人员任命、职务晋升和给予报酬的程序透明和公平。④鼓励建立符合良好的科学实践标准的研究文化。⑤采取适当措施防止不遵守良好的科学实践标准的行为。⑥提供有利于数据管理、存储和使用的规则和设施。⑦研究成果的出版和传播要遵守与委托方和资助机构签订的合同、公开传播、必要时进行伦理审查。⑧建立专门的网站，公布关于登记和披露兼职活动、职位和利益政策的相关信息，包括实施该政策的措施的信息。⑨任命专门的机密顾问（科研诚信专员）。⑩指定专门的科研诚信委员会或人员审议科研不端行为举报。②

《准则》中对违反良好的科学实践标准的行为进行的分类也很有特点。不同于通常的二分法——科研不端行为与科研不当行为（有问题的科研实践行为），《准则》中对违反良好的科学实践标准的行为分为三类：科研不

① Netherlands Code of Conduct for Research Integrity，https：//www. lowi. nl/en/files/NetherlandsCodeofConductfor ResearchIntegrity2018. pdf.

② Netherlands Code of Conduct for Research Integrity，https：//www. lowi. nl/en/files/NetherlandsCodeofConductfor ResearchIntegrity2018. pdf.

端行为、有问题的科研实践行为和微小缺陷。

科研不端行为。在严重的情况下，研究人员参与不遵守一项或多项标准的，以及监督人员、主要调查者、研究主任或管理人员煽动他人不遵守规定的，构成"科研不端行为"。最主要的是伪造，篡改和剽窃。

有问题的科研实践行为。如果不属于科研不端行为，确定有关案件是否构成"科研不当行为"或不太严重的违规行为将取决于使用以下所述标准的评估结果：

在设计方面，是否遵守标准 7，8 和 14。标准 "7. 如果研究是通过委托进行和/或由第三方资助，请始终说明委托方和/或资助机构是谁。8. 披露外部利益相关者的作用和可能的利益冲突。" "14. 仅接受可根据本规范标准进行的研究任务。"①

在行为方面，是否遵守标准 18，22 和 23。标准 "18. 确保选择研究方法，数据分析，结果评估和考虑可能的解释不是由非科学或非学术（例如商业或政治）兴趣，论点或偏好决定的。" "22. 确保来源可以核实。" "23. 尽可能诚实，严谨，透明地描述为您的研究收集和/或使用的数据。"②

在报告方面，是否遵守标准 30，36，38，42，44 和 45。标准 "30. 确保按照相关学科适用的标准公平分配作者身份并排序。" "36. 明确根据研究设计收集的任何相关未报告数据，并支持与报告的结果不同的结论。" "38. 明确不确定性和禁忌，不要得出未经证实的结论。" "42. 在重复使用可用于元分析或荟萃数据分析的研究材料时，始终提供参考文献。" "44. 公开和完善外部利益相关方、委托方、供资机构、可能的利益冲突和相关辅助活动的作用。" "45. 尽可能在完成研究后公布研究结果和研究

---

① Netherlands Code of Conduct for Research Integrity，https：//www. lowi. nl/en/files/NetherlandsCodeofConductfor ResearchIntegrity2018. pdf.

② Netherlands Code of Conduct for Research Integrity，https：//www. lowi. nl/en/files/NetherlandsCodeofConductfor ResearchIntegrity2018. pdf.

数据。如果无法做到这一点，请确定有效原因。"①

在评估和同行评审方面，是否遵守标准 47 和 49。标准 "47. 未经明确同意，不得使用在评估范围内获得的信息。""49. 如果对您的独立性有任何疑问（例如，由于可能的商业或经济利益），请不要进行评估。"②

在交流方面，是否遵守标准 53 和 55。"53. 在公共交流中保持诚实，明确研究的局限性和自己的专业知识。如果对它们有足够的确定性，只与公众就研究结果进行沟通。""55. 对潜在的利益冲突持开放态度。"③

在一般标准方面，是否遵守标准 57，58 和 60。标准 "57. 作为监督人，主要调查人员，研究主任或管理人，不要采取任何可能鼓励研究人员忽视本章任何标准的行动。""58. 不要以不恰当的方式拖延或阻碍其他研究人员的工作。""60. 在处理科研不端行为时，不要指控你知道或应该知道的不正确的。"④

微小缺陷。如果不遵守标准不构成 "科研不端行为"，则可能将其归类为 "可疑的研究实践"，或者在最不严重的情况下，将其归类为 "微小缺陷"。"微小缺陷" 的评估标准：

"a. 不遵守的程度；

b. 不合规是故意的程度，是否是一种重大过失或是粗心或无知的结果；

c. 对有关研究的有效性和普遍的科学知识和奖学金可能产生的后果；

d. 对科学和学术研究以及研究人员之间信任的潜在影响；

e. 对个人，社会和环境的潜在影响；

①　Netherlands Code of Conduct for Research Integrity，https：//www. lowi. nl/en/files/NetherlandsCodeofConductfor ResearchIntegrity2018. pdf.

②　Netherlands Code of Conduct for Research Integrity，https：//www. lowi. nl/en/files/NetherlandsCodeofConductfor ResearchIntegrity2018. pdf.

③　Netherlands Code of Conduct for Research Integrity，https：//www. lowi. nl/en/files/NetherlandsCodeofConductfor ResearchIntegrity2018. pdf.

④　Netherlands Code of Conduct for Research Integrity，https：//www. lowi. nl/en/files/NetherlandsCodeofConductfor ResearchIntegrity2018. pdf.

f. 研究人员或其他有关方面的潜在利益；

g. 这个问题是关于科学或学术出版物，而不是普及文章，教材或咨询报告；

h. 关于违规严重程度的学科内的意见；

i. 研究人员的地位和经验；

j. 科学家研究人员之前发生的任何违规行为的程度；

k. 该机构本身是否未能履行其注意义务；

l. 在针对机构内部或外部的违规行为采取行动之前已经过了多长时间"①。

如果经调查确证是"科研不端行为"，受到的制裁可能是：正式的谴责、转岗、降级、解雇或暂停导师资格。此外，该机构可能认为有必要向有关监管机构或有权实施其他行政、纪律或刑事制裁的当局报告此事。如果是"可疑的研究实践"或"微小缺陷"一般情况下不采取上述措施或制裁。

三、荷兰科学研究组织

荷兰科学研究组织（简称：NOW，荷兰语：Nederlandse Organisatie voor Wetenschappelijk Onderzoek，英语：The Netherlands Organisation for Scientific Research）是荷兰的国家研究委员会，荷兰最主要的国家级科研资助机构，隶属于荷兰教育、文化和科学部的独立行政机构。它通常以项目为基础，为大学和研究所的数千名顶尖研究人员提供资金，并通过资助和研究计划指导荷兰科学的发展。它每年将 3 亿预算用于荷兰的大学和研究所；此外，它也有自己的研究所。它还以年度斯宾诺莎奖和荷兰电视国家科学测验而闻名。

---

① Netherlands Code of Conduct for Research Integrity，https：//www. lowi. nl/en/files/NetherlandsCodeofConductfor ResearchIntegrity2018. pdf.

　　荷兰科学研究组织也是荷兰国家科研诚信办公室的三大创始机构之一，在荷兰的科研诚信建设中也发挥着不可替代的作用。其科研诚信政策的服务对象主要是对正要申请和已获得资助的项目研究人员，以及在荷兰科学研究组织研究所工作的人员。

　　荷兰科学研究组织与荷兰国家科研诚信办公室的其他两个创始机构一样，都采用荷兰大学协会发布的科研诚信行为准则——《荷兰科研诚信行为准则》；此外，它还设立了科研诚信在线服务台接受违规行为的举报，使用《荷兰科学研究组织欺诈协议》（NWO-Fraud Protocol）作为指导方针对违规案件进行干预。

　　荷兰科学研究组织要求，向该组织提交申请的每个人都必须声明他们熟悉并且他们遵守《荷兰的研究诚信行为准则》；在申请获得资助后，还要求研究人员在进度报告中说明他们遵守了该准则。

　　对正要申请和已获得资助的项目研究人员，以及在荷兰科学研究组织研究所工作的人员的科学研究行为有质疑的，可以向科研诚信在线服务台进行投诉。对科研诚信服务台的投诉由机密顾问（Confidential Counsellor，科研诚信专员）处理。收到投诉后，科研诚信专员会对初步投诉进行评估，确认是否可以受理。这涉及检查是否与荷兰科学研究组织的资助有关，以及是否遵守了《荷兰科学实践行为准则》。如果科研诚信专员认为投诉在受理的范围内，并且认为有调解的可能性和需要，将尝试在提交投诉的人与被告之间进行调解，如果调解没有获得预期的进展或产生预期的结果，那么科研诚信专员就会将投诉转移至相关（大学）的科研诚信委员会，由科研诚信委员会调查投诉。如果科研诚信专员认为投诉在受理的范围内，并且需要相关（大学）科研诚信委员会进行调查，那么科研诚信专员就会将投诉直接转移至相关（大学）的科学诚信委员会，由该委员会进一步调查投诉。调查结束后，诚信委员会向荷兰科学研究组织理事会发布报告，荷兰科学研究组织理事会对投诉和可能的制裁做出决定。①

对于违反科研诚信的行为，荷兰科学研究组织将对之予以一定形式的制裁。制裁方式根据《荷兰科学研究组织欺诈协议》实施，该协议的法律依据是《一般行政法》（The General Administrative Law Act）。《协议》规定的制裁方式有如下几种情况，如果发生欺诈（Fraud），荷兰科学研究组织可以撤回或修改资助，或要求退款；此外，还可以暂停或排除申请人向荷兰科学研究组织提交拨款申请。如果出现伪造、诈骗和欺骗（Forgery, Swindling and Deception）的情况，该组织将向警方报告，以便对案件进行刑事犯罪和起诉调查。②

四、荷兰皇家艺术与科学学院

荷兰皇家艺术与科学学院（Koninklijke Nederlandse Akademie van Wetenschappelijke Integriteit）成立于 1808 年，是荷兰政府的一个咨询机构。该学院就科学问题向荷兰政府提供建议。它主要就科学问题，以及研究人员职业政策或荷兰对重大国际项目的贡献等议题向政府提供咨询。它还向大学和科研机构、资助机构和国际组织提供建议。作为一个致力于在荷兰推动科学和文学发展的组织，它负责 15 个国际知名机构的研究，使其成为荷兰科学和奖学金的先锋，它负责颁发了许多奖项，包括洛伦兹理论物理奖，亨德里克穆勒博士行为和社会科学奖等。

荷兰皇家艺术与科学学院也是荷兰国家科研诚信办公室的三大创始机构之一，在荷兰的科研诚信建设中也发挥着重要作用。1995 年，它与荷兰大学协会（VSNU）、荷兰科学研究组织（NWO）发表了荷兰第一份《关于科学不端行为的联合备忘录》。2001 年它又通过了荷兰第一份科研

---

① NWO scientific integrity policy，https：//www. nwo. nl/en/policies/scientific＋integrity＋policy.

② NWO Fraud protocol，https：//www. nwo. nl/en/policies/scientific＋integrity＋policy/nwo＋fraud＋protocol.

不端调查程序——《荷兰皇家艺术与科学学院科研诚信投诉程序》（Royal Netherlands Academy of Arts and Sciences Scientific Integrity Complaint Procedure，2001），该程序于 2012 年 6 月进行了修订，沿用至今。该学院设有科研诚信顾问（Scientific Integrity Counsellors，科研诚信专员），作为有关科研诚信问题的投诉和咨询点。顾问由学院理事会根据行政理事会的提议任命，任期为四年，可连任一次。现任的顾问有两名，分别来自生命科学学院、人文与社会科学学院。同时，皇家艺术与科学学院还设有科研诚信委员会（Committee on Scientific Integrity），负责调查有关科研诚信的书面投诉，并向学院行政理事会提出有关这些投诉的处理建议。根据规定，主席和成员应由理事会根据学院行政理事会的提议任命。科研诚信委员会由一名主席和至少两名其他成员组成，还有一名秘书。为了调查特定的投诉，委员会可以增加其成员，包括专家，最好是外部专家。现任的委员会成员 5 人，外加 1 名秘书。①

《荷兰皇家艺术与科学学院科研诚信投诉程序》对科研诚信顾问的任命、组成、职责，科研诚信委员会的任命、组成、职责、权力、工作方法、投诉程序、保护当事人等事项予以明确规定。如文件的题目所示，该文件的重点是科研诚信投诉程序，故此处将科研不端的投诉和调查程序予以概括性地介绍。

第一个环节投诉。规定要求投诉以书面形式向科研诚信委员会提交，投诉文件应注明姓名、职位、地址、日期，并有投诉人的签名。

科研诚信委员会接到投诉后，应由委员会主席和另外两名成员处理，可能需要一名或多名专家协助。与投诉有利益关系的人，不能参与处理此类投诉。同时应以书面形式将提交给科研诚信委员会的任何投诉通知行政理事会。科研诚信委员会应在三周内评估投诉的资格。如果科研诚信委员会认为投诉不合格，则应向行政理事会提出相关建议。如果科研诚信委员

----

① RESEARCH INTEGRITY，https：//www. knaw. nl/en/topics/ethiek/wetenschappelijke-integriteit.

会认为投诉符合受理资格，他们将根据案情处理投诉。科研诚信委员会应对投诉中涉及的所有各方进行面谈。应该对这些访谈进行报告。在面谈期间，律师可以协助投诉人和被告人。除非有令人信服的理由单独与当事人面谈，否则有关各方的面谈必须在所有各方在场的情况下进行。如果是单独与某个当事人面谈，每个当事方都应被告知他们不在场的面谈中发生的事情。调查期间，科研诚信委员会还可以听取证人和专家的意见。听证会不得向公众开放。科研诚信委员会处理投诉的期限为十二周，处理投诉完成后，科研诚信委员会应就投诉是否有充分理由向行政理事会提出建议。科研诚信委员会可将该期限延长一次，为期四周。科研诚信投诉人和被告应立即以书面形式被通知该决定。如果行政理事会做出的决定偏离科研诚信委员会的建议，则行政理事会应说明偏离的理由。投诉人和被告人可以在行政理事会通知之日起六周内向国家科研诚信委员会提出复议申请，在收到此类请求后，国家科研诚信委员会应提出建议。行政理事会应在收到国家科研诚信委员会的建议后最终确定其决定。行政理事会应立即以书面形式通知投诉人和被告最终决定。如果行政理事会的决定偏离国家科研诚信委员会的建议，则决定应说明出现这种偏离的原因。如果投诉人和被告人在规定期限内未向国家科研诚信委员会提出任何请求，行政理事会将最终确定对投诉的决定。①

---

① Royal Netherlands Academy of Arts and Sciences Scientific Integrity Complaint Procedure，https：//www. knaw. nl/shared/resources/thematisch/bestanden/12-07-01-royal-netherlands-academy-of-arts-and-sciences-scientific-integrity-complaint-procedure. pdf.

参考文献

著作：

陈强、鲍悦华：《德语国家科技管理的比较研究》，化学工业出版社2012年版。

科学技术部科研诚信建设办公室编：《科研诚信建设相关法律法规和文件汇编》，高等教育出版社2017年版。

李真真主编：《如何开展负责任的研究》，科学出版社2015年版。

刘军仪：《美英科研诚信建设的实践与探索》，中国人事科学研究院编，党建读物出版社2016年版。

刘萱、王宏伟：《中国学术环境建设研究报告（2018）》，清华大学出版社2019年版。

罗志敏：《学术伦理规制——研究生学术道德建设的新思路》，知识产权出版社2013年版。

主要国家科研诚信制度与管理比较研究课题组编著：《国外科研诚信制度与管理》，科学技术文献出版社2014年版。

中国科学院编：《科学与诚信：发人深省的科研不端行为案例》，科学出版社2013年版。

郑真江：《学术不端行为处理制度研究——从国家科研资助管理的视角》，海峡出版发行集团、福建人民出版社2013年版。

［美］大卫·古斯顿：《在政治与科学之间：确保科学研究的诚信与产出率》，龚旭译，科学出版社2011年版。

　　〔美〕霍勒斯·弗里兰·贾德森：《大背叛：科学中的欺诈》，张铁梅、徐国强译，生活·读书·新知三联书店 2018 年版。

　　〔美〕约翰·齐曼：《真科学，它是什么，它指什么》，曾国屏、匡辉、张成岗译，上海世纪出版集团 2015 年版。

　　〔美〕默顿 R. K.：《科学社会学》，鲁旭东、林聚任译，商务印书馆 2003 年版。

　　〔美〕Macrina F. L.：科研诚信：《负责任的科研行为教程与案例》，何鸣鸿、陈越译，高等教育出版社 2011 年版。

　　〔美〕美国医学科学院、美国科学三院国家科研委员会：《科研道德：倡导负责行为》，苗德岁译，北京大学出版社 2007 年版。

　　〔美〕威廉·布罗德、尼古拉斯·韦德：《背叛真理的人们：科学殿堂中的弄虚作假》，朱进宁、方玉珍译，上海科技教育出版社 2004 年版。

期刊和报纸文章：

　　白才进、王婷婷：《我国科研诚信建设中存在的问题及对策》，《高等财经教育研究》2018 年第 8 期。

　　程如烟、文玲艺：《主要国家加强科研诚信建设的做法及对我国的启示》，《世界科技研究与发展》2013 年第 1 期。

　　陈德春：《丹麦科研诚信建设及经验分析》，《全球科技瞭望》2016 年第 11 期。

　　陈雨、李晨英、赵勇：《国内外科研诚信的内涵演进及其研究热点分析》，《中国科学基金》2017 年第 4 期。

　　常亚平、蒋音播：《高校学者学术不端行为影响因素的实证研究——基于个人因素的数据分析》，《科学学研究》2008 年第 6 期。

　　常亚平、蒋音播、阎俊：《基于组织因素的高校学术不端行为影响因素的敏感性分析》，《管理学报》2009 年第 2 期。

　　〔瑞典〕Danielsson G.：《瑞典伦理委员会的管理介绍》，《中国医学伦理》2007 年第 2 期。

　　董建龙、任洪波：《国外加强科研诚信建设的经验与启示》，《中国科学基础》2007 年第 4 期。

郭祥群、廖晓玲、于嘉林、张振刚、宋恭华、彭建刚：《美国研究生负责任研究行为教育计划及启示》，《学位与研究生教育》2009 年第 5 期。

胡剑：《美国负责任研究行为（RCR）教育的演进、特点及启示》，《外国教育研究》2012 年第 2 期。

胡剑、史玉民：《欧美科研不端行为的治理模式及特点》，《科学学研究》2014 年第 4 期。

李真真：《转型中的中国科学：科研不端行为及其诱因分析》，《科研管理》2004 年第 3 期。

李真真、黄小茹：《中国科研诚信面临的突出问题及解决路径》2017 年第 3 期。

刘爱玲：《科技奖励活动中越轨现象探因》，《科学学研究》1997 年第 3 期。

马玉超、刘睿智：《高校学术不端行为四维度影响机理实证研究》，《科学学研究》2011 年第 4 期。

孙平：《世界科研诚信建设的动向及其对我国的启示》，《国防科技》2017 年第 6 期。

孙平：《科研诚信的挑战与应对策略——记第二届世界科研诚信大会》，《科技管理研究》2011 年第 22 期。

熊万胜：《科学活动中越轨行为的动因分析》，《科学技术与辩证法》1997 年第 3 期。

熊新正、胡恩华、修立军、单红梅：《科研诚信行为影响因素研究综述》，《科学管理研究》2012 年第 3 期。

余文彩、张星：《美国高校科研不端行为防范与处理机制研究》，《重庆高教研究》2016 年第 9 期。

赵君、鄢苗：《科研不端行为的概念特征、理论动因与影响因素》，《中国科学基金》2016 年第 3 期。

赵君、鄢苗、毛江华：《科研伦理氛围如何影响科研不端行为——一个有中介的调节作用模型》,《科学学研究》2017 年第 6 期。

张崎、王二平、孙建国:《科研道德和学风问题的现状与管理对策建议》,《科研管理》2009 年第 4 期。

学位论文:

胡剑:《欧美科研不端行为治理体系研究》,中国科学技术大学,2012 年。

胡金福:《科研不端行为查处程序研究》,中国科技大学,2018 年。

潘晴燕:《论科研不端行为及其防范路径探究》,复旦大学,2008 年。

外文著作、报刊文章:

The National Academies of Sciences, Engineering, and Medicine, Fostering Integrity in Research. Washington, DC: The National Academies, 2017.

Steneck, N., Anderson, M., Kleinert, S., Mayer, T., Integrity in the global research arena, World Scientific, 2015.

Amstad. H., SAMW will Fehlverhalten in der Wissenschaft bekaempfen, Schweizerische Arztezeitung, Bulletin des medecins suisses/Bollettino dei medici svizzeri, 2000. 81 (1): 38—39.

Diem, E., Rüdiger, H., Mikrokerntest und Comet Assay: Ein Ergebnisvergleich bei Normalprobanden, Arbeitsmedizin Sozialmedizin Umweltmedizin 34, 1999.

Diem, E., Schwarz, C., Adlkofer, F., Jahn, O., Rüdiger, H., Non-thermal DNA-breakage by mobile-phone radiation (1800MHz) in human fibroblasts and in transformed GFSH-R17 rat granulosa cells in vitro, Mutat Res 583, 2005.

Druml, C., 30 Jahre Ethikkommission der Medizinischen Universität, Wien: Garant für integre und transparente Forschung, Wien Klin Wochenschr, 2008, 120.

Fröhlich G., Betrug und Täuschung in den Sozial-und Kulturwissenschaften, Wie kommt die Wissenschaft zu ihrem Wissen? Band 4:

Einführung in die Wissenschaftstheorie und Wissenschaftsforschung, Hohengehren: Schneider-Verlag, 2001, 261—276.

Lerchl, A., Wilhelm, A. F. X., Critical comments on DNA breakage by mobile-phone electromagnetic fields [Diem et al., Mutat. Res. 583 (2005) 178—183], Mutation Research, 2010, 697.

Marcovitch, H., Research misconduct: can Australia learn from the UK's stuttering system? Medical Journal of Australia, 2006, 185 (11): 616—618.

Meier, C., Forschung auf Abwegen, Die Zeitung der ETH Zürich. 23, April 2004.

Schwarz, C., Kratochvil, E., Pilger, A., Kuster, N., Adlkofer, F., Rüdiger H. W., Radiofrequency electromagnetic fields (UMTS, 1950 MHz) induce genotoxic effects in vitro in human fibroblasts but not in lymphocytes; Int Arch Occup Environ Health, 2008; 81 (6).

Smith, R., Time to Face up to Research Misconduct. British Medical Journal, 1996: 312 (7034): 789—790.

Stanners P., Controversial neuroscientist faces fresh fraud allegations, Copenhagen Post, 7 August 2012.

Weber, C., Wissenschaftskrimi Titelkampf an der Uni, FOCUS Magazin. Montag, 01. 04. 1996.

电子公告和文件：

Aarhus University's code of practice to ensure scientific integrity and responsible conduct of research at Aarhus University, 2015-03-25, http: // www. au. dk/fileadmin/www. au. dk/forskning/Ansvarlig _ forskning-spraksis/Aarhus _ University _ s _ code _ of _ practice _ _ 25 _ marts _ 2015 _ english. pdf.

Academic integrity, http: //www. uva. nl/en/research/research-at-the-uva/academic-integrity/academic-integrity. html.

Academic integrity，https：//www. rug. nl/about-us/organization/rules-and-regulations/algemeen/gedragscodes-nederlandse-universiteiten/wetens-chappelijke-integriteit? lang＝en.

Action plan following the investigations of the Macchiarini case，https：//ki. se/en/about/action-plan-following-the-investigations-of-the-macchiarini-case.

Antikorruptionsrichtlinien，http：//www. meduniwien. ac. at/homepage/schnellinfo/antikorruptionsrichtlinien/.

Anti-Korruptionsbeauftragter der Heinrich-Heine-Universität，http：//www. uni-duesseldorf. de/home/universitaet/strukturen/beauftragte-und-koordinierungsstellen/anti-korruptionsbeauftragter. html.

Björkdahl，C.，Research Documentation at KI － a handbook，https：//ki. se/sites/default/files/h9 _ handbok _forskningsdokumentation. pdf.

Boehme，O.，Föger，N.，Hiney，M.，Peatfield，T.，Petiet，F.，Research Integrity Practices in Science Europe Member Organisations，2016，https：//scienceeurope. org/media/onrlh1tf/science- _ europe _ integrity _ survey _ report _ july _ 2016 _ final. pdf.

Bossi，E.，Wissenschaftliche Integritat，wissenschaftliches Fehlverhalten，http：//www. akademien-schweiz. ch/index/Schwerpunktthemen/Wissen-schaftliche-Integritaet. html.

ETH Zürich，Broschüre Wissenschaftliche Integrität-Grundsätze und Verfahrensregeln，http：//www. akademien-schweiz. ch/index/Schwer-punktthemen/Wissenschaftliche-Integritaet. html.

Callaway，E.，Danish neuroscientist challenges fraud findings-A committee investigating Milena Penkowa suspects misconduct in 15 papers，2012-08-08，https：//www. nature. com/news/danish-neuroscientist-chal-lenges-fraud-findings-1. 11146. Fraud.

Compliance Guide，https：//rechtssammlung. sp. ethz. ch/Dokumente/

133. pdf＃search＝Integrit％C3％A4t％20in％20der％20Forschung.

Conference on Research Integrity，2015. Supervisory principles，http：//www. helsinki. fi/omm/english/supervision. htm.

Copenhagen Revokes Degree Controversial Neuroscientist Milena Penkowa，http：//retractionwatch. com/2017/09/12/copenhagen-revokes-degree-controversial-neuroscientist-milena-penkowa/.

Danish neuroscientist sentenced by court for lying about faked experiments，https：//retractionwatch. com/2015/10/01/danish-neuroscientist-sentenced-by-court-for-lying-about-faked-experiments/.

Department of Health and Human Services，Integrity and Misconduct in Research：Report of the Commission on Research Integrity，http：//ori. dhhs. gov/documents/report_commission. pdf，1995-11-03.

Der Lehrkommission der Universität Zürich，Merkblatt für den Umgang mit Plagiaten，2007，https：//www. film. uzh. ch/dam/jcr：ffffffff-a04d-1dcc-0000-0000379b50e5/Merkblatt_Plagiat. pdf.

Disciplinary Code of the Swiss Federal Institute of Technology Zurich，https：//rechtssammlung. sp. ethz. ch/Dokumente/361. 1eng. pdf.

Deutsche Forschungsgemeinschaft，Empfehlungen "Sicherung guter wissenschaftlicher Praxis"，2013-09，http：//www. dfg. de/download/pdf/dfg_im_profil/reden_stellungnahmen/download/empfehlung_wiss_praxis_1310. pdf.

Die Struktur der Doktoratsstudien an der MedUni Wien，https：//www. meduniwien. ac. at/web/studium-weiterbildung/phd-und-doktoratsstudien/phd-programm-n094/studienaufbau/.

Diederik_Diederik Stapel，https：//en. wikipedia. org/wiki/Diederik_Diederik Stapel .

Disziplinarverfahren bei Plagiat，https：//www. ethz. ch/services/de/lehre/lehrbetrieb/leistungskontrollen/plagiate-disziplinarverfahren. html.

ETH Zürich，Richtlinien für Integrität in der Forschung，2011，https：//rechtssammlung. sp. ethz. ch/Dokumente/414. pdf ♯ search＝Integrit％C3％A4t％20in％20der％20Forschung.

Eigenständigkeitserklärung，https：//www. ethz. ch/content/dam/ethz/main/education/rechtliches-abschluesse/leistungskontrollen/plagiat-eigenstaendigkeitserklaerung. pdf.

Finnish Advisory Board on Research Integriy，Action Plan：1 February 2016 - 31 January 2019，http：//www. tenk. fi/en/tasks.

Flemish Committee for Scientific Integrity，http：//www. kvab. be/en/vcwi.

Finanzreglement der ETH Zürich，https：//rechtssammlung. sp. ethz. ch/Dokumente/245. pdf ♯ search ＝ Integrit％ C3％ A4t％ 20in％ 20der％ 20Forschung.

Fraud and plagiarism，https：//www. etikkom. no/en/library/topics/integrity-and-collegiality/fraud-and-plagiarism/.

Forschungsdaten-Richtlinie der Heinrich-Heine-Universität Düsseldorf，http：//www. wiwi. hhu. de/fileadmin/redaktion/Fakultaeten/Wirtschafts wissenschaftliche _ Fakultaet/.

General rules and guidelines for the PhD programme at the University of Copenhagen，Adopted 3 November 2014，Courses，https：//phd. ku. dk/english/process/courses/.

General Regulations，http：//www. fwo. be/en/general-regulations/26/09/2018.

Geschäftsordnung der Kommission für wissenschaftliche Integrität zur Untersuchung von Vorwürfen wissenschaftlichen Fehlverhaltens，http：//www. researchers. uzh. ch/ethics/verdachtunlauterkeit. html.

Good Research Practice，https：//www. vr. se/english/analysis-and-assignments/we-analyse-and-evaluate/all-publications/publications/2017-08-31-

good-research-practice. html.

GWP-Richtlinien der OeAWI，https：//oeawi. at /richtlinien/.

Good Scientific Practice，https：//www. meduniwien. ac. at/web/ fileadmin/content/forschung/pdf/MedUni ＿ Wien ＿ GSP-Richtlinien ＿ 2017. pdf.

Good Scientific Practice-Ethik in Wissenschaft und Forschung-Richtlinien der Medizinischen Universität，http：//www. meduniwien. ac. at/ homepage/content/organisation/universitaetsleitung/rektorat/vizerektorin- fuer-klinische-angelegenheiten/good-scientific-practice/.

Guidance and collegiality，https：//www. etikkom. no/en/library/ topics/integrity-and-collegiality/guidance-and-collegiality/.

Guidelines for writing a compilation thesis summary chapter，https：// ki. se/sites/default/files/riktlinjer ＿ ramberattelse ＿ eng ＿ 2012 ＿ nya ＿ lankar ＿ 180816. pdf.

Heine Research Academies（HeRA），http：//www. hera. hhu. de/.

Informationen für Hochschul-Ombudsdienste，http：//www. hochschu- lombudsmann. at/wp-content/uploads/2014/06/IHO-Mai-2012. pdf.

Hochschulverbandstages 2000，http：//www. hochschulverband. de/ cms1/532. html.

Ingrid，S. Torp，Project to investigate research integrity among all re- searchers in Norway，2018-02-12，https：//www. etikkom. no/en/.

Ingrid，S.，Torp，New report on research integrity in Norway，2018- 07-03，https：//www. etikkom. no/en/.

Informationen zum Humanforschungsgesetzes，https：//www. ethz. ch/content/dam/ethz/main/research/pdf/ethikkommission/HFG ＿ FAQ ＿ V02. pdf.

Impact of Policies for Plagiarism in Higher Education Across Europe， Plagiarism Policies in the United Kingdom，http：//plagiarism. cz/ippheae/.

Information für Patienten, http: //ethikkommission. meduniwien. ac. at/ethik-kommission/information-fuer-patienten/.

Investigation rocks Danish university, Nature, 7 January 2011, https: //www. nature. com/news/2011/110107/full/news. 2011. 703. html? s=news _ rss.

Internationale context van wetenschappelijke integriteit, http: //www. vcwi. be/internationaal.

Investigation into the research of Milena Penkowa, 2012-07-23, http: // a. bimg. dk/node-files/394/5/5394156-rapport-om-milena-penkowas-forskning. pdf.

Jon Sudbø, https: //en. wikipedia. org/wiki/Jon _ Sudb％C3％B8.

Justiz ermittelt gegen Promi-Arzt Michael Zimpfer, 2008-06-27, http: //diepresse. com/home/panorama/oesterreich/394576/Justiz-ermittelt-gegen-PromiArzt-Michael-Zimpfer.

Kola, J., Providing reliable information is the strength of universities, Speech at the University's anniversary celebration, 2016-03-23, https: // www. helsinki. fi/sites/default/files/atoms/files/vuosipaiva _ puhe _ jukka _ kola _ englanti. pdf.

Kommission für wissenschaftliche Integrität und Kontrollgruppe Plagiat, Bericht 1. 1. 2017 bis 31. 12. 2017, http: //www. snf. ch/SiteCollectionDocuments/Bericht _ 2017 _ IK _ D _ Plenar. pdf.

Kopf des Tages: Michael Zimpfer, http: //derstandard. at/3134927/ Kopf-des-Tages——Michael-Zimpfer.

MRC Policy and Procedures for Inquiring into Allegations of Scientific Misconduct, 2011, http: //www. Mrc. Ac. Uk [2011-09-251].

Kuleuven Guidelines for Laboratory and Clinical Image Processing, https: //www. kuleuven. be/english/research/integrity/practices/image-processing.

Levelt Committee, Noort Committee, Drenth Committee, Flawed science: The fraudulent research practices of social psychologist Diederik Stemple, 2012-11-28, https://pure. mpg. de/rest/items/item _ 1569964 _ 8/component/file _ 1569966/content.

LOWI, Regulations of the Netherlands Board on Research Integrity (LOWI) 2013, https://www. lowi. nl/en/files/LOWIRegulations2013. pdf.

LOWI, Procedures of the National Board on Research Integrity (LOWI), https://www. lowi. nl/en/files/EnglishtranslationLOWIwerkwijze. pdf.

Lubbadeh, J., Universität Innsbruck: Medizin-Skandal kostet Uni-Rektor den Job, 2008-08-22/2014-03-25, http://www. spiegel. de/wissenschaft/mensch/universitaet-innsbruck-medizin-skandal-kostet-uni-rektor-den-job-a-573796. html.

Medizinische Universität Wien, Good Scientific Practice-Ethik in Wissenschaft und Forschung-Richtlinien der Medizinischen Universität, MedUni Wien, 2013, http://www. meduniwien. ac. at/homepage/content/organisation/universitaetsleitung/rektorat/vizerektorin-fuer-klinische-angelegenheiten/good-scientific-practice/.

Merkblatt für Studierende zum Umgang mit Plagiaten, 2008, https://ethz. ch/content/dam/ethz/special-interest/baug/irl/irl-dam/lehrveranstaltungen/msc/master-thesis/Merkblatt％ 20für％ 20Studierende％ 20zum％ 20Umgang％20mit％20Plagiaten. pdf.

MAS MTEC Anti-plagiarism Information Sheet, https://ethz. ch/content/dam/ethz/special-interest/study-programme-websites/mas-mtec-dam/Education/education-files/anti-plagiarism-information-sheet-2019. pdf

Respect, http://www. respekt. ethz. ch/.

Verfaellie, M., McGwin, J., The case of Diederik Diederik Stapel-Allegations of scientific fraud by prominent Dutch social psychologist are investigated by multiple universities，http：//www. apa. org/science/about/ psa/2011/12/diederik-Diederik Stapel. aspx.

Millionenklage：Zimpfer kämpft weiter，http：//wien. orf. at/news/ stories/2507790/.

Mitwirkung als Mitglied in Advisory Boards，https：//oeawi. at/prae- vention/.

Mitwirkung in Arbeitsgruppen und Netzwerken International，https：// oeawi. at/praevention/.

Netherlands Code of Conduct for Research Integrity，https：//www. lowi. nl/en/files/NetherlandsCodeofConductforResearchIntegrity2018. pdf.

NWO scientific integrity policy，https：//www. nwo. nl/en/policies/ scientific+integrity+policy.

National Science Foundation，Integrative Graduate Education and Research Traineeship Program（IGERT），2005-12-23，http：//www. nsf. gov/pubs/2006/nsf06525/nsf06525. htm.

Ombudsstellen und Ählicher Einrichtungen im Österreichischen Hochs- chulen und Forschungsraum，https：//oeawi. at/wp-content/uploads/2018/ 09/Ombudsstellen-in-％C3％96sterreich-Brosch％C3％BCre-Auflage-Septem- ber-Final. pdf.

Ordnung über die Grundsätze zur Sicherung guter wissenschaftlicher Praxis an der Kurse in "Guter Wissenschaftlischer Praxis" für promovierte Wissenschaftler/innen an der HHU，http：//www. hera. hhu. de/veran- staltungen-und-kurse/promovierende. html.

Penkowa's EliteForsk Award revoked，May 19，2011，https：//ufm. dk/en/newsroom/press-releases/archive/2011/penkowa-s-eliteforsk-award-re- voked.

Österreichische Agentur für wissenschaftliche Integritaet，Richtlinien der Österreichischen Agentur für wissenschaftliche Integritaet zur Guten Wissenschaftlichen Praxis，2017，https：//static. uni-graz. at/fileadmin/urbi/ Texte/GWP-Richtlinien _ WEB _ 2017 _ neu. pdf.

Österreichische Rektorenkonferenz，Richtlinien der Österreichischen Rektorenkonferenz zur

Plagiate，https：//www. ethz. ch/studierende/de/studium/leistungs-kontrollen/plagiate. html.

Policy der ETH Zürich zur tierexperimentellen Forschung，https：//rechtssammlung. sp. ethz. ch/ _ layouts/15/start. aspx♯/default. aspx.

Practical advice regarding good scientific practice-Committee on Good Scientific Practice（the Practice Committee），https：//praksisudvalget. ku. dk/ english/.

Principles on responsible scientific conduct at Aarhus BSS，2017-10-03，http：//medarbejdere. au. dk/en/faculties/business-and-social-sciences/ Principles-on-responsible-scientific-conduct/.

Program will make responsible conduct of research concrete，2013-11-12，http：//medarbejdere. au. dk/en/departments/show/artikel/nyt-e-program-goer-ansvarlig-forskningspraksis-konkret/.

Public interest disclosure，https：//www. etikkom. no/en/library/ topics/integrity-and-collegiality/public-interest-disclosure/.

Procedure of the Open Univeisity for the Assessment of Studies in Cases of Cheating，https：//www. helsinki. fi/sites/default/files/atoms/files/procedure-in-cases-of-suspected-plagiarism-and-cheating. pdf.

Publication and Authorship，https：//www. kuleuven. be/english/research/integrity/practices/publication-and-authorship/index.

Responsible Conduct of Research for PhD Supervisors，https：//www. science. ku. dk/english/research/phd/student/supervision/rcrsupervisors/.

Reglement der Akademien der Wissenschaften Schweiz zur wissenschaftlichen Integrität，http：//www. akademien-schweiz. ch/index/Schwerpunktthemen/Wissenschaftliche-Integritaet. html.

Reglement der Kommission für wissenschaftliche Integrität，http：//
www. snf. ch/SiteCollectionDocuments/organisationsreglement _ kommission
_ wiss _ integritaet _ d. pdf.

Reglement über wissenschaftliches Fehlverhalten，http：//www. snf.
ch/SiteCollectionDocuments/ueb _ org _ fehlverh _ gesuchstellende _ d. pd.

Reglement der Akademien der Wissenschaften Schweiz zur wissenschaftli-
chen Integrität，http：//www. akademien-schweiz. ch/index/Schwerpunkt-
themen/Wissenschaftliche-Integritaet. html.

Reindl-Krauskopf，S. ，Birklbauer，A. ，Leitlinien im Umgang mit
Allfälligen，http：//www. uniko. ac. at/modules/download. php? key ＝
4363 _ DE _ O&cs＝1186.

Research data management，http：//www. uva. nl/en/research/
research-at-the-uva/academic-integrity/research-data-management/research-
data-management. html.

Research Ethics，https：//www. helsinki. fi/en/research/research-envi-
ronment/research-ethics.

Research Integrity as a Culture，https：//www. kuleuven. be/english/
research/integrity/training.

Research Integrity，https：//www. knaw. nl/en/topics/ethiek/weten-
schappelijke-integriteit.

Responsible conduct of research，2017-10-03，http：//www. au. dk/
en/research/responsible-conduct-of-research/.

Responsible conduct of research and procedures for handling allegations of
misconduct in Finland，2012，http：//www. tenk. fi.

Richtlinie zur Verhütung und Bekämpfung von Korruption，http：//
www. uni-duesseldorf. de/home/fileadmin/redaktion/dokumente/160919 _
AK-Richtlinie. pdf.

Requirement for programs on the responsible conduct of research in national research service award institutional training programs，1989-12-22，http：//grants. nih. gov/grants/guide/historical/1989 _ 12 _ 22 _ Vol _ 18 _ No _ 45. pdf.

Richard Smith. Time to Face up to Research MedUni Wien：Urteil bestätigt Abberufung von Zimpfer，2011-11-03，http：//www. springer-medizin. at/artikel/24537-meduni-wien-urteil-bestaetigt-abberufung-von-zimpfer.

Royal Netherlands Academy of Arts and Sciences Scientific Integrity Complaint Procedure，https：//www. knaw. nl/shared/resources/thematisch/bestanden/12-07-01-royal-netherlands-academy-of-arts-and-sciences-scientific-integrity-complaint-procedure. pdf.

Rudolfinerhaus：Star-Mediziner Zimpfer ist nicht mehr Chef，2008-07-01，http：//diepresse. com/home/panorama/oesterreich/395361/Rudolfinerhaus _ StarwbrMediziner-Zimpfer-nicht-mehr-Chef.

Scientific Research：Dilemmas and Temptations，https：//www. knaw. nl/shared/resources/actueel/publicaties/pdf/knawdilemmasandtemptations. pdf.

Scientific integrity，https：//www. tilburguniversity. edu/about/tilburg-university/conduct-integrity/.

Scientific representative，https：//ki. se/en/staff/scientific-representative.

Sicherung einer Guten Wissenschaftlichen Praxis，2014-03-25，http：//www. uni-klu. ac. at/main/downloads/Richtlinien _ Sicherung _ wiss. Praxis _ ORK. pdf.

So wehrt sich Star-Arzt Zimpfer，2007-11-26，http：//www. oe24. at/oesterreich/chronik/wien/So-wehrt-sich-Star-Arzt-Zimpfer/200820.

Sparks fly in Finland over misconduct investigation，https：//retractionwatch. com/2016/02/09/sparks-fly-in-finland-over-misconduct-investigation/

Spring Mingle，Ethics &. the Future 2017，https：//ki. se/en/staff/framtidsradet-at-ki.

Tasks，http：//www. tenk. fi/en/investigation-of-misconduct-in-finland.

The Macchiarini case：Timeline，https：//ki. se/en/news/the-macchiarini-case-timeline? _ ga = 2. 191116906. 1793141018. 1547953017-1154550651. 1547775841.

The Danish Committee on Research Misconduct，https：//ufm. dk/en/research-and-innovation/councils — and — commissions/The-Danish-Committee-on-Research-Misconduct.

The first Act on ethics and integrity in research，https：//www. etikkom. no/en/library/practical-information/legal-statutes-and-guidelines/act-on-ethics-and-integrity-in-research.

The Committee，2017-10-03，http：//www. au. dk/en/research/responsible-conduct-of-research/the-committee/.

The Danish Code of Conduct for Research Integrity，2014-4-11，https：//ufm.   dk/en/publications/2014/the-danish-code-of-conduct-for-research-integrity/.

The University of Copenhagen's rules for good scientific practice，https：//praksisudvalget. ku. dk/english/rules _ guide/University _ of _ Copenhagen _ s _ rules _ for _ good _ scientific _ practice. pdf.

The University of Copenhagen's code of good scientific practice in research collaborations with external partners，https：//praksisudvalget. ku. dk/english/rules _ guide/UCPH _ code _ of _ good _ scientific _ practice _ in _ research _ collaborations _ with _ external _ partners. pdf.

The University of Copenhagen's code for authorship，https：//praksisudvalget. ku. dk/english/rules _ guide/Kodeks _ for _ forfatterskab _ ENG _ final. pdf.

The University of Copenhagen's code for public sector services，https：// praksisudvalget. ku. dk/english/rules _ guide/Kodeks _ for _ myndigheds-betjening _ engelsk. pdf.

The National Committee for Research Ethics on Human Remains，https：//www. etikkom. no/en/our-work/about-us/the-national-committee-for-research-ethics-on-human-remains/.

The Research Ethics Library，https：//www. etikkom. no/en/library/.

The Norwegian National Committees for Research Ethics，Presentation of Status report on Research integrity in Norway，May 30，2018，https：// www. etikkom. no/en/.

The Netherlands Code of Conduct for Academic Practice 2004（version 2014），

http：//vsnu. nl/files/documenten/Domeinen/Onderzoek/The％ 20Netherlands％ 20Code％ 20of％ 20Conduct％ 20for％ 20Academic％ 20Practice％202004％20％28version％202014％29. pdf.

The Netherlands Board on Research Integrity（LOWI），https：//www. lowi. nl/en.

The Netherlands Code of Conduct for Academic Practice：Principles of good academic teaching and research，http：//www. uva. nl/en/research/re-search-at-the-uva/academic-integrity/academic-integrity. html.

Tindemans Report，An action-oriented Summary of the First International Conference on Research Integrity，Lisbon16 — 19 September 2007，http：//www. Euroscience. Org/ethics-in-scienic-workgroup. Html.

Verfahrensordnung bei Verdacht auf wissenschaftliches Fehlverhalten- beschlossen vom Senat der Max-Planck-Gesellschaft，am 14. November 1997， geändert am 24. November 2000，

https：//www. mpg. de/199559/verfahrensordnung. pdf.

Verfahrensordnung bei Verdacht auf Fehlverhalten in der Forschung an der ETH Zürich，https：//rechtssammlung. sp. ethz. ch/Dokumente/415. pdf♯search＝Integrit％C3％A4t％20in％20der％20Forschung.

Verfahrensordnung zum Umgang mit wissenschaftlichem Fehlverhalten，2016-01-16，http：//www. dfg. de/formulare/80＿01/index. jsp.

Welcome to the CODEX website - rules and guidelines for research，http：//www. codex. vr. se/en/index. shtml？＿ga＝2. 57962474. 1348609914. 1547516944-438874033. 1547516944.

Weisungen betreffend Meldungen von Angehörigen der ETH Zürich zu rechtlich und ethisch unkorrektem Verhalten，https：//rechtssammlung. sp. ethz. ch/Dokumente/130. 1. pdf.

Wetz A.，Rudolfinerhaus："Vorwürfe widerlegt" 2008-05-05，http：//diepresse. com/home/panorama/oesterreich/387066/Rudolfinerhaus＿Abfuhr-fur-StarMediziner？direct＝394215&＿vl＿backlink＝/home panorama/oesterreich/394215/index. do&selChannel＝&from＝articlemore.

Wissenschaftsrat，Empfehlungen zu wissenschaftlicher Integritaet，2015-06-05，http：//www. wissenschaftsrat. de/download/archiv/4609-15. pdf.

Wissenschaftliche Integrität，http：//www. snf. ch/de/derSnf/forschungspolitische＿positionen/wissenschaftliche＿integritaet/Seiten/default. aspx.

Wissenschaftliche Integrität - Grundsätze und Verfahrensregeln，http：//www. akademien-schweiz. ch/index/Schwerpunktthemen/Wissenschaftliche-Integritaet. html.

Wissenschaftsrat，Empfehlungen zu wissenschaftlicher Integrität，2015-06-05，http：//www. wissenschaftsrat. de/download/archiv/4609-15. pdf.

Wissenschaftliches Fehlverhalten，http：//de. wikipedia. org/wiki/Wissenschaftliches＿Fehlverhalten

Worum geht es bei den Workshops der ÖAWI？https：//oeawi. at/

training-workshops/.

Worum geht es bei Vorträgen der ÖAWI? https：//oeawi. at/training-vortraege/.

Zum Umgang mit wissenschaftlichem Fehlverhalten in den Hochschulen，Empfehlung des 185. Plenums vom 6. Juli 1998，

https：//www. hrk. de/positionen/beschluss/detail/zum-umgang-mit-wissenschaftlichem-fehlverhalten-in-den-hochschulen/.

Zum Umgang mit wissenschaltlichem Fehlverhalten Abschluss bericht Abschussbericht Ergebniss der ersten Sechs Jahre Ombudesman Mai 1999 - Mai. 2005. S12-17. 2005，http：//www. ombudsman-fuer-die-wissenschaft. de/…/ Abschlusser.

Zimpfer bleibt Chef im Rudolfinerhaus，2008-02-29，https：//www. derstandard. at/story/3131977/zimpfer-bleibt-chef-im-rudolfinerhaus